电站重要金属部件
的失效及其监督

蔡文河　严苏星　编著

电力科技专著出版资金资助项目

中国电力出版社
CHINA ELECTRIC POWER PRESS

内 容 提 要

本书以电站金属部件失效模式为基础，结合金属部件的结构、运行、受力特点和材料性能，总结和归纳了火电机组高温高压金属部件、高速转动部件出现失效的规律和典型特征，采用大量实际案例阐述了事故的产生原因和解决办法。本书还介绍了很多高参数机组如超超临界机组金属部件的失效和监督。

本书可供电站从事金属监督和检验工作的技术人员使用，也可供电站高级管理人员、运行人员、监督人员，以及从事火电机组教学、培训、监理和设备维修改造工作的技术人员参考。

图书在版编目（CIP）数据

电站重要金属部件的失效及其监督/蔡文河，严苏星编著．—北京：中国电力出版社，2009.9（2023.6重印）
ISBN 978-7-5083-9102-1

Ⅰ．电… Ⅱ．①蔡…②严… Ⅲ．电站-发电设备-零部件-失效分析 Ⅳ．TM62

中国版本图书馆 CIP 数据核字（2009）第 115849 号

中国电力出版社出版、发行

（北京市东城区北京站西街 19 号　100005　http://www.cepp.sgcc.com.cn）
北京雁林吉兆印刷有限公司印刷
各地新华书店经售

*

2009 年 9 月第一版　2023 年 6 月北京第五次印刷
710 毫米×980 毫米　16 开本　15.75 印张　267 千字
印数 7001—7600 册　定价 55.00 元

前　言

电站设备是一个庞大的能源转换系统，任何一个部件的失效，都可能与整个系统的状态有关，具有一定的复杂性。因此，在进行失效分析时不能只局限于一个狭窄的专业范围内，而应系统地考虑失效问题。

失效分析的目的是通过研究部件失效的特征、过程、形式等，查明部件破坏的直接原因，以提出预防事故的措施和对策。因此，失效分析对保证部件正常运行、安全生产和提高经济效益有着重要的意义和作用。查明失效的原因，包括直接原因和间接原因，或者主要原因和次要原因。这样就可以针对这些原因找到防止同样失效的相应措施。从设计不佳、选材不当、加工不良、装配不当和维护不完善而造成失效的教训中，找到改进的具体措施。从部件质量不良引起的教训中，找到改变部件制造工艺、消除缺陷的具体措施。从部件使用不当发生事故的教训中，找到正确操作、合理维护的具体措施。理顺设备管理上的疏忽，制订具体的管理措施。

失效分析还可以查明失效原因，并根据问题性质、情节轻重、损失大小对责任主体进行处理。对于质量问题，还可以为仲裁提供依据，为用户赔偿要求提供技术证据，为材质鉴定和在役锅炉的寿命预测提供重要的技术依据。例如，利用测量过热器管内壁氧化皮厚度预测过热器寿命的技术时，就要充分了解过热器历史上的爆管情况和分析结果，为寿命预测提供依据。失效分析也可以积累宝贵数据，为制订标准提供依据，为企业提高技术管理水平提供依据。

监督是建立在部件失效基础上采用检验检测方法防止部件再次出现事故的手段。其目的是通过对受监部件的检测和诊断，及时了解并掌握设备的质量情况和健康状况，防止由于选材不当、材质不佳、焊接缺陷、运行工况不良、寿命后期、应力太大等因素引起的各类事故，从而减少非计划停运，提高设备安全运行的可靠性，延长设备的使用寿命。只有失效分析到位，真正找到失效的原因，才能采取有效的手段，达到监督的目的。

正因为上述原因，笔者编著了《电站重要金属部件的失效及其监督》一书。本书不仅从金属材料角度总结了电站金属部件的失效行为，还引入了金属部件的结构、运行工况、受力状态的分析，力求总结归纳出金属部件的典型失效形式和规律，给读者一个清晰的思路。本书在阐述金属部件的失效机理中，不过多地进行理论上的探讨，而是更加关注部件的失效原因和处理措施，生产实践指导性强。

本书共九章，力图从目前电站最为关心的重要部件的结构、制造过程、运行工况、应力状态、材料特性、失效类型入手，解析不同部件的监督部位、项目和检验方法，并举以大量实例。

本书由华北电力科学研究院有限责任公司蔡文河、陕西电力科学研究院严苏星编著，共九章，其中，绪论、第一～三章由蔡文河编写，第四、五、八章和第九章由严苏星编写，第六章和第七章由蔡文河和严苏星共同编写。全书由蔡文河统稿。本书在编写过程中得到华北电力科学研究院有限责任公司金属研究所、陕西电力科学研究院材料技术研究所同事的大力支持，在此表示感谢。

本书由电力行业著名专家杨富教授主审，在此表示衷心的感谢。

本书力求理论与实际结合紧密，但由于作者水平所限，疏漏和谬误之处在所难免，恳请广大读者多提宝贵意见。

编 者

2009 年 5 月 20 日

目　录

绪　　论

金属技术监督的目的是通过对受监部件的检测和诊断，及时了解并掌握金属部件的质量状况，防止机组在设计、制造、安装中出现的与金属材料相关的问题，以及运行中材料老化、性能下降等因素而引起的各类事故，从而减少机组非计划停运次数和时间，提高设备安全运行的可靠性，延长设备的使用寿命。金属监督是建立在部件失效基础上采用必要的检验检测方法防止部件再次出现事故的手段。只有失效分析到位，真正找到失效的原因，才能采取有效的手段和措施，达到监督的目的。

当前，随着超（超）临界机组的迅速发展，我国在短短几年内一跃成为拥有超（超）临界机组最多的国家，这给我国发电设备的金属监督带来了几方面的变化，一是参数的变化，为满足温度、压力参数提高后金属材料性能变化的要求，我国使用了大量的新型材料，用于发电锅炉的奥氏体不锈钢有TP304H、S30432（Super304H）、TP347H、TP347HFG、TP310HCbN（HR3C）等，铁素体钢有T/P91、T/P92、T/P122；二是我国超（超）临界机组的数量远远超过了国外的数量，这些新型材料运行经验很少，难以掌握其长期运行后的性能变化；三是我国超（超）临界机组的基建项目正处于安装高峰，制造厂扩散制造部件很广泛，质量难以保证；四是由于近几年来突飞猛进的改扩建，工期紧、检验量大、检验不到位等因素的影响，金属设备的质量问题引发的安全事故增多，且新生事故也是以往少见的；五是新建电厂增多，检验力量、技术人员、运行经验、科研成果等共享资源较少，造成了电力行业技术上的亏空。

鉴于目前的形势，金属监督的重要性越来越突出。

对于发电企业来说，金属监督检验是发现缺陷、保证设备安全、积累经验的主要手段。通过金属监督可以发现金属部件已经暴露的缺陷，进行处理和消缺；金属监督还可以发现未暴露但已经形成安全隐患的缺陷，以制订必要的监督措施；金属监督还可以获得更多的数据信息，以分析金属部件的健康状态和老化趋势，掌握其寿命状态。近年来，随着新技术的引进，金属检验的手段和方法不断进步，但掌握这些技术的人员还不多，不能把它作为通用的监督手段。在金属监督工作中，常规的无损检测和理化检测手段仍是必不可少的。一般来讲，在进行无损检验和理化检验之前应先进行宏观检查工作。但是在机组检修过程中，宏观检查往往容易被忽视。

目前，在金属检验过程中，一般是抽查和普查相结合，有一种倾向认为普查是获得安全的主要手段，但是在实际工作中普查并不科学，资金和人力投入过大，取得的效果也并不佳，如有的单位进行了管道的100%普查，但发现的缺陷极少，且所发现的缺陷大都是基建安装时遗留的，并不是运行过程中新生的。

就金属检验的本质来讲，金属检验都是一个抽查的过程。比如小管焊缝的检验，即使进行了100%射线探伤，但射线探伤是存在盲区的，从这种意义上讲，其检验过程也是抽检过程。再如高温高压管道的检验，为考查其运行后的组织状态，只选择一两个局部区域进行金相检验就可判断管道的运行状况，而不必进行100%的检查。因此，在金属检验过程中，提倡以抽查为主、先抽再扩的原则。

另外，在金属监督过程中，提倡全过程有效监督的工作思路。全过程监督就是要形成连续不间断的监督，及时了解金属部件的变化趋势和健康状态。尤其是在当今新材料、新工艺、新技术不断引进的形势下，许多技术还没完全掌握，运行经验还不够充足，制造和安装的质量还隐含着一定隐患，需要一定的时间才能暴露出来。鉴于这种情况，全过程监督就显得异常重要了，要在不同种类的检修中抽查一定的数量，以有效地监督其安全状况。

通常希望，监督检查过的部件不会出现事故，然而这只是一种良好的愿望。事实证明，愿望与现实往往存在着很大的差距。近4～5年来，各个单位加大了基建和运行过程中的检验、监督和管理的力度，然而事故率并未下降，反而还出现了众所周知的特大事故，如锅炉大板梁的断裂、主蒸汽管道的爆破等。

总结其原因，有两方面问题需要重新认识：

一是过检。即过度检验，浪费了大量的人力、物力、财力，但检验效果并不好，反而使监督重点发生了转移，从而忽视了应该重点进行的项目检查。另外，过度的投入检验力量常使检验技术人员疲于奔命，无暇对身边发生的问题进行总结和深入研究。例如在主蒸汽管道的检验中，很多单位根据自己的工作制度或监督细则，进行了金相的 100％检验。金相检验是考察管道经过一定的运行后蠕变损伤的一种手段，作为整个主蒸汽管系，蠕变损伤首先产生于温度、应力较高的部位，要有效地监督管道的蠕变损伤情况，如对管道的焊缝和弯头进行 100％的金相检验显然过多了，也是不科学的。正确的方法应该是根据管系的应力状态和温度分布，对温度较高的锅炉出口部位和应力较高部位选择几点检验就完全可以进行管道蠕变损伤的有效监督了。

二是失检。即检验不到位，该检验的未进行检验。造成失检的因素很多，往往由于技术人员不了解部件的失效形式，没有采取有效的检验方法来获取该部件的健康状况信息。以主蒸汽管道举例，各个电厂在检修期间对管道弯头的外弧进行了 100％超声波探伤和 100％磁粉探伤。这样的检修计划好像是进行了 100％的检查，应该有安全保证了，但是，这其中既存在了过检，也出现了失检。按照管道运行的机制，管道弯头会由原来的近椭圆形逐渐复原为圆形，从而使管道弯头外弧外表面受拉应力，内表面受压应力，弯头中性面附近外表面受压应力，内表面受拉应力。根据实际的应力状态分析，上述的两个 100％检验就造成了过检和失检。对于外弧面进行超声波探伤显然是无济于事的，超声波探伤的重点应该是检查弯头中性面附近的内壁，同样，弯头中性面附近外表面的磁粉检验也是没有作用的。

同样的问题也常出现在护环的检验中。护环材料有两个系列，一个是 18Mn-5Cr 系列，一个是 18Mn-18Cr 系列。按照失效机制，18Mn-5Cr 系列钢对应力腐蚀敏感性极大，在很短时间内就会形成应力腐蚀裂纹；而 18Mn-18Cr 系列钢耐应力腐蚀能力极佳，很少出现应力腐蚀现象。然而在机组检修中，由于缺少对这两个系列钢的抗应力腐蚀能力的了解，因此对 18Mn-18Cr 系列的护环也反复进行金相检验，这样就造成了严重的过检现象。殊不知，进行金相检查时要用王水进行腐蚀，反复进行酸浸会造成腐蚀区域的损伤。

造成这种局面的原因有以下几点：

（1）技术人员对相关标准不够熟悉；

（2）对金属部件失效机理研究不够；

（3）专业不熟悉，非专业人士盲目指挥；

（4）盲目扩大部件损伤中个别因素的作用。

在开展的金属监督检验中，投入大量的人力、物力、财力，然而收效不佳，这是由于在检验人员的思想中还存在一定的误区，也是金属监督中的薄弱环节。

首先，缺乏对部件的了解，不能正确认识部件的失效机理，采取的检验方法和手段缺乏目的性。比如护环的超声波检测的目的是检查护环内壁是否存在裂纹，但当护环拔下的时候，护环内壁已经裸露，再做超声波探伤就已经没有意义了，此时只需进行内壁渗透探伤即可。

第二，不同阶段所使用的检验方法，其目的是不同的。比如在基建安装阶段测厚的目的是检验其规格是否满足设计要求，其偏差是否超标。而在机组运行后的测厚检验的目的是检查设备的减薄量，在实际工作中常将其混为一谈。

第三，存在对规程了解不够或理解有误等问题。例如阀门的生产，如果甲方要求进行射线探伤，制造单位不能用超声波检验代替射线检验。但遗憾的是，我国大部分电厂少有提出过这个要求的。再如 P91 的硬度，按照 ASME 标准，HB≤250，主要目的是通过合理的热处理来控制马氏体的硬度。但我国引进后，发现的主要问题是硬度偏低，有的在 HB160～HB180 之间，而根据 ASME 标准可以判为合格，但恰恰由于缺少对 P91 管道材料的强化机理的认识，使管道运行存在隐患。

第四，不了解部件的运行工况和应力状态，制订的检验方案不能满足安全的要求。一般标准中，把汽轮机高、中、低转子和发电机转子通称为转子，专门制订了转子的相关检验要求。然而根据运行工况、应力状态和温度分布的不同，至少应将转子区分为高中压转子和低压转子/发电机转子，因为温度和应力对于这两类转子是截然不同的。笼统制订转子的检验内容将导致明显的"过检"现象。

第五，制订检验方案过于笼统，缺少细节内容。比如在制订某部件的无损检验时，只表明对其进行无损检测，而没有列出是哪种检验方法，例如在联箱的检验项目中，可看到"超声、磁粉、测厚、金相、硬度"这样的字眼，这显然是没有考虑检验方法的针对性。

第六，盲目进行"举一反三"。当一个部件出现了失效，举一反三是应该的，但是要建立在经过失效分析、搞清部件失效的真正原因的基础上，因为只有这样才能采取有效的监督方法和手段。

第七，检验计划针对性不强。现实工作中常会看到，一个单位监督什么部件，另一个单位也照搬进行，而不去研究其特点。应该说监督可分为两部分，一部分是按照部件常见失效模式制订的标准化监督内容，另一部分是结合自身设备特点和失效特殊性制订的非标准监督项目。也就是说，任何一个部件的失效都有共性和个性，只有充分认识其共性和个性，才能有效地将失效与监督紧密的结合起来，达到失效分析的目的，完成监督的任务。

因此，对金属监督需要重新认识：无论是无损探伤检验，还是理化检验，其检验本质是抽查。金属监督是根据相关的规程针对重要部件进行检验，因此要根据部件的失效部位和机理，采用切实可行的检验方法。火电机组的大部分设备由金属材料制造，但电力行业的监督规程所涉及的范围有限，许多设备质量是靠生产、制造过程的工艺控制来保证的，设备验收、运行后检查是针对其失效特点进行的抽查。还有许多设备从投产到机组退役是极少检查或出现异常时才检查的，如发电机的中心环、受热面的内圈管组、短叶片、未列入管理的压力容器、联箱中部的管座角焊缝等。

电力体制改革后，基建时的安装监督与投产后的运行监督明显分离，电力行业与机械、冶金行业的质量要求和依据标准存在差异，难以达到统一的要求。从基建到生产，金属设备的检验数据有很多，要充分利用这些资料信息，分析设备的健康状况和劣化趋势。要使设备安全稳定运行，一定要了解设备本身的工作状态，如哪些部件是已知状态，哪些部件还是未知状态，还有哪些因素要考虑。通过什么方法或方式使之成为已知状态。

随着机组安全管理水平的提高，一般的缺陷和问题已经得到了很好的控制，但是高参数、大机组的发展，使得设备的安全管理难度上升到了很高的程度，尤其是机组的运行方式、新型材料焊接和使用性能、材料的老化形态也发生了很大的变化，使金属监督工作面临着许多迫切需要解决的问题。

总之，在当前形势下，应该重新审视金属监督的方式方法，以最科学的态度、最经济的方法，最大限度地解决金属监督问题，保证机组的安全稳定的运行。

第一章　转子失效及其监督

转子是电站汽轮发电机组的大型锻件，一般由钢锭直接锻制而成，或由几个组件焊制而成。机组在运行和启停中，转子的高速转动和速度变化，使其承受着复杂的应力。如果转子出现突发失效，将造成机毁人亡的毁灭性事故。因而在对转子的监督中，要求转子的状况必须满足安全要求，不能出现任何影响安全的问题。

第一节　转　子　结　构

转子可分为汽轮机转子和发电机转子，但从运行工况上分析，转子可分为两类：一是汽轮机低压转子和发电机转子，二是汽轮机高压转子和中压转子。这两类转子的运行工况有所不同，决定了对转子的检验和监督的方法也不同。

一、汽轮发电机转子

汽轮发电机转子一端与汽轮机连接，另一端则带动励磁机。其结构是一个

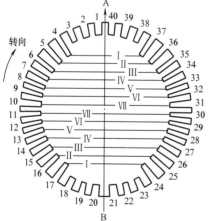

图 1-1　汽轮发电机转子断面
导线槽的布置（从汽轮机侧看）

非常复杂的变截面台阶轴，不仅存在许多过渡圆角，而且转子本体部分沿轴向开了很多槽，槽内布置导线，用槽楔固定，伸出本体两端的导线，则用护环箍住，以防止转子在高速转动时甩出。汽轮发电机转子断面导线槽的布置如图 1-1 所示。

二、汽轮机转子

1. 整锻转子

整锻转子是由一个锻件毛坯加工而成的，转子的叶轮、汽封套筒与主轴为一体，这种转子的尺寸小，结构紧凑，

装配零件少，可缩短转子轴向尺寸。相对套装转子而言，整锻转子不存在高温松动问题，刚性好，转子应力低，有利于机组快速启动，能适应高温下运行，适合在高温高压汽轮机上使用。但这种转子制造难度较大，对锻件质量要求高，制造成本也较大，且制造周期长。整锻转子结构如图 1-2 所示。

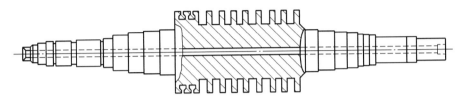

图 1-2 整锻转子结构

2. 套装转子

套装转子是将叶轮、联轴器汽封套、推力盘等部件加工好后，通过热胀的方法套装在主轴上。它们的配合为过盈配合。由于转子要传递扭矩，因此在主轴和叶轮、连轴器之间还要用轴向键和径向键连接起来。套装转子具有加工方便、节省材料、制造容易等优点，但在高温下使用，叶轮与主轴容易发生松弛现象。套装转子的刚性较差，轮孔应力较大，尤其是工作在湿蒸汽区域的末几级叶轮，在键槽处容易产生应力腐蚀。因此，套装制造一般应用于温度较低的汽轮机上。套装转子结构如图 1-3 所示。

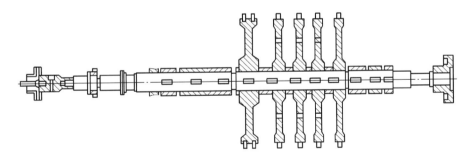

图 1-3 套装转子结构

3. 组合式转子

整锻转子适用于高温转子上，套装转子适用于低温转子上。根据这个特点，将高温部分设计为整锻式，低温部分设计为套装式，这样的转子就称为组合式转子。组合式转子兼有整锻转子和套装转子的优点，并克服了它们的缺点。组合式转子结构如图 1-4 所示。

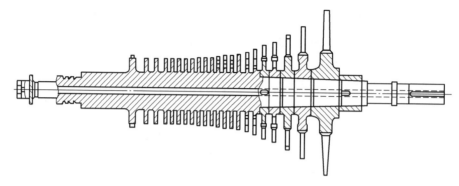

图 1-4　组合式转子结构

4. 焊接转子

焊接转子是由多个实心的轮盘和两个端轴焊接而成，结构为中空腔室结构，热应力和离心力较低。转子由多块焊接而成，各段易于保证质量，淬透性高，残余应力较低。焊接转子具有强度高、刚性大、结构紧凑等优点，但转子材料应具有很好的焊接性能，且焊接工艺要求比较严格，容易出现焊接缺陷和造成焊接变形，焊接后还容易出现焊接应力。焊接转子结构如图 1-5 所示。

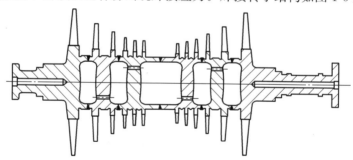

图 1-5　焊接转子结构

三、实心转子

以往的转子多数是有中心孔的，开中心孔的目的是为了消除转子中心部位的缺陷。随着冶金、锻造和热处理技术的进步，锻件中心部位的质量得到了很好的控制。现在大型机组的转子广泛采用了无中心孔的实心结构的转子。由于实心结构的转子具有很多的优点，是有中心孔的转子不可比拟的，因而广泛地被制造方所接受。实心转子具有如下特点：

（1）工作应力低，有利于机组的快速启动。

（2）改善了转子的应力状态，提高了转子的安全性能。

（3）提高了中心孔表面的抗疲劳的能力，使转子能适应异常工况的运行，如超速、变负荷等工况。

（4）高温下转子中心孔表面的离心应力大幅度降低，使向高参数大型化机组发展成为可能，可以使用更长的叶片。

（5）降低了转子的最大静态应力，使临界裂纹扩展尺寸下降，延长了机组的使用寿命。有研究认为，实心转子的最大应力是有中心孔转子的 1/2 左右，临界裂纹尺寸是有中心孔转子的 4 倍左右。

（6）简化了生产工序，降低了生产成本。

（7）便于监督和无损探伤检查。

第二节　转子运行工况和应力分析

转子是发电设备的核心部件，它在恶劣的环境中及复杂的载荷条件下使用。要了解转子的运行工况和应力状态的特点，首先要了解转子作为发电设备的大型锻件在冶炼、制造、加工和热处理过程中的不同于其他发电设备的特点。

一、转子作为大型锻件的特点

转子作为大型锻件，有着其他发电设备部件不可比拟的特点。

1. 转子尺寸和质量大

这是转子最根本、最重要的特点，表明转子必须由大型钢锭直接锻制而成。对于 600MW 机组的转子质量可达 110 多吨，转子直径可达 $\phi1300mm$。国外生产的超大型机组的转子锻件质量可达 247t，锻件直径可达 $\phi1800mm$ 左右。

众所周知，大型钢锭中难免存在偏析、疏松、缩孔、非金属夹杂物和各种组织不均匀性，气体含量也比较高，而且这些缺陷难以在随后的锻制过程中去除。锻件尺寸越大，含有这些缺陷的几率就越高。因此，在某种意义上，大型锻件的冶金制造质量制约着机组的大型化。

转子的尺寸和质量大，工件的热容量也必然大，这就使得大型锻件在热处理中不可能得到比较大的加热速度和冷却速度，且受热的均匀性极为不一致。因此，要得到质量可靠、性能好的转子，就必须通过特殊而复杂的热处理工艺来获得所希望的质量要求。

转子的尺寸和质量大，必然使转子在加热和冷却过程中产生巨大的表面与心部温差和组织转变的不同时性，造成材料内部巨大的内应力。在锻件中，巨大的压应力会对锻件内部组织转变产生阻碍作用，使其推迟或减少组织转变数量；巨大的拉应力会导致构件内部局部区域开裂，严重时会造成整体断裂。此外，在热处理结束后，巨大的内应力会形成残余应力永驻于工件内部，对工件造成危害。残余应力还可与钢中的有害因素如氢、非金属夹杂物和外部寒冷天气环境等结合，使得工件在储存、运输中发生断裂。如果残余应力较小，虽不会引起断裂，但会引起工件的尺寸和形状的不稳定，进而出现变形或降低工件承载能力等问题。

转子的尺寸和质量大，还会使得工件的力学性能的各向异性上产生较为严重的差异。

2. 制造工序复杂

要得到质量好、满足使用要求的转子，其影响因素涉及转子生产过程中的各个方面，如冶金、铸造、锻造、加工、热处理等各个环节。任何一个环节出现问题都直接影响着转子的性能，对质量造成很大影响。

可以说，要满足机组大型化和蒸汽参数苛刻条件的要求，在很大程度上依赖于转子制造技术的进步。所以，在制造技术上要解决一系列的难题，如偏析、锻造技术、热处理等。正因为如此，我国在转子材料方面主要依赖于进口。下面几项是要特别关注的内容：

（1）冶炼烧铸工艺。要得到纯净、均匀、偏析少的钢锭，应控制好冶炼、钢锭模设计、浇注温度和钢锭模预热等环节。

（2）锻造工艺。锻造是保证热处理后得到良好组织和细晶的重要加工过程。与 CrMoV 转子相比，9％～12％Cr 转子钢锻造时的抗力更大，提高锻造温度又会导致细晶粗化，因此锻造过程较复杂。

（3）热处理工艺。和 CrMoV 转子钢一样，9％～12％Cr 转子钢在性能热处理前也需要进行预备热处理。预备热处理通常是 700℃ 左右等温足够长时间，其目的在于通过珠光体转变获得铁素体加碳化物的致密组织。9％～12％Cr 转子钢的性能热处理通常由淬火加两次回火组成。第一次回火使淬火时转变成马氏体的回火，并使残余奥氏体在回火冷却过程中转变为马氏体；第二次回火则是对第一次回火时形成的马氏体回火。

二、转子运行工况

对于转子而言，很容易将转子作为同一类部件进行监督和检验。但是从运行工况上分析，就很容易将转子分为两类：一类是工作温度很低的汽轮机低压转子和发电机转子，另一类是工作温度较高的汽轮机高、中压转子。汽轮机转子和发电机转子都是在 3000～3600r/min 高速下转动，超速时可达 3600～4320r/min。但是，汽轮机高压、中压转子还承受着 400～560℃ 的高温和 9～

22MPa 的高压。而发电机转子和低压转子的工作压力低，工作温度也低。

相对高、中压转子来说，汽轮机低压转子和发电机转子的质量和尺寸大，横截面也大。在高速旋转时，汽轮机低压转子和发电机转子离心力也大。离心力与转速和直径的平方成正比，故转子越大，离心力就越大。

汽轮机低压转子和发电机转子因自重引起的弯矩比高、中压转子大。

在转子的加工过程中，由于加工精度误差、尺寸偏差等原因，转子的重心不可能在几何中心线上，而是存在一定的偏心距。转子转动时，在离心力的作用下，转子会发生周期性的振动。这种振动的频率与转子的自有频率重合时，会发生共振现象。

此外，转子还承受着因旋转造成的振动引起的附加应力、中心孔内壁的应力集中，以及开机、停机和负荷变化时造成的瞬时冲击力和扭应力，转子还承受着因温度梯度造成的热应力，变截面处还存在着应力集中等。

三、转子的应力分析

1. 转子的纵向应力分布

（1）转子所受的弯应力。由于转子的自重，会在支撑之间各部位产生弯矩，一般在转子本体中间弯矩最大，两端逐渐减小，至轴承端趋于零。虽然本体中间的弯矩最大，但由于转子中间直径大，该处抗弯截面系数较大，弯应力却不是最大的。图 1-6 为发电机转子支撑之间的弯矩分布示意图。可见轴颈附近的变截面处弯应力较大。

由于转子高速旋转，其弯矩引起的弯应力是交变应力。

（2）转子所受的扭应力。发电机转子的传动端承受着从汽轮机转子传递来的扭

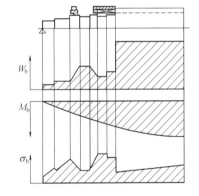

图 1-6　发电机转子支撑之间抗弯断面系数 W_b、弯矩 M_b 及弯应力 σ_b 分布图

矩。汽轮机转子传递过来的扭矩在发电机转子的本体部分绝大部分转变成了电磁扭矩，另一端传递给励磁机转动所需要的扭矩。由于励磁机转动功率比发电机小得多，故传递给励磁机所需要的扭矩也小得多。其扭矩和扭应力分布图如图 1-7 所示。可见发电机转子的汽轮机端轴颈的扭应力最大。

2. 转子的径向应力和切向应力分布

转子因高速旋转会产生巨大的离心应力，离心应力引起的应力分布如图

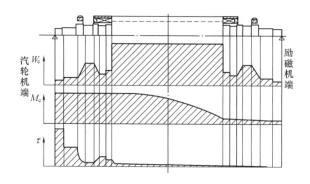

图1-7 发电机转子支撑之间抗扭断面
系数 W_c、扭矩 M_c 及扭应力 τ 分布图

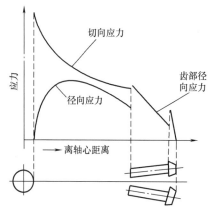

图1-8 转子本体截面上切向
应力和径向应力分布

1-8所示。转子中心孔孔壁的切向拉应力最大，径向应力趋于零。离中心孔渐远，切向应力趋于减小，径向拉应力趋于增大。径向拉应力约在离中心孔一定距离的区域最大，接近外圆部位趋于减小。

随着冶金质量的提高，目前发电机组的转子已经不再打中心孔，中心孔部位的应力状态大为改善，其应力大大减小。

3. 转子的热应力分布

(1) 转子径向热应力分布。对于高、中压转子，除受上述分析的应力外，它们还在高温高压下的过热蒸汽中长期工作。由于温度高，其热应力较大。尤其在机组启动和停机时，热应力变化较为复杂。

机组启动和增加负荷时，中心孔内表面会产生热拉应力，转子外表面会产生热压应力，与离心应力叠加后，使中心孔内表面的拉应力进一步增大，转子外表面的压应力进一步减小，如图1-9所示。由于中心孔内表面和近表面的缺陷和杂质较多，叠加应力又大，故在启动和增加负荷时要限制转子表面与中心孔内表面的温度差，以达到限制中心孔内表面应力过大的目的。

机组在停机和减负荷时，与启动和增加负荷过程相反。中心孔内表面受热压应力，转子外表面受热拉应力。与其他应力叠加后，中心孔内表面和近表面的合成应力区域减小，但转子外表面的应力将进一步增大。由于应力集中的作用，使得转子外表面的轮槽和汽封槽部位的应力比转子其他部位大得多，故在停机和减负荷时容易在应力集中部位出现开裂。因此，停机时要限制降温速度。

（2）转子纵向热应力分布。转子在启动或停机过程中，随着各级叶片的做功，转子沿纵向产生较大的温度梯度，从而导致热应力分布的不同。图1-10为某汽轮机高中压合缸转子冷态启动后稳定温度场和过渡温度场。

转子在热启动过程中的应力分布如图1-11所示。由图1-11可见，在启动过程中靠近中心孔区域为拉应力，转子外表面为压应力。

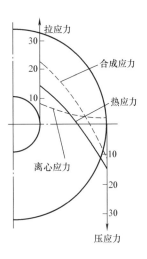

图 1-9　转子在启动时
热应力的分布

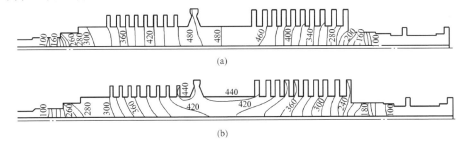

图 1-10　某汽轮机高中压合缸转子冷态
启动温度场（图中数字单位为℃）

（a）稳定温度场；（b）过渡温度场

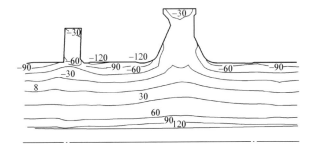

图 1-11　汽轮机转子在启动时的等应力线

（图中数字单位为 MPa）

第三节　转子力学性能和组织性能要求

转子除承受上述应力外，在运行中还存在热膨胀引起的应力、转子振动引起的附加应力、开槽部位的应力集中、启停机时其他因素造成的瞬时冲击和扭应力，以及异常工况如短路时出现的冲击载荷等。因此，汽轮机低压转子和发电机转子要有高的强度和塑性、优良的韧性和低的脆性转变温度。发电机转子还要有良好导磁性能。汽轮机高、中压转子材料要有高的室温和高温强度、塑性和韧性、蠕变性能和较低的脆性转变温度。下面分别进行介绍。

一、低压转子和发电机转子

1. 强度、塑性和韧性

转子材料应保持足够的强度，以使转子不发生塑性断裂。在设计计算时采用的应力不能超过材料的许用应力。同时，还要求转子材料应有一定的屈强比。

转子材料还应有一定的塑性和韧性，以使转子不发生脆性断裂。由于转子作为大型锻件，材料内部不可避免地存在一定的缺陷，有时转子材料的局部区域应力会超过材料许用应力，保证材料具有较高的塑性和韧性，是为了使转子不会出现脆性断裂。

由于低压转子和发电机转子工作温度较低，故要求转子的工作温度高于材料的脆性转变温度，以避免出现脆性断裂事故。因此，对材料的脆性转变温度（FATT）还应有较严格的要求。如 $300 \sim 600$MW 机组无中心孔的发电机转子，要求 I 级锻件其径向 FATT $\leqslant -23$℃，II 级锻件其径向 FATT $\leqslant -12$℃。

2. 力学性能的均匀性

转子在周向和轴向的力学性能的均匀性是很重要的指标。我国 JB/T 1267—2002《50MW～200MW 汽轮发电机转子锻件技术条件》中规定，转子径向的抗拉强度或屈服强度的波动值不大于 70MPa。JB/T 7027—2002《300MW 及以上汽轮机转子体锻件技术条件》中规定，30Cr1Mo1V 钢的径向屈服强度的最大值与最小值之差不大于 55MPa。30Cr2Ni4MoV 钢锻件级别为690MPa 时，其差值不大于 55MPa；大于 690MPa 时，其差值不大于 70MPa。

转子热处理后要求检查硬度的均匀性，规定沿纵向硬度差不大于 HB40，周向硬度差不大于 HB30。

3. 断裂韧性

断裂力学的发展给人们提供了判断材料是否出现脆性断裂的依据，通过计算可以获得转子的裂纹临界扩展尺寸，这在工程应用中极为有效。对于存在有脆性倾向的材料，提高材料的断裂韧性，远比提高其他力学性能重要。所以，断裂韧性是设计上最关键的技术指标。

经过计算，可得 $a_c = \dfrac{1}{\pi}\left(\dfrac{K_{1c}}{\sigma}\right)^2$，式中：$a_c$ 为裂纹临界尺寸；K_{1c} 为断裂韧性；σ 为拉应力。当裂纹尺寸 $a \leqslant a_c$ 时，即可避免出现脆性断裂。

4. 残余应力

转子尺寸很大，在制造过程中很容易残存较大的残余应力。残余应力过大，会导致转子变形、弯曲。同时，较大的残余应力还将消弱转子的安全系数。所以，转子在制造中都有消除应力热处理工序。按我国标准要求，汽轮机转子的残余应力值不超过转子径向屈服强度下限的 8%，发电机转子的残余应力值不超过转子径向屈服强度下限的 10%。

5. 材料的均匀性

由于转子材料在冶炼和制造中的生产环节多、工序复杂，材料中难免存在非金属夹杂物、组织不均匀、偏析、疏松等缺陷。这些缺陷的存在会破坏材料的连续性，在一定条件下会导致脆性断裂。现在常用超声波探伤、内窥镜、磁粉探伤和宏观检验等方法来控制转子材料的质量。

应该说明的是，虽然转子是大型锻件，转子内部的缺陷会给机组安全运行带来隐患；但是随着断裂力学的进步，人们已经掌握了用断裂力学的方法分析转子内部缺陷，在保证安全的前提下合理地制定转子允许缺陷的标准。我国转子锻件技术条件中，按不同机组容量等级对转子存在不同当量尺寸的缺陷提出了具体要求。

6. 细小均匀的晶粒度

晶粒度粗大会降低材料的冲击韧性，某些情况下还会影响超声波探伤的结果。汽轮发电机和汽轮机均对材料的晶粒度提出了一定的要求。

7. 高疲劳强度

转子在旋转时，由自重形成的弯应力和强迫振动形成的弯应力会产生交变应力。振动产生的应力与自重产生的应力比较要小得多，在强度计算时可忽略不计。一般 200MW 机组的疲劳强度不低于 235MPa，300MW 机组的疲劳强度不低于 295MPa。

二、高、中压转子

与低压转子不同的是，高、中压转子要在高温、高压下运行。它们除了承受扭转应力、弯曲应力、附加应力、瞬时冲击应力外，还承受着沿轴向温度梯度引起的热应力的作用。因此，高、中压转子应该具有如下性能：

（1）较好的综合力学性能，沿周向和轴向的性能要均匀一致。

（2）足够的热强性能和持久塑性。

（3）在高温长期应力作用下，要有良好的组织稳定性。

（4）良好的淬透性和工艺性能。

三、转子材料及其组织

转子属于大型锻件，为了获得好的综合力学性能和组织，转子必须采用适当的热处理工艺。但由于转子尺寸和质量巨大，还必须通过合金元素的复合作用来提高材料的淬透性。一般加入 Ni、Cr、Mo、V 等合金元素。Cr 元素既可提高钢的强度，还可以右移等温转变曲线，增加淬透性，在钢中一部分形成碳化物，一部分溶入铁素体。Ni 元素对钢的塑性和韧性都有良好的作用，尤其可以提高低温时的冲击韧性，不形成碳化物，几乎全部溶入铁素体，会使共析成分的碳含量减少，使共析温度下降，降低马氏体转变开始温度（M_S），提高钢的淬透性。试验表明，Cr 和 Ni 的复合作用，远比单独元素的作用大，Cr 与 Ni 的比例在 1：3 时效果最佳。Mo 元素可有效地减少钢的回火脆性，也可进一步提高钢的强度和淬透性。V 元素具有细化晶粒的作用。

可见，根据上述思想设计的转子材料，形成了转子用钢的体系。Ni、Cr、Mo、V 等合金元素形成了转子用材的基本元素。然而随着汽轮机的大型化和蒸汽参数的提高，CrMoV（Ni）钢的高温强度受到限制，因此，有必要开发新型的高温强度优良的转子材料。一方面，钢的冶炼技术的提高，给转子材料的发展提供了可能。有效地控制 S、P、As、Sn、Sb 等杂质元素，获得超净材料是发展转子的方向，它们可以减少钢中杂志元素的偏析，可大大降低钢的脆化敏感性。同时，真空加碳脱氧（VCD）技术的开发使用，使得 O 含量进一步降低，减少了 O 元素与其他有害元素的相互作用所引起的偏析和脆化。美国电科院 EPRI 提供的 3.5NiCrMoV 超净钢转子就是按照这一思路研发的转子用钢。另一方面，在添加 Ni、Cr、Mo、V 等合金元素的基础上，改善合金元素配比，以增加转子材料的性能。钢中具有一定的含碳量，可以增加钢的强度，但如果含碳量低于 0.2%，蠕变强度会急剧下降，这与钢中基体的渗碳体沉淀不足有关。因此有关试验表明，钢中的 V 与 C 的比值在 1.5：2.1 时表现为最佳。Mo 含量的控制也必须按照 V 和 C 来控制。Mo 能促进 V 碳化物的沉淀，并使其稳定。试验推荐 Mo 的添加量为 0.6%～0.9%。

一般认为 600℃是铁素体钢的上限，对于大大超过 600℃的蒸汽参数，首先进行的是奥氏体钢的开发。但是，奥氏体钢虽然在高温下具有优良的持久强度，但由于造价昂贵且热膨胀率大、热传导率小，因此在启停时因蒸汽温度变化产生的热应力变大，对运行性能不利，从而使其应用受到限制。由于火力发电设备的运行正朝着频繁启停的趋势发展，为防止产生过大的热应力，寄希望于线膨胀系数小、导热率大的材料。现在各国正在向铁素体—马氏体钢的极限挑战，进行了蠕变强度更加优良的新型 12%Cr 系列耐热钢的开发。在 12%Cr 钢的基础上添加强化元素 W，并作了如下成分调整：将含碳量由 0.18 降至 0.14，同时又把 Mo 当量含量（Mo＋0.5W）由原来的 1 增加到 1.5。经过改进的 12%Cr 钢在 593℃下 10^5h 的持久强度是 98MPa，这相当于 CrMoV 钢在 566℃下 10^5h 的持久强度水平。此外添加 Co 和 B，也会使蠕变强度大幅度地提高。

在常见的转子材料中，低压转子和发电机转子材料为 34CrMoA、34CrMo1A、34CrNi1Mo、34CrNi2Mo、34CrNi3Mo、25CrNi1MoV、3.5%NiCrMoV（25Cr2Ni4MoV、26Cr2Ni4MoV）和超净 3.5%NiCrMoV 钢等。高、中压转子材料为 17CrMo1V、35CrMoV、35Cr1Mo1V、27Cr2MoV、28CrNiMoV、25Cr2NiMoV、30Cr2Ni4MoV、20Cr3MoWV、33Cr3MoWV、18Cr2MnMoB，以及 12%Cr 和改良 12%Cr 系列钢等。

对于 CrNiMoV 低合金转子用钢，得到回火马氏体和贝氏体组织，其性能最佳。钢中存在铁素体组织会严重影响钢的高温性能和蠕变强度，如图 1-12 所示。因此，在热处理中为避免析出铁素体组织，应采用激冷、深冷淬火的

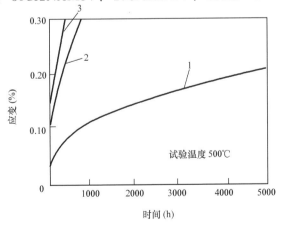

图 1-12 各种组织的蠕变曲线
1—上贝氏体；2—下贝氏体；3—铁素体＋贝氏体

热处理工艺，如图 1-13 所示。一般要求转子材料组织中的铁素体含量不高于 15%。

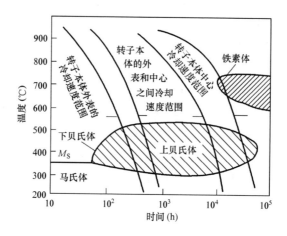

图 1-13　Cr1MoV 转子理想连续冷却转变曲线

第四节　转　子　失　效

纵观转子的发展历史，不难举出转子各式各样的失效事故。早在 20 世纪 50 年代起，美国、英国、德国和日本就出现过 30 多起转子断裂事故。在我国 80～90 年代，也出现过转子断裂的惨重事故。近几年，还多次发生转子弯曲事故。应该说，现代冶炼技术和制造水平的进步，大大提高了转子材料的质量，材料的原始缺陷得到了有效的控制。钢中的非金属夹杂物、有害元素明显减少，材料性能大幅度提高。这为机组向着大型化发展创造了可能。但是，转子是机组的重要转动部件，使用单位必须加强转子原始质量和控制运行管理，以保证转子不会出现机毁人亡的恶性事故。所以，必须了解转子失效的各种形式，并严加防范，以杜绝事故的发生。

一、断裂失效

转子在运行中主要承受以下应力：转子自重产生的交变弯曲应力、传递功率产生的扭转应力、温度梯度和形变约束产生的热应力。前两者产生高周疲劳，后者产生低周疲劳。

带中心孔的转子，中心孔表面的切向应力最大。套装转子的叶轮轴向键槽处会产生很大的应力集中。键槽处容易堆集腐蚀介质，是产生应力腐蚀裂纹的敏感区域。套装叶轮和大轴的紧配合边缘存在应力集中，转子上应力集中较严重的部位还有轴上的环形沟槽、键槽、叶轮盘的缩颈结构、叶轮平衡孔处、轮缘的叶根槽内的小圆角等部位。在运行应力的作用下，转子很容易在材料内部质量缺陷处、表面的加工缺陷处或在运行异常工况下产生裂纹。

1. 材料缺陷引起的断裂

根据前面的受力分析可知，转子中心孔内表面和近表面区域在运行中切向应力最大，如果在中心孔内表面或近表面的材料存在原始缺陷，如非金属夹杂物、疏松、白点、偏析、材料不均匀或微裂纹等，则很容易在这些部位首先产生开裂，进而造成转子断裂事故。材料缺陷引起的失效一般为恶性事故，必须引起足够的重视。

例如：美国 Gallation 电厂 20 世纪 50 年代投产的 225MW 机组运行了 17年后，在进行了 6 天检修后的启动过程中，当转速达到 3400r/min 时，中低压转子在没有任何征兆的情况下突然发生脆性断裂。该机组共经历了 183 次热态启动、105 次冷态启动和 5 次超速试验。蒸汽参数为 13.8MPa，565/535℃，额定转速为 3600r/min。事故后的分析认为，该转子的断裂是由于靠近中心孔内表面有大量硫化锰夹杂物引起的。据分析，在材料内部含有大量的非金属夹杂物，当转子经历了频繁启动后，在夹杂物周围产生了微小的裂纹，当启停288 次后，裂纹进一步得到扩展。当再一次启动时，转子内部温度相对较低，材料韧性也较差，但此时热应力较高，在大量夹杂物部位的蠕变和低周疲劳的相互作用下，最终导致转子断裂。

再如：某厂一台 105MW 机组仅运行了 4h 就发生了转子断裂事故。经查，断裂是由于轴心存在疏松引起的。还有某厂的 156MW 机组只运行了 4 个月，低压转子就裂成了 4 块。其原因是材料内部含有高密度氢气所致。

上述情况表明，材料的内部缺陷会大大增加该部位的应力集中，也会使材料的疲劳强度大幅度下降，增加材料的脆性倾向，从而导致转子脆性断裂。

2. 键槽、轮槽、弹性槽、轴肩等部位的应力开裂

如前所述，键槽、轮槽、弹性槽、轴肩等部位存在应力集中现象，是转子的薄弱环节。这些部位的根部过渡圆角在加工、制造过程中偏离设计要求，使过渡圆角偏小，从而加剧该部位的应力集中。在运行中变负荷时热应力的作用、启停过程中的汽流冲击作用、叶片装配不良产生的附加应力和接近临界转速时产生的振动都会加剧这些部位的应力集中，从而导致开裂。

例如：某发电厂 6 号机转子在运行了 123 208h 后，在大修时发现转子汽封弹性槽底部有 3 条肉眼可见裂纹。其中一条深度达 7mm。经分析，转子设计时圆角应为 3mm，但实际测量值仅为 2.25mm，致使实际应力集中系数比设计值高了 11.8%，因此，汽封弹性槽底部的应力集中过大，再加上交变热应力的作用下，造成了转子的开裂。

再如：某厂 2 台同样的机组（4 号和 5 号）分别运行了 40 085h 和 38 224h后，均发现了转子变截面出现了裂纹。4 号机转子轴肩处发现了 14 条裂纹，其中整圈的裂纹有 7 条，裂纹最深的一条在速度级前，深度达 10mm。经车削消除裂纹后仅运行了 3840h，虽在原裂纹处未发现裂纹，但在其他变截面处又发现了 3 条断续裂纹，深度为 2mm。5 号机转子也在轴肩处发现了 18 条裂纹，其中整圈的裂纹有 11 条，裂纹最深的一条也在速度级前，深度达 12.6mm。该转子材料为 CrMoV 钢，从国外进口。经分析，该转子的金相组织为回火索氏体和贝氏体，存在组织不均匀特征。两根转子的裂纹形貌相似，均起源于转子轴肩外表面的过渡圆弧处。圆弧处的圆角半径仅为 3mm（轴肩处直径为 564mm，汽封处直径为 635mm），过小的圆角增大了该部位的应力集中，经计算，汽应力集中系数高达 5.940。且该处加工粗糙，可见明显加工刀痕，更使该部位的应力集中系数进一步增大，从而导致转子表面开裂。

上述实例表明，机组在运行中会产生较大的热应力，又由于转子结构存在着较大的应力集中，使得应力很容易超过材料的疲劳强度，甚至在裂纹尖端的应力超过材料的屈服强度，造成开裂。需要指出的是，热应力起着很重要的作用。机组运行时，如果温度波动大，造成的热应力就大，裂纹就扩展得快。如果温度稳定，就没有热应力，或者温度波动小，热应力也小，就可能不会造成裂纹的扩展。

3. 轴颈开裂

轴颈是转子直径最小的部位，也是与轴瓦接触的部位。其工作应力很大。如图 1-7 所示，传递载荷一侧轴颈的扭应力最大。尤其在突然短路时，传递载荷一端的轴颈将承受很大的应力。在设计时，转子轴颈的安全系数的裕度仅次于中心孔内表面。表 1-1 显示了 50～600MW 机组各关键部位的安全系数，可见在短路工况下，轴颈的安全系数将大幅度下降。此外，轴颈的工作状况还与运行时的润滑状态、轴瓦状态密切相关。因此，轴颈的监督极为重要。

表 1-1　　　　　　　50～600MW 机组各关键部位的安全系数

功率（MW）		50	100	125	300	600
轴颈	额定工况	6.74	6.65	7.6	6.58	6.48
	短路状态	1.05	1.18	1.4	1.32	1.03
中心孔表面		2.22	1.93	2.06	1.88	1.60
齿根		1.97	1.89	2.23	1.94	1.79
齿颈部		2.65	—	4.10	3.31	6.85

例如：某厂 200MW 机组低压转子运行 7 年后，转子两端轴颈出现裂纹。轴颈宽度 430mm，直径为 ϕ360mm，材料为 34CrNiMo。裂纹共有 170 余条，呈轴向分布，裂纹长度为 2.0～16.7mm。分析发现，轴颈表面硬度很高，布氏硬度为 HB537～HB593，而 34CrNiMo 材料转子正常硬度值在 HB292～HB306 之间。显然，硬度的提高是由于机组运行时轴颈与轴瓦发生摩擦过热，使材料超过了相变点造成的。由此推断，轴颈工作期间出现断油现象。追溯该机组运行历史，它在运行中曾出现过严重断油烧瓦现象。因此，本次的轴颈开裂源于轴颈断油。

4. 应力腐蚀开裂

当汽水品质不良时，在套装叶轮的轴向键槽的圆角处、键槽处和轮槽部位容易富集 NaCl 和 NaOH 等腐蚀性介质，在应力的作用下产生应力腐蚀开裂。在蒸汽过渡区（50～120℃），即使汽水品质合格，但偶然的汽水品质波动也可能在这些部位聚集腐蚀介质。因此，蒸汽过渡区是产生应力腐蚀裂纹的敏感区域。某厂汽轮机转子第十级叶轮轴向键槽在运行了 18 000h 后出现了断裂，使叶轮断裂成两截，造成机毁人伤的严重事故。该转子为套装叶轮，分析结果认为，这是一起严重的应力腐蚀开裂的示例。再如：某厂汽轮机转子材料为 25CrNi3MoV，在机组大修期间，发现转子汽封弹性槽内存在裂纹，经检验发现，转子中间部位出现严重结垢现象、冲动级叶轮轮毂有较多腐蚀坑，裂纹旁边即为平衡孔和铆钉连接处，且表面加工粗糙。能谱分析显示，垢样含有 Na、Mg、Ca、Si、Cl、S 等元素，这说明汽水品质不合格。这些离子的存在容易在上述部位沉积和浓缩。钠盐的存在会使炉水 pH 值升高，这就导致生成 NaOH 碱性溶液。25CrNi3MoV 对 NaOH 碱性溶液又具有一定应力腐蚀敏感性。加上这些部位本身就是应力集中区域，运行中首先会在腐蚀介质聚集的部位产生应力腐蚀开裂。

二、异常振动导致转子加速失效

前面已介绍，转子在运行中会产生一定的离心力。但由于转子材料不均匀、加工偏差等因素的影响，转子存在一定的偏心距，因此在离心力的作用下，转子旋转时会产生周期性的振动，这种振动形式为强迫振动。强迫振动的频率就是转子的转速，也称为激振频率。当激振频率与转子的固有频率重合时，转子的振动会明显增加，也就是转子发生了共振现象。发生共振的转速就是转子的临界转速。

在设计中，转子正常的工作转速一定要避开转子的临界转速。但在有些情况下，会出现转子实际转速接近临界转速的现象，从而加剧转子的失效。一是转子材料内部质量、加工尺寸和装配质量偏离设计要求，会改变转子的临界转速，使工作转速接近临界转速；二是对于工作转速高于临界转速的机组，在启停过程中，转子实际转速必然出现与临界转速重合的情况，这时转子会发生共振现象；三是在进行超速试验时，如果还存在其他因素诸如材质、尺寸、调速系统不稳定、动不平衡、膨胀受阻等因素的影响，也会使转子实际转速接近临界转速。接近临界转速必然使转子振动增大，如果转子材料存在内部质量、表面质量、装配部件质量的问题时，会加速转子的失效。例如：某厂600MW机组的转子在启动过程中，当经过临界转速时机组出现异常振动，4s后机组发生了爆炸。事后分析认为，机组异常振动首先导致了发电机护环的断裂，进而引起转子断裂。

汽轮机出现异常振动的原因很多，就其类别可分为转子中心不对正、转子不平衡、连接件有松动、润滑不良、动静产生摩擦和电气方面等问题。并不是说机组振动异常就会直接导致转子失效，而是当转子存在某种缺陷时，异常振动会加速转子缺陷向裂纹扩展过程，从而加速转子失效。

三、转子弯曲失效

转子弯曲是电厂常见的失效现象，影响因素很多。转子弯曲从转子弯曲特征上可归纳为两类，即弹性弯曲和塑性弯曲。

弹性弯曲是指转子内部温度不均匀，转子受热后膨胀而造成的弯曲。当转子内部温度均匀后，这种弯曲会自然消失。而塑性弯曲则不同，它是永久性弯曲，当转子局部区域受到急剧加热（或冷却），该区域与其他部位产生很大的温度偏差，受热部位热膨胀受到约束，产生很高的热压应力，其应力值超过转子材料的屈服极限，会使转子局部产生压缩塑性变形。当转子内部温度均匀后，该部位将有残存拉应力，塑性变形不消失，而造成转子的塑性永久性弯曲。

塑性永久性弯曲是被关注的焦点。造成转子弯曲的因素是多方面的，但从特征上归纳，主要有以下几类：一是转子振动使汽封或轴封动静间隙消失而产生摩擦；二是汽缸进冷水，使转子局部受到急剧冷却；三是转子放置时间过长，不进行盘车，由于自重造成转子弯曲；四是转子材料内部残余应力过大造成的弯曲。

1. 转子振动引起的永久性弯曲

机组在启动过程中，转子受热不均匀，温差将引起转子的热弯曲。或转子自身的动不平衡，在升速时转子会产生异常振动，使转子径向表面与汽封齿发生摩擦。另外，汽缸受热不均，各部位温差过大引起汽缸体热变形或拱背弯曲，同样会使动静间隙消失造成摩擦。摩擦的部位会造成转子局部过热，使转子在过热部位形成拱背，因而使转子越摩擦越弯曲，越弯曲越摩擦。当摩擦产生的局部热应力超过材料的屈服极限时，该部位就会产生不可恢复的压缩变形。转子冷却后，各部位均匀收缩，而摩擦部位则产生塑性永久变形。

例如：某厂 50MW 机组检修后热态启动。当转速达 1650r/min 时，汽轮机发生振动，技术人员马上进行了降速暖机。转速降至 1000r/min 时，振动仍比同期大。暖机 10min 后第二次升速，汽轮机又发生较大振动，于是又一次降速，降速时发现轴封处冒烟。第三次升速时到 1500r/min 时，机组发生剧烈振动，轴封冒烟并伴有响声，随后立即停机。停机后揭缸检查，发现转子弯曲0.47mm。调节级和 1～7 级压力级叶轮复环严重磨损，隔板汽封处轴颈磨损深度为 2.0～2.5mm。这是一起转子受热不均匀，温差引起转子弯曲的典型事例。

2. 汽缸进水造成转子弯曲

一种情况是机组在启动中，如有冷水进入汽轮机，下缸突然受到冷却，汽缸产生拱背变形，通流部分径向间隙消失，造成转子产生摩擦，进一步产生转子弯曲。

另一种情况是机组正常停机，在汽缸温度还较高的情况下，如果汽水隔离不当，就会引起汽缸进水。转子在较高温度下突然受到冷水的侵袭，转子发生急冷，产生弯曲。当冷却部位产生的热拉应力超过材料的屈服极限时，该部位就会拉伸塑性变形。当转子内部温度均匀后，被冷水侵袭过的部位将出现永久变形。

例如：某厂 2 号机组停机消缺。停机 90min 后，运行人员发现汽轮机前后汽封信号管有汽水冒出，同时凝汽器水位不见。运行人员误以为是其他原因。当再次启动时，机组发生剧烈振动，降速暖机几次仍无好转。随后停机揭缸，发现第三、四级叶轮之间的主轴弯曲变形 0.7mm。经分析，这是一起在停机过程中汽缸进水造成的转子弯曲事故。

3. 其他形式引起的转子弯曲失效

转子弯曲还存在其他因素的影响，也应当引起重视。一是转子材料内部残余应力过大，或者残余应力沿轴纵向分布不均匀，当转子受到的其他应力与残余应力叠加后超过了材料的屈服极限后也会造成转子的弯曲。二是在机组检修期间，长期停机不盘车，转子会由于自重，使转子产生过量塑性变形而发生弯曲。

四、转子材料蠕变损伤失效

尽管转子出现蠕变损伤失效的报导很少见，但是高压转子由于在高温高压下运行，当运行一定时间后，材料也会发生蠕变老化现象。一般蠕变损伤包括组织损伤（即材料长期服役后材料内部析出相发生变化）和物理损伤（即材料内部出现蠕变孔洞和蠕变裂纹）。单纯的蠕变损伤很少出现，大都是蠕变—疲劳交互作用的结果，且失效都发生在材料内部存在某种缺陷的部位。例如，美国某电厂的 225MW 机组，材料为 CrMoV 钢，主蒸汽温度为 565℃。转子在运行了 10^5h、183 次热态启动和 105 次冷态启动后发生了飞裂事故。经研究，该转子组织为正常的回火贝氏体组织，但具有较粗大的碳化物。转子飞裂原因是，在蠕变和疲劳的交互作用下，首先在中心孔内部的夹杂物处产生微裂纹，进而造成断裂失效。

五、焊接转子失效

有些电厂汽轮机转子采用了焊接转子结构。我国相继研究开发了焊接转子用钢 17Cr1MoV 和 25Cr2NiMoV 钢。虽然人们很担心焊接转子的安全问题，但这两种材料转子的使用效果是令人满意的。焊接转子虽然在全国范围内使用较少，但它的安全性也是值得注意的。

焊接转子是由两个轴端头和几个轮盘或转鼓组焊而成的。焊接转子具有结构紧凑、刚性好、承载能力高、质量轻、锻件小，其质量易于保证等优点。但焊接工艺较为复杂，需要有专门的焊接技术和设备来保证焊接质量。转子在焊接组装过程中，超声波检验和消除焊接应力是最为关键的环节。

本章第二节介绍了转子的受力状况，虽然焊接转子与其他转子的结构不同，但从设计出发，焊缝并非受到最大的应力。有关研究单位曾对 25Cr2NiMoV 钢焊接转子进行过解剖试验，试验转子焊缝内部存在 40 多处分散性原始焊接缺陷，但经过 11 年的运行，解剖确认这些缺陷并没有发展。同时经过断裂力学计算，这些缺陷不会扩展。其原因是转子的最大应力并不在焊缝上。因此，研究认为焊缝不是焊接转子的薄弱环节，转子母材才是转子产生失效的薄弱环节。实际上，焊接转子的失效与整锻转子的失效机理是一致的，它的薄弱环节也在中心孔、轴颈、转子外部变截面应力集中的部位。有人对 17Cr1MoV 钢焊接转子的临界裂纹扩展尺寸进行过计算，转子母材深埋裂纹临界扩展尺寸 $a_c=6.79mm$，转子母材内孔表面裂纹临界扩展尺寸 $a_c=5.61mm$，而焊缝深埋裂纹临界扩展尺寸 $a_c=79.48mm$，转子焊缝内孔表面裂纹临界扩展尺寸 $a_c=65.69mm$。可见，只要转子焊缝的质量满足设计要求，焊接转子母材的失效才是人们更应该关心的。

第五节　转　子　监　督

在冶金、锻造、加工、热处理、检验、装配等阶段对转子进行的严格检查，能够有效地保证转子锻件的质量。但转子是汽轮机发电机组的重要部件，在运行中工况变化异常，一旦失效，则后果严重，且转子一旦投入运行，检验方法和缺陷处理将受到很大限制，因此有必要对转子进行重点监督。

一、转子的寿命分配

要进行针对性的监督，还必须了解转子的寿命分配问题。根据工作温度可将转子分为两类：一类为存在蠕变损伤的高中压转子；另一类为不存在蠕变损伤的低压转子和发电机转子。它们都受到循环载荷作用的疲劳损伤。

转子在启停中，受到疲劳作用，按循环次数计算，转子的寿命可描绘成：当 $\sum \dfrac{n_i}{N_i}=1$ 时，转子的寿命终止。其中，n_i 为材料在第 i 个循环应变幅度或应力幅度下的实际循环次数；N_i 为材料在第 i 个循环应变幅度或应力幅度下的失效次数。

对于高中压转子，还要考虑蠕变的寿命损耗，即可描绘成：当 $\sum \dfrac{n_i}{N_i}+\sum \dfrac{\tau_i}{\tau_{ri}}=1$ 时，转子的寿命终止。其中，τ_i 为第 i 个温度水平和恒应力下的运行时间；τ_{ri} 为第 i 个温度水平和恒应力下的蠕变断裂时间。

在实际运行中，汽轮机转子的寿命是指转子从一开始投入运行，直至应力集中处出现的一条通过低倍放大、用肉眼可观察到的微小宏观裂纹及所经受的循环次数。这个微小裂纹称为工程裂纹，其尺寸约为长 0.5mm、深 0.15mm。一般对基本负荷机组，当工作应力为 110～120MPa、工作温度为 500℃时，CrMoV 钢转子的蠕变断裂时间约为 8.5×10^5 h，30 年寿命约损耗 25%。对于调峰机组来说，蠕变断裂寿命损耗将损耗约 20%，其余的将作为疲劳的寿命损耗。

二、转子的运行监督

1. 宏观检查

按照转子的失效形式和部位，可以进行有针对性的检验和监督。其中宏观检查是最关键的环节，尤其是对外表面的应力集中部位、变截面部位的氧化、腐蚀情况、表面是否存在宏观裂纹等情况进行的宏观检查。宏观检查方法简单、直接，但需要仔细、检查到位，必要时可以使用放大镜。宏观检查应该在机组每次揭缸时进行。

宏观检查的部位如下：

（1）轴颈。注意检查轴颈两端圆角部位是否存在宏观裂纹；轴颈表面是否有颜色变化，是否有电灼伤和附着物。对传递扭矩的汽轮机转子的发电机侧和发电机转子的汽轮机侧轴颈必须作重点检查。

（2）转子环形槽和汽封弹性槽。检查汽封弹性槽底部是否存在裂纹和磨损现象，如图 1-14 所示。

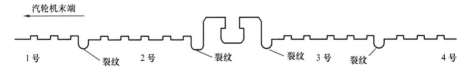

图 1-14　转子环形槽根部易开裂部位

（3）叶轮根部圆角和叶轮平衡孔。叶轮底部的圆角的应力较大，应检查是否存在裂纹，如图 1-15 所示。尤其是调节级叶轮，工况较为复杂，更应仔细检查。

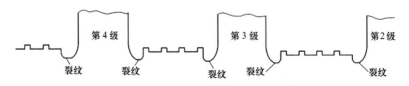

图 1-15　转子叶轮底部圆角易开裂部位

（4）套装叶轮的过盈配合部位、定位键槽和叶片轮槽等部位。检查这些部位的结合部位有否开裂现象，在配合缝隙中是否存在有腐蚀产物的现象。

（5）焊接转子的焊缝区域。检查焊接转子的焊缝区域表面是否有开裂现象和是否存在有腐蚀产物的现象。

（6）低压转子末级叶轮部位。检查低压转子末级叶轮部位是否有异常水痕和腐蚀现象。

（7）中心孔内表面。有中心孔的转子可以借助视频内窥镜对中心孔内表面进行观察。

2. 表面探伤

对应力大、温度高的部位进行表面探伤检验。在宏观检查的基础上，对有疑问的部位需进行表面探伤。表面探伤一般结合机组大修进行。

（1）轴颈。检查轴颈两端圆角部位是否存在开裂现象。对传递扭矩的汽轮机转子的发电机侧和发电机转子的汽轮机侧轴颈必须作重点检查。

（2）轮缘小角及叶轮平衡孔的部位。

（3）套装叶轮的键槽部位。

（4）调节级叶轮根部的变截面的圆角处和汽封弹性槽等部位。

（5）焊接转子的焊接部位。

3. 超声波探伤

当转子材料内部存在某种原始缺陷时，超声波探伤应在每次大修期间对缺陷进行复查。如果转子不存在缺陷，可用两个大修周期对转子中心孔内表面或亚表面、轴颈进行超声波探伤检查。

4. 硬度检查

受到高温的作用，转子硬度会发生一定的变化。硬度检查是考察转子受温度的影响程度。对于高中压转子，在每次大修期间，应检查转子的纵向和周向的分布规律。纵向应检查轴两端和轴身部位，不少于 3 个截面，周向应每个 $90°$ 测量一点。检查硬度不是分析硬度的绝对值，而是分析转子整体的均匀性。

对于不受温度影响的低压转子和发电机转子可不进行硬度检查。

转子在安装过程中，都经过严格的硬度测试。因此，转子的硬度检查可在机组运行 10^5 h 后进行。

5. 金相检查

对于高中压转子的高温高应力部位，如调速级转子体表面，在运行 10^5 h 后应进行金相微观组织的检查，分析材料长期运行后是否出现微观裂纹和蠕变孔洞，考察材料蠕变损伤情况。

对于低压转子和发电机转子，金相检查就失去其意义了。

图 1-16 是对高中压转子具体检验项目和方法的位置示意图。

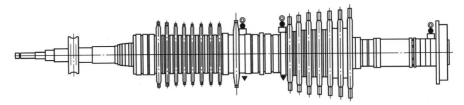

图 1-16 转子检验部位和方法示意图

◎复膜金相检验；●硬度测量；□表面探伤；▼显微裂纹检查

三、异常工况的监督

上面的检验项目应该已经涵盖了能保证转子安全的基本检验项目，但当出现异常工况时，可适当进行调整。当机组出现超速、短路、超温、汽缸进水、突然停机等异常工况时，应根据具体情况重新制订检验方案。

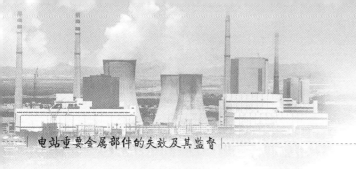

第二章 护环失效及其监督

护环是发电机转子上的最重要的部件，其作用是用来固定和保护转子绕组的。转子绕组布置在转子槽内，并引至转子两端，出槽部分的绕组靠绝缘块和垫板支撑，顶部需要靠护环套住，以限制绕组的径向移动。绕组的轴向位移是靠中心环来限制的。当转子在运行中高速旋转时，转子绕组和配合紧固件受到巨大的离心力和热膨胀的作用，将要沿轴向和径向产生位移和变形，但护环和中心环是靠过盈配合紧套在转子上的，这个固定支撑作用抑制了绕组的位移和变形。

中心环不仅限制了绕组的位移，而且由于护环是紧套在中心环上的，中心环对护环起到了支撑作用，一方面保证护环与中心环同心，另一方面防止在运行中护环在离心力的作用下变成椭圆。

第一节 护 环 结 构

实际上，护环相当于一个薄壁的圆筒，一端热套在转子轴端上，另一端热套在中心环上。要保证护环的作用，对护环的结构有一定的要求。护环的结构一般有脱离式、两端紧配式和悬挂式三种。

一、脱离式护环

脱离式护环结构为护环一端热套在中心环上，另一端与转子体存在一定间隙，并不嵌装在转子体上。这种护环一般应用于 12MW 及以下小型机组上。其缺点是：在离心力作用下，护环与转子的间隙部位的绕组和绝缘会发生鼓起，严重时会使绕组和绝缘受损，甚至折断损坏。脱离式护环装配结构示意图如图 2-1 所示。

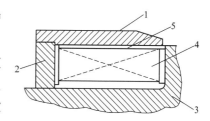

图 2-1 脱离式护环装配结构示意图

1—护环；2—中心环；3—转子体；

4—转子绕组；5—绝缘材料

二、两端紧配式护环

两端紧配式护环是通过热套形式固定的,一端热套在转子体的末端,另一端热套在中心环上。中心环也是通过热套固定在转子上的,并用螺钉或螺母将中心环与转子固定。两端紧配式护环的结构与固定方式如图 2-2 所示。这种结构的护环是三点固定,因此也称刚性护环。这种护环的缺点是:转子转动时,交变应力产生的位移会直接影响护环的配合工作面的位移;长期运行后会造成护环接触面的损伤。

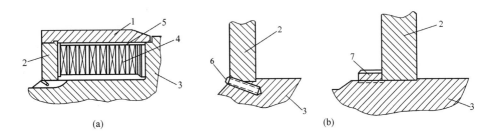

图 2-2　两端紧配式护环装配结构示意图

(a)两端紧配式护环结构;(b)中心环的固定形式

1—护环;2—中心环;3—转子体;4—转子绕组;

5—绝缘材料;6—螺钉;7—螺母

三、悬挂式结构

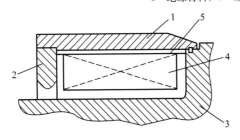

图 2-3　悬挂式护环装配结构示意图

1—护环;2—中心环;3—转子体;

4—转子绕组;5—绝缘材料

悬挂式结构护环也是通过热套的形式将护环固定在转子体和中心环上,但中心环与转子是分离的,如图 2-3 所示。这种结构能有效保证护环与转子体和中心环的过盈配合,从而避免了转子转动时的交变应力不传递到护环的配合面上,以减少护环的损伤。为了防止护环的轴向位移,一般将护环通过环向紧锁方式和凸齿紧锁方式镶嵌在中心环的键槽内。悬挂式结构护环常应用在大型机组上。

第二节　护环运行工况和应力分析

与转子和叶片等部件相比,护环的运行工况和应力状态要简单得多。但为了更好地对护环进行监督，必须了解护环运行、检修中的特点和护环的应力状态。

一、运行工况

1. 温度

护环在正常运行中，工作温度是不高的，约100℃左右。许多技术人员在进行护环应力腐蚀试验时都采用了80℃的介质温度。护环的温度主要来源于以下几方面的影响：

（1）与护环过盈配合的转子绕组在运行时会产生热量，虽然有绝缘层相隔，但也会使护环的温度升高；定子放电现象也会使护环局部产生过热。

（2）运行中沿护环表面会产生一定的感应电流，从而使护环的接触面产生一定的热量。如果出现异常工况，如发电机短路，则会使护环的接触面的温度进一步升高，严重时甚至会出现护环被烧伤的严重事故。

（3）对于上述两种情况，在正常情况下，护环的温度是不高的。但是护环在检修拆卸和套装过程中受到温度的作用要比正常运行中高得多。一般情况下，护环安装后，有两种情况需要拆卸护环：一是护环金属监督的需要，二是电气运行的需要。一旦护环需要拆卸，就需要对护环进行加热，在护环热膨胀后进行拆卸和套装。一般工艺要求护环的加热温度不能超过350℃，并应实时监测。

虽然护环的温度远比电站高温部件低得多，但是由于护环易于发生应力腐蚀失效，温度的升高会促进应力腐蚀的倾向，尤其在拆卸和套装时更应该注意温度的影响。

2. 环境介质

（1）硝酸根离子。机组运行时，高电压的定子绕组存在电晕放电现象，转子绕组绝缘不好也会造成匝间短路而放电。放电使周围空气电离，形成臭氧，再与空气中的氮气结合生成硝酸根离子。空气中一般都含有水分，硝酸根在潮湿的空气中形成酸性介质，成为护环等的腐蚀介质。

（2）氯离子。滨海电站空气中带有较高的氯化物，潮湿的空气会附着在护环上，进而雾化成小水点，对护环产生腐蚀。

（3）氢气。对于氢冷机组，转子处于0.3MPa或以上压力的氢气气氛中，氢气总携带一定量的水分。在湿度较大的情况下，氢气也是护环的腐蚀介质。同时，氢气在制取过程中还携带一定数量的氯离子。

（4）水。某些护环材料对应力腐蚀是相当敏感的，在护环放置时，空气中的水就可对护环产生应力腐蚀作用。

从上述几种环境介质可以看出，对护环产生腐蚀都有水的作用。另外，在护环的腐蚀失效中，可能是某一单一介质存在，也可能是几种介质同时存在。何种介质起主导作用，要由具体情况决定。

二、应力状态

发电机组的额定转速为 3000r/min，护环的作用是箍紧转子两端的端部绕组，使之不会由于高速旋转产生的离心力而移动或甩出。为满足这一要求，护环是靠过盈配合安装到转子体和中心环上的。但是护环的过盈配合还必须满足转子超速试验的要求，一般超速试验的转速为 1.2 倍的额定转速，即也要满足 3600r/min 的转速要求，也就是说在进行超速试验时，护环还应该有一定量的过盈配合量，以使护环不至于松动或移动。因此，特殊的要求决定了护环会受到较为复杂的应力。

1. 离心力

当转子运行时，护环本身的质量形成的离心力是均匀径向分布的，但转子绕组的离心力作用在环上的应力是不均匀的。护环所受的离心力是在这两个离心力叠加后形成的。有计算表明，在总的离心力中，来自于护环自身质量产生的离心力约占 2/3～3/4，其余的离心力来源于转子端部绕组。一般情况下，护环在额定转速转动时，护环所受应力约为护环屈服强度的 50%；在超速试验情况下，所受应力约为护环屈服强度的 70%。

2. 弯曲应力

转子绕组的离心力作用在护环上的应力是不均匀的，使护环产生一定的弯曲应力，造成护环外形趋于椭圆。中心环设置的作用就是维持护环的圆度。

3. 装配应力

机组运行时，绕组的热膨胀引起的轴向推力作用在护环端部，有将护环从转子上退下的趋势，因此，在护环与转子的结合面上设计环形键槽或通过螺钉、螺母固定护环，以阻止护环的轴向位移。这些部位存在很大的装配应力。

4. 结构应力

为了通风冷却，有的护环上开通风孔，也有的护环在结构上设计变截面、台阶、圆角等，而这些部位容易产生应力集中。

5. 循环应力

调峰机组的反复启停、负载变化等，使护环承受着低周循环应力的作用。

上述应力的综合作用将使护环的应力达到一个很高的水平。此外，护环的应力水平必须考虑能承受机组超速试验时的应力状态，如 200MW 机组的护环设计应力为 490MPa，600MW 机组的护环设计应力为 690MPa。所以护环材料一定是高强度的。

第三节　护　环　材　料

护环的材料对失效的影响是举足轻重的。由于护环的主要失效是腐蚀，其环境介质又比较复杂，因此不同材料的腐蚀敏感性有很大的差别。为此，本节主要介绍护环的材料和设计思想。

为减少发电机端部的电磁损耗，提高发电效率，要求护环无磁性，以减少漏磁，因此，护环锻件材料一般都选用无磁性奥氏体钢。另外，护环在运行时受到很大的离心力，为了保证汽轮发电机组的长期安全运行，护环材料应该具有较高的强度，特别是较高的屈服强度，同时具有尽可能高的塑性和韧性。此外，还要求护环的残余应力小而分布均匀，以防止由于变形、疲劳、应力腐蚀的发展及各种应力叠加造成的破坏事故。

奥氏体不锈钢能满足电磁性能和力学性能方面的要求。此外，护环钢要达到上述的性能要求，需经过特殊的热处理过程。

一、护环材料

众所周知，Ni、Mn 是铁碳相图中扩大奥氏体区域的元素，要得到奥氏体钢，必然加入这两种元素，以获得奥氏体钢需要的性能。为了解护环材料的特性，首先要回顾一下护环材料的发展历史。

早期的护环是用中、低合金钢制成的，其强化方法采用淬火加回火处理。这类材料制成的护环有磁性，只能在小容量机组上应用。20 世纪 20 年代中期，研制了高锰镍合金护环钢（如 8Mn-8Ni-4Cr 等）。这类钢是无磁性奥氏体钢，但强度较低，只能用半热锻或冷锻的方法强化。这种强化不能保证护环周向均匀变形，即圆周方向强度不均匀，且残余应力也高。30 年代末，由于战争的需要，Ni 严重缺乏，因此人们开始用 Mn 代替 Ni，研制成了以 18Mn-5Cr 为基础的奥氏体护环钢。强化方法也发展了楔块扩孔和液压胀孔等形变强化方法。到 70 年代，高锰高铬含氮护环钢问世，性能明显优于 18Mn-5Cr 钢。目前用于护环的材料基本可分为高锰低铬钢（18Mn-5Cr 或 18-5 型）和高锰高铬钢（18Mn-18Cr 或称双 18、18-18 型），如表 2-1 所示。

表 2-1 常见护环材料化学成分

钢　号		C	Mn	Si	P	S	Cr	N	W	Al
50Mn18Cr5	下限	0.4	17.00	0.30	≤0.060	≤0.025	3.50	—	—	—
	上限	0.6	19.00	0.80			6.00			
50Mn18Cr5N	下限	0.4	17.00	0.30	≤0.060	≤0.025	3.50	≥0.08	—	—
	上限	0.6	19.00	0.80			6.00			
50Mn18Cr4WN	下限	0.4	17.00	0.30	≤0.060	≤0.025	3.50	≥0.08	0.70	—
	上限	0.6	19.00	0.80			5.00		1.20	
1Mn18Cr18N	下限	≤0.12	17.50	≤0.80	≤0.050	≤0.015	17.50	≥0.47	—	≤0.030
	上限		20.00				20.00			

注　表中的 50Mn18Cr5、50Mn18Cr5N、50Mn18Cr4WN 护环钢主要应用于 200MW 以下机组；
　　1Mn18Cr18N 护环钢主要应用于 300MW 以上机组。

二、合金元素特点

18-5 型护环钢固溶处理后，屈服强度较低（340MPa），但经过冷变形后，强度大幅度提高，可达 1350MPa。钢中加入少量的 N 可提高材料的抗腐蚀能力，加入 W 可起到沉淀强化作用。对于 18-18 型护环钢，降低 C 含量，主要是为了提高护环的韧性。C 含量的降低会引起强度的下降，因此必须添加一定的 N 元素，以弥补 C 含量的不足。虽然钢中含有一定的 Cr、Mn、W、N 等元素，对钢能起到合金强化作用，但护环钢的强化作用主要靠形变强化来实现。

三、护环制造的工艺特点

护环制造的典型工艺流程为：冶炼→锻造加工→固溶处理→机械粗加工→超声波探伤→形变强化（液压或楔块扩孔）→消除应力退火→力学性能检验→机械精加工→最终检验。

1. 固溶处理

固溶处理的目的是获得单一的奥氏体组织，为随后的形变强化和超声波探伤作准备，还为了达到无磁性的要求。固溶处理时的加热速度要快，以避免析出过多的碳化物，使固溶难度加大；保温时间在能保证碳化物充分溶解的情况下要尽量短，以避免晶粒长大；加热温度也要严格控制，不得过热，否则也会使晶粒长大；冷却速度要快，否则碳化物也会析出，严重影响钢的塑性。因此，控制固溶处理的工艺要以碳化物的析出和晶粒的长大为控制点。

2. 形变强化

固溶处理后，钢的强度较低，而塑性韧性很好。此时可通过形变来提高钢的强度，方法主要有半热锻、冷锻、楔块扩孔、液压成型等。不同容量机组护环锻件等级的要求是不一样的。如 300～600MW 机组汽轮发电机护环锻件等级分为 3 类，如表 2-2 所示。50～200MW 机组汽轮发电机护环锻件等级分为 5 类，如表 2-3 所示。

表 2-2　　300～600MW 机组汽轮发电机护环锻件等级与力学性能

试验温度（℃）	项　目	Ⅰ	Ⅱ	Ⅲ
95～105	R_m（MPa）	≥970	≥1030	≥1070
95～105	$R_{p0.2}$（MPa）	970～1100	1030～1170	1070～1210
95～105	A（％）	≥17	≥15	≥15
95～105	Z（％）	≥55	≥53	≥52
20～27	A_{kv}（J）	≥102	≥82	≥75

表 2-3　　50～200MW 机组汽轮发电机护环锻件等级与力学性能

试验温度（℃）	项目	Ⅰ	Ⅱ	Ⅲ	Ⅳ	Ⅴ
95～105	R_m（MPa）	≥895	≥965	≥1035	≥830	≥900
95～105	$R_{p0.2}$（MPa）	≥760	≥825	≥900	790～970	900～1030
95～105	A（％）	≥25	≥20	≥20	≥21	≥19
95～105	Z（％）	≥35	≥30	≥30	≥62	≥62
20～27	A_{kv}（J）	—	—	—	≥122	≥102
推荐材料		50Mn18Cr5 50Mn18Cr5N 50Mn18Cr4WN		1Mn18Cr18N		

四、护环的性能要求

1. 均匀性

护环材料应在有足够能力的锻压机上锻造，以确保整个锻件截面充分锻透。对于大型机组，在同一试环上的抗拉强度或屈服强度值的波动量不超过 50MPa。

2. 残余应力

护环材料的残余应力不应高于该材料屈服强度下限的 20％。

3. 晶粒度

材料的晶粒度应为 1 级或优于 1 级。个别区域有低于 1 级的，但不应该影响超声波探伤。

4. 力学性能

对于 50MW 以下机组、50～200MW 机组和 300～600MW 机组，JB/T 7029—2004《50MW 以下汽轮发电机无磁性护环锻件技术条件》、JB/T 1268—2002《50MW～200MW 汽轮发电机无磁性护环锻件技术条件》和 JB/T 7030—2002《300MW～600MW 汽轮发电机无磁性护环锻件技术条件》分别作出了规定。

第四节 护 环 失 效

如前所述，护环是起紧固作用的。失效产生开裂会造成机毁人亡的恶性事故，因此对护环的监督异常重要。国内外发电机组的运行经验表明，护环失效的原因很多，但不外乎有材料问题、运行的环境条件、冷热加工或装拔护环时造成的损伤和设计因素等。

一、应力腐蚀断裂失效

应力腐蚀断裂是材料在腐蚀环境中和静态拉应力的同时作用下产生的破裂，是护环失效中最广泛、最严重的一种破坏形式。发生应力腐蚀断裂需满足三个特定条件，即特定的腐蚀环境、足够大的拉应力和特定的合金成分和结构。

应力腐蚀断裂有以下几个特征：

（1）裂纹的宏观走向基本上与拉应力垂直。只有拉应力才能引起应力腐蚀，压应力会阻止或延缓应力腐蚀。

（2）应力腐蚀断裂存在着孕育期。

（3）产生应力腐蚀的合金表面都会存在钝化膜或保护膜。腐蚀只在局部区域，破裂时金属腐蚀量极小。

（4）断口呈脆性形貌，裂纹走向为穿晶、沿晶或混合型。裂纹一般起源于部件表面的蚀孔。

（5）应力腐蚀断裂一般发生在活化—钝化的过渡区的电位范围，即在钝化膜不完整的电位范围内。

（6）大多数应力腐蚀断裂存在临界应力腐蚀断裂强度因子 K_{ISCC}。当应力腐蚀断裂强度因子低于 K_{ISCC} 时，裂纹不扩展；大于 K_{ISCC} 时，应力腐蚀裂纹扩展。

应力腐蚀失效是护环的主要失效形式，尤其是 18Mn-5Cr 系列钢护环经过检查，几乎普遍存在应力腐蚀现象。GE 公司在 1991 年的技术通报中统计了 200 多个护环的使用情况，约有 80％的护环需要修理或更换。鉴于这一比例如此之大，为保证机组的安全运行，护环应每 6 年更换一次。

1. 应力腐蚀断裂的特征

（1）护环应力腐蚀裂纹微观形貌。正常的护环组织为单相奥氏体，晶内有大量的滑移和交叉滑移线，这是形变强化后遗留的组织特征。同时在奥氏体晶界上还可见碳化物颗粒，如图 2-4 所示。发生应力腐蚀的护环的微观裂纹在光学显微镜下清晰可见。根据腐蚀介质的不同，护环裂纹

图 2-4 正常的护环组织为单相奥氏体

形貌有穿晶型、沿晶型，或者沿晶和穿晶混合型，在晶内开裂常以树枝状形态发展。腐蚀介质为硝酸根时，裂纹一般是沿晶型，如图 2-5 所示；腐蚀介质为氢时，裂纹一般是穿晶型；腐蚀介质为氯离子时，一般是混合型。图 2-6 所示为树枝状形态裂纹形貌。

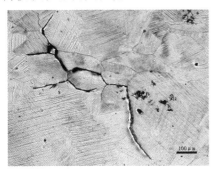

图 2-5 护环沿晶开裂组织形貌

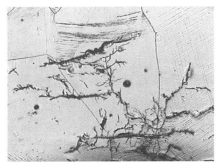

图 2-6 护环的树枝状形态微观裂纹形貌

然而实际的工况比较复杂，可能是一种介质起作用，也有可能是两种甚至几种介质同时起作用，这时，裂纹的发生和发展形式就比较复杂了，几种裂纹形貌也兼而有之。

（2）应力腐蚀裂纹的尺寸特征。根据 GE 公司的研究成果，发生应力腐蚀的护环的微观裂纹的纵横比较低，即裂纹的深度远小于裂纹的表面开裂长度。根据裂纹的形状，采用断裂力学方法可计算出，临界裂纹的量级为长 1～2in

（25.4～50.8mm）、深 0.1～0.2in（2.54～5.08mm），具体数值还与护环的尺寸、形状有关。

值得注意的是，裂纹的扩展速度十分迅速，在环境不利的条件下发展更快，其量级可达 0.001in/h（0.025 4mm/h）。所以一个已经产生裂纹的护环，如果其深度为 0.03in（0.762mm），裂纹发展到临界尺寸只需要几天。

（3）运行因素。护环的应力腐蚀裂纹是应力和环境介质相互作用的结果，护环是一直承受着应力的，即使在停机状态下，应力也是存在的，因为护环是热套在转子和中心环上的，在关键的冷缩配合面则尤甚。

2. 护环材料

200MW 以下机组的护环大量使用了 18Mn-5Cr 系列钢，300MW 以上机组的护环推荐使用 18Mn-18Cr 系列钢。从实际运行结果来看，无论机组运行多长时间，18Mn-5Cr 系列钢护环普遍存在着应力腐蚀裂纹的现象。即使是存放于库房的 18Mn-5Cr 系列钢护环，也发现了应力腐蚀现象。用于不同容量机组的 18Mn-5Cr 系列钢护环都有应力腐蚀断裂的倾向，原因是 18Mn-5Cr 系列钢护环的应力腐蚀敏感性较高。以前认为小尺寸的护环与大尺寸的护环相比，出现应力腐蚀裂纹的可能性较小，但越来越多的数据显示，小尺寸的护环一样存在问题。小护环的厚度偏小，一旦发现裂纹，修补裂纹和腐蚀斑点的余量较小，造成的后果更为严重。

相比之下，18Mn-18Cr 系列钢护环很少有应力腐蚀的现象。将 18Mn-5Cr 系列钢护环与 18Mn-18Cr 系列钢护环在同等应力水平一定时间内的应力腐蚀性能进行对比，其结果如表 2-4 所示。

表 2-4　　　　　　　　同等应力水平同样时间的应力腐蚀情况对比

序　号	材料	应力水平（MPa）	时间（h）	腐蚀裂纹
1	50Mn18Cr4WN	490	72	布满网状裂纹
2	1Mn18Cr18N	588	72	无裂纹

3. 护环介质的影响

18Mn-5Cr 钢护环容易产生应力腐蚀裂纹，原因就是该材料对护环的环境介质极为敏感。大量研究成果认为，腐蚀介质有硝酸根离子、氯离子和氢气三方面因素。

在上述三种腐蚀介质中，空气中的水起到至关重要的作用，这些介质在水中形成具有腐蚀性的强酸离子。在较为潮湿库房中的备用护环也时有发生应力腐蚀断裂的现象，这显示了 18Mn-5Cr 系列钢护环对应力腐蚀极强的敏感性。

水冷机组的定子线棒的渗漏或结露等情况，都应该注意护环的应力腐蚀问题。

4. 应力腐蚀裂纹的位置特征

护环内壁的应力明显大于外壁的应力，这是由于外壁是自由表面，内壁是配合表面。内壁存在变截面圆角，因此，应力腐蚀裂纹的位置特征主要发生在变截面圆角处和护环两端及中间的配合面处。这些部位不但有应力集中，而且容易发生介质浓缩，在变截面处应力会出现峰值。一般情况下，护环内壁裂纹比外壁裂纹严重。外表面因热套后也是存在应力的，因此应力腐蚀裂纹在内外表面都有可能发生，只是服役期间护环外表面比内表面容易检查出应力腐蚀裂纹。

发生应力腐蚀的部位还会出现腐蚀斑，但护环外表面一般涂有防腐漆，难以观察，因此需要对防腐漆进行处理。

例如，国外某氢冷机组，护环材料为 18Mn-5Cr 系列钢，运行仅 1000 余小时，励磁侧护环发生爆裂，经研究发现，护环裂纹为穿晶。其原因是护环存放时间过长，有水附着在护环上。在我国的发电机组中，18Mn-5Cr 系列钢护环在大修检查中发现应力腐蚀裂纹现象极为普遍。

二、疲劳失效

对于运行中的护环，疲劳失效的情况也时有发生，影响因素如下：

（1）护环是高速转动的部件。护环与转子配合面的不均匀性，使护环受到的应力具有周期性循环的特征。同时，很多机组承担着调峰的任务，反复启停、负载变化等，都会使护环承受着低周循环应力的作用。

（2）护环与中心环、中心环与转子、护环与转子均采用过盈配合。运行中，护环的两个端部会产生相差 90° 的不均衡的弯曲应力，使护环在运行状态下呈椭圆形，从而破坏护环的过盈配合，产生一定的间隙。机组运行中的振动会造成护环局部区域受到循环载荷的作用，从而产生疲劳失效。

（3）护环的过盈配合量是有一定要求的，紧力的大小直接影响护环的运行状态。也就是说，护环的脱离转速应大于转子的超速试验的转速。如果护环的加工质量存在问题，如尺寸偏差，就不能保证护环有足够的过盈配合量，甚至不到额定转速时，护环的某个配合面就会产生分离。

护环与转子的过盈配合量过大，会造成护环的总应力值增加，降低护环的安全系数。配合量过小时，护环运行中转子的周期性扰动，会使护环增加一个轴心推力,使护环沿轴向发生位移,进而在循环载荷的作用下,产生疲劳失效。

(4) 中心环的过盈配合量也是很重要的。中心环与护环的过盈配合量过大时,将会增加护环的总应力,降低其安全系数;过小时,会使护环在运行中与中心环产生滑动,载荷的周期作用会导致护环疲劳失效。

悬挂式护环的中心环与转子脱离,其目的就是消除转子扰曲交变应力对护环的影响。

三、其他失效形式

护环在运行中除了应力腐蚀失效和疲劳失效外,还可能由于其他因素造成失效。一是材料本身的问题造成失效,如护环的残余应力过大会加速护环的失效;二是在机组运行中,由于意外事故造成护环失效,如电击伤等。

应该说护环的失效形式较为单一,几个因素往往会同时起作用,因此在分析原因时要充分考虑运行因素。

第五节　护　环　监　督

无论是国产机组,还是进口机组,300MW 以上的发电机组的护环材料大多采用 18Mn-18Cr 系列钢,在很大程度上解决了护环发生应力腐蚀裂纹的问题。虽然我国的"以大代小"政策正在逐步关停小型机组,但从目前形式看,200MW 以下的小型机组还会存在相当长的时间,而 18Mn-5Cr 系列钢还会主要用于小型机组上。

一、投产前护环的监督

(1) 应对护环的质量证明文件进行监督。制造商提供的护环质量证明书的有关技术指标应符合现行国家或行业技术标准和合同的规定。

(2) 护环的技术指标应包括如下内容:部件图纸、材料牌号、锻件制造商、坯料的冶炼、锻造及热处理工艺、化学成分、力学性能(拉伸、硬度、冲击)、金相组织、晶粒度、残余应力测量结果、无损探伤结果、发电机转子电磁特性检验结果和护环的几何尺寸。

针对上述要求,在查阅护环的证明文件后,有必要对护环进行验收检查。对于 18Mn-18Cr 系材料的护环,重点要考查护环是否满足标准的基本要求。但对于 18Mn-5Cr 系材料的护环,要充分考虑该材料的应力腐蚀问题。重点进行如下验收检查:

(1) 对护环内外表面进行着色探伤检查,当发现存在点状痕迹时,用金相方法确认。

（2）对护环外表面进行基体组织、晶粒度的金相检查和硬度测试。同一圆周每隔 90°取一处测定硬度，每一部位测三点硬度值，取其平均值。同时对护环的变截面圆角处应选点进行金相试验，着重检查有无腐蚀及微裂纹。

值得一提的是，考虑到 18Mn-5Cr 系材料的护环的抗应力腐蚀性能很差，验收合格的护环有时在库房存放很长的时间，当再次使用时，最好进行一次表面探伤和金相微观检查。而对于 18Mn-18Cr 系材料的护环则无需进行。

二、运行中护环的监督

DL/T 438—2009《火力发电厂金属技术监督规程》对护环的监督提出了总体要求：机组投运后每次 A 级检修应对护环进行表面检查，主要检查表面有无裂纹、严重划痕、碰撞痕印，有疑问时需进行无损探伤。机组运行 10^5 h 后的第 1 次 A 级检修，对护环进行无损探伤。以后的检查为 2 个 A 级检修周期。对于 18Mn-18Cr 系材料的护环，在机组第 3 次 A 级检修开始进行晶间裂纹检查（通过金相检查），金相检查完后要对检查点多次清洗。对存在晶间裂纹的护环，应作较详细的检查，并根据缺陷情况确定消缺方案或更换。

1. 18Mn-5Cr 系材料的护环的监督

由于 18Mn-5Cr 系材料的护环抗应力腐蚀性能很差，发生应力腐蚀的情况非常普遍，因此，在每次的 A 级检修中，除了对护环表面进行宏观检查外，还必须对外表面进行渗透探伤，对内表面进行超声波探伤，以检查护环是否存在宏观裂纹。同时，还应采用金相方法对护环进行微观裂纹的检查，并根据探伤、金相试验结果或者电气专业的需要，确定是否拆下护环作进一步的检查。

一旦发现护环存在应力腐蚀裂纹，应及时进行修复。但 18Mn-5Cr 系材料的护环本身抗应力腐蚀性能很差，要考虑进行更换的可能。如果进行更换，则应选择抗应力腐蚀性能好的 18Mn-18Cr 系材料作为护环的代用材料。

2. 18Mn-18Cr 系材料护环的监督

18Mn-18Cr 系材料护环的抗应力腐蚀性能很好，很少发生应力腐蚀现象。因而在每次 A 级检修时，通过宏观检查方式检查 18Mn-18Cr 系材料护环是否存在其他异常情况。无损检测可以在 10^5 h 后进行，在没有异常的情况下，10^5 h 以后的检查周期可以每 2 次 A 级检修进行一次无损探伤。微观裂纹的检查可以在第 3 个 A 级检修周期以后进行。

三、防止护环应力腐蚀断裂的技术反事故措施

简单地说，应力腐蚀断裂具有三个要素，即材料、应力和介质，因此制订反事故措施也应先从这三个要素出发。

1. 材料

应选择抗应力腐蚀性能好的材料作为护环，即选择 18Mn-18Cr 系材料。目前，国内 300MW 机组和引进的超（超）临界机组的护环用钢基本上采用的是 18Mn-18Cr 系材料，因而从根本上解决了应力腐蚀的问题。

2. 应力

（1）应力腐蚀断裂是在张应力情况下才会发生的，张应力越大，裂纹越容易产生，因此降低张应力是减少应力腐蚀开裂的重要手段。在护环设计和制造过程中，严格按设计制造，减少尺寸偏差，以避免过大的张应力分布在薄弱的部位上，从而减少裂纹的萌生和扩展的倾向。

（2）护环的强化是靠冷变形实现的，变形程度越大，强度就越高，但同时残余应力也越高，因此严格控制护环的残余应力非常重要。

（3）由于检修的需要，电厂经常要拆卸和套装护环，在拆卸和套装过程中，需要对护环进行加热。许多电厂由于无专用加热设备，因而被加热的护环温度往往不均匀，造成护环的局部应力过大，因此，在拆卸和套装过程中要严格执行操作工艺，也要避免加热速度过快。

（4）启停速度过快也是造成应力过大的重要因素。历史上出现的护环爆裂事故，很多情况都是在启停过程中发生的。原因是启停速度过快，会造成转子各部件受到较大的应力，如果护环内部存在显微裂纹或孕育着裂纹源，则出现事故的可能性就会增大。因此，一定要控制启停速度，避免出现较大的应力。对于调峰机组也一定要注意调峰给护环带来的影响。

（5）对于使用 18Mn-5Cr 系材料作为护环的机组，由于该护环存在显微裂纹的几率极高，因此要避免进行超速试验。

（6）护环变截面处的应力值是最大的，尤其是在热套时，局部的应力集中容易孕育裂纹源或产生裂纹扩展，因此护环的变截面处要重点检查。设计上要考虑嵌装面过渡圆角的曲率半径尽可能大一些，以减少应力集中倾向。

3. 介质

（1）护环在储存、停机检修、备用和运行期间要保持环境干燥。在滨海电站、多雨潮湿地区，空气中含氯、硫等元素，需要考虑防潮措施。检修时，应把转子从定子中抽出，通电加热以驱逐护环表面所附着的潮气。

（2）对于氢冷机组，要使制氢设备保持干燥状态，控制氢气中的湿度。如对氢气储罐进行冰冻除湿，以保证向发电机输送的氢气的湿度满足要求，同时对发电机中的氢气进行除湿。

（3）对于水冷机组，如发现绕组有漏水现象，或怀疑护环受潮沾水，应停机进行检修。

（4）护环表面一定要进行涂覆层处理，因为有效的涂覆层可有效防止应力腐蚀断裂倾向。检修时也要注意检查涂覆层是否存在损伤。

第三章　叶片失效及其监督

叶片是汽轮机中完成能量转换的重要部件，工作时受力复杂，工作条件恶劣。每台汽轮机都有很多级叶片，每级叶片又有很多只叶片，只要一只叶片出现问题，就可能导致整台机组的停运，造成重大经济损失。运行中叶片出现问题在电站事故中较为普遍，因此，了解叶片的结构和运行工况，分析叶片的失效形式和失效部位，可以准确地对叶片进行监督，以提高机组的安全性、可靠性。

第一节　叶　片　结　构

叶片一般由叶型部分、叶根部分、叶顶部分和连接部分组成。下面分别进行介绍。

一、叶型部分

叶型部分是叶片的工作部分，相邻叶片的叶型部分之间构成蒸汽流动通道，蒸汽流过时，将动能转化为机械能。

根据叶片叶型部分的横截面的变化，叶片可分为等截面直叶片（见图 3-1）、变截面直叶片（见图 3-2）、变截面扭叶片（见图 3-3）。

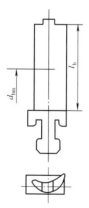
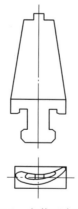
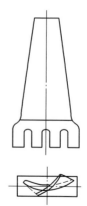

图 3-1　等截面直叶片　　　图 3-2　变截面直叶片　　　图 3-3　变截面扭叶片

等截面直叶片横断面的型线和面积沿叶高方向是相同的，相邻两截面之间不存在扭矩，制造成本低、加工方便，不同级叶片可通用，主要用于短叶片。变截面直叶片横断面的型线和面积沿叶高方向逐渐减小，相邻两截面也不存在扭矩，加工方便、离心力较小，主要用于小功率机组的末级叶片。直叶片气动特性较差。

变截面扭叶片横截面的形状沿叶高方向不同，截面积逐渐减小，相邻两截面之间存在扭矩，强度高，气动性能好，但制造工艺复杂，成本较高。主要用于大功率机组中低压缸的长叶片。

随着机组容量的增大，对叶片的性能要求越来越高。为了提高级效率和改善汽流在不同工况下的分布，又推出了弯扭叶片结构，如图3-4所示。

由于在湿蒸汽区工作的长叶片容易产生冲蚀，因此，通常会在叶片的背弧上采取镀铬、表面淬火、电火花强化、钎焊硬合金等措施，以提高叶片的抗冲蚀能力。

二、叶根部分

叶根的作用是将叶片固定在转子叶轮轮缘上。叶根的形式通常可分为 T 型、叉型和枞树型。

1. T 型叶根

T 型叶根（见图 3-5）结构简单，加工、装配方便，但承载能力小，不能承受较大的离心力，故普遍使用在短叶片上。由于嵌在叶轮轮缘的中部在离心

图 3-4　弯扭叶片结构

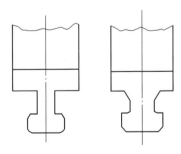

图 3-5　T 型叶根

力作用下，会使叶轮轮缘发生变形，而使叶根底部向外位移，造成叶根底部结合部分产生间隙，会出现微动磨损和增加振动等现象，因此由 T 型叶根形式衍生出外包 T 型叶根（见图 3-6）。外包 T 型叶根利用外包部分扣压住叶轮轮缘，外包部分将出现的一个反弯矩抵消一部分叶轮轮缘产生的弯矩，从而减小轮缘的变形倾向，可用于中等长度的叶片。

此外，还有双 T 型叶根、外包双 T 型叶根。由于双 T 型叶根增加了叶根的受力面积，提高了叶根的强度，因此可用于中等长度、离心力较大、叶型较差的叶片。

2. 叉型叶根

叉型叶根是将叶根径向插入叶缘的叉槽中，并用铆钉固定（如图 3-7 所示）。叉型叶根的承载能力与叉数有关，叉数越多，承载能力越大，通常用于离心力较大的末级长叶片上。叉型叶根具有加工简单、强度高、适应性好、叶片更换方便的优点。

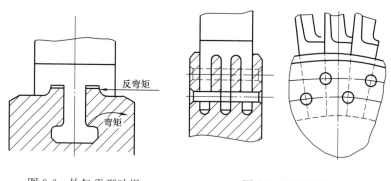

图 3-6　外包 T 型叶根　　　　　图 3-7　叉型叶根

3. 枞树型叶根

枞树型叶根呈楔齿状，叶片沿转子轴向装入轮缘枞树型槽中，如图 3-8 所示。枞树型叶根承载能力大，拆装方便，适应性好，在 300、600MW 机组中的压力级长叶片中得到了广泛的使用。但是，枞树型叶根有加工复杂、加工精度要求大、成本高的缺点。

三、叶顶部分

叶片的最顶端部分称为叶顶。短叶片或中长叶片在叶顶用围带连一起，构成叶片组。叶片组可以改变叶片的振动特性，提高叶片的刚性，避开共振区。叶顶部分的典型结构如图 3-9 所示。叶顶的铆钉头的作用是固定围带。没有铆钉头的叶片，一般通过拉筋连接。拉筋也不装的叶片，称为自由叶片。

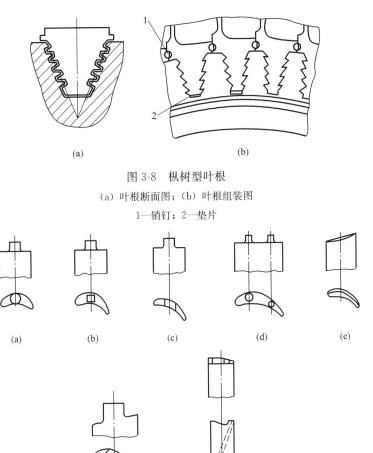

图 3-8 枞树型叶根

（a）叶根断面图；（b）叶根组装图

1—销钉；2—垫片

图 3-9 叶片的叶顶典型结构

（a）圆形叶顶短叶片；（b）方形叶顶短叶片；（c）中等叶片；（d）宽叶片；

（e）无围带叶片；（f）大头叶片；（g）长叶片

四、叶片的连接部分

叶片的连接形式一般分为围带连接和拉筋连接。通过连接使叶片成组，从而降低叶片的动应力，同时还可以调整叶片频率和减振。

1. 围带

围带的主要作用是增加叶片刚性，改变叶片的自振频率，以避开共振区。围带还可以减少汽流产生的弯应力，使叶片构成封闭通道，防止叶片漏汽。大功率机组常采用自带围带、叶片顶部再铆接一层整圈连接的围带，使叶顶成为双层围带结构，以充分减小动应力。根据连接方式，围带可分为铆接围带、整体围带和弹性拱形围带。

2. 拉筋

拉筋的作用是增加叶片的刚性，改善叶片振动特性。拉筋一般采用 6～12mm 的实心或空心金属圆杆加工而成，穿在叶型部分的拉筋孔中。拉筋与叶片的连接方式有焊接拉筋和不焊接拉筋两种。使用拉筋也有不利的一面，拉筋处于汽流通道之中，增加了蒸汽流动的损失，同时，拉筋孔还消弱了叶片的强度。因此，在满足设计的条件下，应尽量避免采用拉筋。

第二节　叶片运行工况和应力分析

叶片的工作条件是比较复杂和恶劣的，主要包括三个方面：应力状态、环境介质和工作温度。汽轮机的每一级叶片的工作温度都不相同，第一级叶片所处的位置及温度最高。对于亚临界机组，叶片的温度在 535℃左右。蒸汽逐级做功后，叶片的温度也逐渐降低，直至末级叶片降低到 100℃以下。蒸汽逐级做功也使蒸汽品质发生了变化。随着蒸汽逐级做功，蒸汽由过热蒸汽变为饱和蒸汽。饱和蒸汽的蒸汽湿度较大，并有水滴出现。这些水滴随蒸汽一起流动，不但不做功，反而消耗能量。水滴的密度比蒸汽的密度大得多，因此水滴的流速相对蒸汽流速缓慢，叶片高速转动时，水滴将高速冲击叶片的背部，对叶片的背部造成了冲蚀损坏，因此在末级叶片背部常采用防冲蚀处理措施。此外，在湿蒸汽区，可溶性盐垢如钠盐，吸收水滴后成为了电解质，对叶片会造成电化学腐蚀。

叶片的应力状态很复杂，有下列几种形式。

一、静应力

静应力主要指叶片工作时，不随时间变化而变化的应力。叶片在运行中，承受的静应力有下列几种形式：

(1) 转子转动时，叶片的离心力产生的对叶片的拉应力。

(2) 扭叶片各个截面的重心不在一条直线上所产生的弯曲应力和扭转应力。

(3) 蒸汽流动时，对叶片造成的弯曲应力。

(4) 安装时叶片偏离叶轮辐射方向而产生的弯曲应力。

上述几种形式的静应力传递到叶根，还会使叶根部位产生剪切应力和压缩应力。叶片越长，转子直径越大，转速越高，叶片的拉应力就越大。

叶片的强度校核均采用静应力，一般高温叶片用安全系数除以材料的高温强度作为许用应力，低温段叶片用安全系数除以材料的屈服强度作为许用应力。就叶片的断裂失效而言，在满足设计要求和正常工况的条件下，单凭静应力是不能造成叶片的断裂的。大量的实际叶片断裂失效断口表明，一般叶片的断口最终撕裂区均小于叶片截面的 1/3；另外 2/3 的断口均表现为疲劳特征，这是由于运行中的激振应力的作用造成的。

二、激振应力

叶片运行中，受到蒸汽流力的作用，使叶片产生振动，这种力称为激振应力。根据振动的频率，可将激振应力分为低频激振应力和高频激振应力。

1. 低频激振力

转子转动时，叶片每转一周，由于某些原因就使叶片某一部位受到蒸汽流力的一次作用，这样形成的作用力频率较低，称为低频激振应力。产生低频激振应力的原因有：个别喷嘴质量不良，如残缺、加工安装偏差大、节距不一；隔板结构和安装不良造成隔板部分进汽，使叶片受到周期作用力；级前后存在抽汽口，使抽汽口周围汽流异常；未搞好转子动平衡，使转子产生的振动传递给叶片等。低频激振应力的频率是转子转速的整数倍，可表达为 $f = k n_s$（式中：f 为频率；k 为整倍数值；n_s 为转子转速）。一般来说，$k \geq 7$ 时，激振应力的振幅小，不会造成叶片断裂，因此一般只考虑 k 为 2~6 的情况。

2. 高频激应力

喷嘴叶片出汽边具有一定的厚度，使得喷嘴叶栅出口汽流的速度不匀，对叶片产生的作用力也不均匀，造成喷嘴通道中间部分高而出汽边低，如图 3-10 所示。

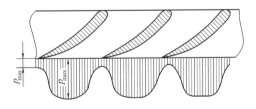

图 3-10　喷嘴出汽边应力分布图

叶片每经过一个喷嘴时，所受到的蒸汽流力的大小就变化一次，即受到一次激振，这样的激振力频率较高，称为高频激振力，可表达为 $f = Z_n n_s$（式中：f 为频率；Z_n 为喷嘴数；n_s 为转子转速）。一般 Z_n 为 40~80。

3. 共振

叶片受到激振力的作用产生强迫振动，这是一个普遍现象，是不可避免的。一般来说，强迫振动的振幅较小，不会对叶片造成事故。但当强迫振动的频率与叶片的自振频率相同或成倍数时，就会引起共振。共振振幅较大，会使叶片很快发生断裂。如果引起共振的激振力较大，叶片可能几个小时就会发生断裂；激振力较小时，叶片运行的时间略长，可几年或长达十几年才发生断裂。因此，叶片必须防止共振的出现。

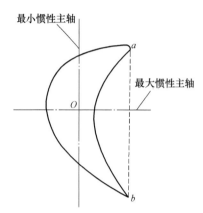

图 3-11　叶片的切向振动和轴向振动

4. 振动形式

叶片的振动形式可分为弯曲振动和扭转振动。弯曲振动可分为切向振动和轴向振动。如图 3-11 所示。连接叶片进汽边 a 和出汽边 b，画一条直线 ab，ab 为最大惯性主轴。沿叶片重心 O 画一条平行于 ab 的平行线，这条线称为最小惯性主轴。围绕叶片截面最小主惯性轴的振动，称为切向共振，振动方向接近叶轮圆周的切向方向。围绕叶片截面最大主惯性轴的振动，称为轴向运动，振动方向接近于汽轮机的轴向。沿叶片高度方向以截面重心轴为振动轴的往返扭动，称为扭转振动。

叶片的轴向振动和扭转振动发生蒸汽作用力较小，且叶片刚度是较大的方向，故振动力较小，对叶片造成的危害也小。而切向振动与发生蒸汽作用方向一致，且叶片刚度又是最小的方向上，故共振力大。因此，切向振动的危害很大，应引起关注。

切向振动可分为 A 型振动和 B 型振动。

（1）A 型振动。叶片转动时，叶根固定，叶顶振动的形式为 A 型振动。如果叶片旋转时，叶型部分有一节点（振幅为 0）的振动，如拉筋等，称为 A_1 型振动。依此类推，有 2，3，…，n 个节点的振动，称为 A_2、A_3，…，A_n 型振动等。根据 A 型振动的危害程度，一般只需考虑 A_0、A_1 型振动。叶片的 A_0、A_1 型振动如图 3-12 所示。

（2）B 型振动。叶片运转时，叶根和叶顶均固定的振动，称为 B 型振动。同样，B 型振动

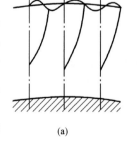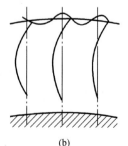

(a)　　　　　　　　(b)

图 3-12　叶片的 A_0、A_1 型振动

(a) A_0 型振动；(b) A_1 型振动

也可分为 B_0、B_1，…，B_n 型振动（即有 0，1，…，n 个振幅为 0 的节点）。围带连接的叶片组所发生的振动为 B 型振动。有节点的 B 型振动不会对叶片造成大的危害，故只需要考虑 B_0 型振动。

三、叶片温度差引起的热应力

机组在启机、停机和变工况运行时，同级叶片也会产生温度差，温度差带来的热应力也会对叶片造成一定的影响。

第三节　叶　片　材　料

一、常用材料

根据叶片的工作条件和工作环境，叶片材料在工作温度下应具有良好的耐蚀性能、良好的减振性能、优良的抗疲劳性能、足够的室温和高温力学性能、高的组织稳定性。此外，材料还应具备一定的焊接性能。火电机组最常用的叶片材料为 1Cr13 和 2Cr13。它们属于马氏体型耐热钢、具有足够的室温和高温力学性能、良好的抗疲劳性能，以及较高的耐蚀性和减振性。1Cr13 和 2Cr13 的区别在于后者比前者的含碳量高，因而 2Cr13 比 1Cr13 强度高、塑韧性低。一般 1Cr13 用于前几级叶片，2Cr13 用于后几级叶片。

虽然 1Cr13 和 2Cr13 具有许多优点，但是它们的热强性较低，当温度超过 500℃时，热强性明显降低，故 1Cr13 常用在小于或等于 475℃ 的叶片、围带和拉筋等部件，2Cr13 可用于小于或等于 450℃ 低温段长叶片。

为了提高材料的热强性，在 1Cr13 和 2Cr13 钢的基础上添加 Mo、W、V、Nb、N 等元素，形成了如 1Cr12Mo、1Cr11MoV、2CrWMoV、2CrNiMo1W1V、12CrMoVNbN 等强化性不锈钢。它们的热强性能有了大幅度的提高，可以在 550～600℃ 下长期运行。这些材料可概括成 13%Cr 型和强化 12%Cr 型不锈钢。

随着超（超）临界机组的建设，叶片材料中增添了许多新的成员。一方面，超（超）临界机组的新蒸汽温度和再热蒸汽温度达到了 566℃ 或超过了 600℃，甚至达到了 650℃，未来进一步提高材料的蠕变强度和组织稳定性，在强化 12%Cr 型不锈钢的基础上，进一步调整化学成分，增加 Mo 当量，使 Mo/W 比值保持合适的范围，并添加 Co 和 B，降低 N 含量等。另一方面，超（超）临界机组的建设使得叶片的长度和重量明显增加，尤其末级叶片的长度将会达到或超过 1000mm，这样大幅度提高了叶片的离心力，使得叶片的受力状态更加复杂。因此，在叶片材料中还有沉淀硬化型马氏体不锈钢，如

0Cr17Ni4Cu4Nb 钢，其强度等级很高，可用于低压级长叶片和拉筋中。

二、叶片材料的组织

上述介绍的材料大都属于马氏体不锈钢，通过淬火加高温回火等热处理方法，可以得到回火索氏体组织。叶片材料中含有较高的 Cr 元素，在热处理中容易出现高温铁素体（即 δ 铁素体），影响材料的性能。第一，δ 铁素体的出现降低了材料强度，特别是降低了材料局部的屈服极限；第二，δ 铁素体的出现还降低了材料的韧性，使叶片的承载能力下降。第三，δ 铁素体的出现会降低材料的抗振性能。因此，GB/T 8732—2004《汽轮机叶片用钢》，对于不同材料的叶片钢，都作出了 δ 铁素体不高于 5％和 10％的规定。

值得说明的是，叶片材料组织中的 δ 铁素体直接造成叶片断裂的事例并不多见。例如：某厂 200MW 机组低压缸末级叶片运行了 9×10^4 h 后，叶型工作面发生了断裂。叶片材料为 1Cr13，长为 710mm，整圈设有拉筋。金相分析表明，叶片组织存在一定的 δ 铁素体，含量为 5％左右。经综合分析，叶片断裂的原因是在叶片补焊区的粗大马氏体晶界脆化造成的。一般，δ 铁素体不会直接造成叶片的断裂，只有当 δ 铁素体过多，且分布方向与拉应力方向垂直、δ 铁素体的硬度与基体硬度相差很大时，才会构成叶片损坏的重要原因。

第四节　叶　片　失　效

如前所述，叶片的受力是非常复杂的，工况也极为恶劣。叶片的失效无非是制造缺陷、运行维护不当和外界因素造成的。一般叶片的失效形式表现为断裂，根据叶片裂纹扩展的性质，可以把叶片失效形式归纳为长期疲劳失效、短期超载疲劳失效、腐蚀失效、高温氧化失效、接触磨损失效、脆性断裂失效等。不管叶片以何种形式失效，一般都可以追溯到一个事故原因或几个事故原因。尽管叶片失效形式复杂，但叶片的断裂，基本上是以疲劳扩展表现出来的，即在叶片断口上可明显地观察到疲劳源、扩展条纹和最终断裂区三个区域。本书所讨论的重点是造成疲劳开裂的原因，因为只有原因清楚了，才有利于对叶片进行针对性的监督。

就叶片的工况而言，末级、次末级叶片处于过热蒸汽向饱和蒸汽过渡的区域，即末级、次末级叶片处于湿蒸汽区域。由于负荷变化，湿蒸汽区域还将扩大，加上末级、次末级叶片叶型较长，受力较大，故一般事故发生在末级、次末级叶片上。叶片的固定是靠叶根的紧密装配来实现的，叶片工作面所受到的弯应力、扭应力和拉应力都会传递到叶根，因此对叶根的失效形式的分析，意义很大。

一、腐蚀失效

腐蚀是末级、次末级叶片失效的主要形式。叶片处于湿蒸汽区域，蒸汽中的腐蚀介质吸收了蒸汽中的水滴形成了电解质。当各种原因使叶片钝化膜破坏时，电解质就对叶片产生了腐蚀。由于在过热蒸汽区域不能形成电解质，因而过热蒸汽区域很少见到腐蚀失效问题。只有当停机保养不善时，过热蒸汽区域才会形成腐蚀。叶片的腐蚀失效大多数为电化学腐蚀，主要有下列几个方面：

（1）不同材料相接触构成宏观的腐蚀电池，如叶片与拉筋的连接处、镶焊硬质合金部位、补焊区域等。

（2）材料组织的不均匀性，也可以形成微电池，对叶片造成腐蚀，如叶片表面存在夹杂物或成分偏析等。

（3）残余组织应力也可以造成微电池，如镶焊硬质合金部位、补焊部位在焊接时发生了马氏体转变，形成较大的组织应力。

应该说，形成微电池的因素较多，如电解质的浓度变化、叶片表面质量不良、焊接处存在气孔等缺陷时，也会形成微电池，进而使叶片出现腐蚀。

更为严重的情况是，当蒸汽品质恶化时，如凝汽器泄漏、化学水品质控制不善、沿海电站海水泄漏等，使蒸汽中含有大量具有腐蚀作用的介质，如 Cl^-、Na^+、Fe^{3+}、Cu^{2+} 等，将会造成对叶片的严重腐蚀。对叶片不锈钢来说，Cl^- 离子是最敏感的腐蚀介质，而阳离子的存在可加速腐蚀进程。

一般情况下，腐蚀失效主要表现为点腐蚀、应力腐蚀、疲劳腐蚀等形式。

例如：某厂亚临界 600MW 机组，投运仅 3 个月，低压缸第 5 级叶片就发生了断裂事故。该机主蒸汽温度为 541℃，压力为 17.9MPa；低压缸进汽温度为 368℃，压力为 1.1MPa；第 5 级叶片级前温度为 117℃，压力为 0.113MPa。第 5 级叶片高 325mm，顶部有围带，振型为 B_0 型，材料为 1Cr12W1MoV，叶片位于干湿蒸汽过渡区。断裂后，叶片断口距叶根距离为 208mm，断口距围带约 100mm，断裂面是典型的疲劳断口。按其疲劳条纹扩展方向，判断其裂纹源起点位于叶片进汽侧内弧某一蚀坑处。对该叶片进汽侧表面进行观察，发现存在大量的点状蚀坑。后取同级叶片进行宏观观察，发现在叶片进汽侧表面同样存在大量点状蚀坑。对断裂叶片断口及同级 2 只叶片进汽侧有明显腐蚀坑的部位进行了扫描电镜观察及能谱分析。断口（裂纹起源区）表面进汽侧有多处蚀坑，其中断面上有一半圆形大蚀坑即为裂源，如图 3-13 所示。在其他区域可见大量腐蚀坑，其断面形貌如 3-14 所示。

　　图 3-13　叶片断裂源的腐蚀坑电镜形貌　　　　图 3-14　腐蚀坑断面形貌

　　最重要的是，在对腐蚀坑底部所做的能谱分析中还捕捉到大量异常元素的存在，如 Cl^-、Ca^{2+} 等元素。现场调研证实，该电厂汽水品质长时间不佳，致使蒸汽中携带有害 Cl^- 离子，而使叶片表面的薄弱部位产生点状腐蚀。当蚀坑发展到一定程度后，形成疲劳裂纹源，最终导致叶片断裂。

　　二、冲蚀

　　冲蚀是蒸汽对叶片表面的一种机械性损伤，常发生在低压级。冲蚀机理如下：

　　（1）蒸汽到低压段时，温度越来越低，湿度越来越大，在末几级蒸汽中有小水珠和水滴出现。这些水滴和水珠相对蒸汽流速较慢，当叶片高速转动时，蒸汽中的水滴和水珠形成了对叶片进汽侧背弧面的高速撞击，形成了对叶片的冲蚀，因此叶片背弧面被冲刷成凹痕或缺口，使叶片损伤。

　　（2）汽轮机在低负荷运行时，末几级的工况变化最大。如果机组不是按调峰机组设计的，当负荷发生变化时，相对于设计工况，蒸汽流量就会急剧减小，使流场参数发生很大变化，造成末几级叶片会在小容积流量、真空工况下运行，叶片底部出现较大的负反动度，结果使动叶片下半部造成大范围的回流区。回流蒸汽中的水滴在高速旋转的情况下，对动叶片下半部的出汽边造成了冲蚀。

　　在实际运行中，冲蚀会造成叶片叶顶的损伤，严重时会使叶顶缺损。冲蚀也使叶片出汽边受损，严重时呈锯齿状。叶片外形的变化会使叶片静频率提高，从而增加共振的倾向。

　　例如：某厂 50MW 单抽汽冷凝式汽轮机组，进汽压力为 9.0MPa，进汽温度为 535℃。该机组共有 17 级叶片，其中 14 级叶片采用外包 T 型带叶根，14～16 级叶根底部均有填隙条胀紧，叶型均为变截面扭叶片。14～15 级动叶片各有一根拉筋，第 16 级为自由叶片。第一次大修时，叶片状况良好，并没有发现明显的汽蚀现象。第二次大修时，揭缸后发现末两级（即第 15、16 级）叶片顶部汽蚀严重。汽蚀使叶片长度减短 10～20mm。同时，对 16 级叶片进行测频的结果表明，该切向振动频率均上升且不合格，制造厂给出该级叶片的频率范围为 81～113Hz，而实测则为 119～126Hz。由于大修工期紧，加之未见其他缺陷，仅对叶片进行了无损探伤，对叶片进行了修正后，该机又投入运行。第二次大修后仅 1 年，该机共运行了 44 689h 时，第 15 级叶片发生了断裂事故。断裂原因为机组长期低参数运行，低压缸蒸汽湿度增大。此外，蒸汽的容积流量减少，主汽流不能充满整个叶栅通道，必然产生回流，使末两级叶片产生了冲蚀。冲蚀后，会使叶片频率上升的同时，在叶片顶部形成了一条汽流通道，加剧了叶片受力的不均匀性，使叶片的疲劳损伤速度加快。

三、焊接质量不佳引起的失效

为了防止末几级叶片出现冲蚀失效，在叶片背弧常焊接硬质合金，如镶焊司太立合金片。焊接质量不佳会在焊接部位出现开裂现象。如某厂 50MW 机组的末级叶片在运行了 8×10^4h 后，叶片与硬质合金片的焊接部位出现了裂纹，然后对开裂部位全部进行了焊接修复。焊接修复增加了形成焊接缺陷的可能性，所以，一般在焊接后应把焊接面修平，保证焊缝与叶片母材均匀过渡，减少应力集中倾向，并严格控制合金与母材间不存在缺口。

叶片工作面常常因机械损伤进行补焊处理的情况日益增多，如合金与叶片母材开裂、叶片拉筋套箍脱落后，将叶片表面击伤等。在机组抢修中，常使用焊接方法对击伤部位进行补焊处理。在补焊中，如工艺控制不当，在补焊区的热影响区极易出现粗大的马氏体组织，并在晶界有大量碳化物析出，使晶界脆化。在运行中，叶片表面的脆化组织在应力作用下极易开裂，使叶片出现沿晶断裂。

例如：某厂 1 台 200MW 机组，在大修中发现，末级 4 只叶片进汽侧被脱落的拉筋套箍击伤。这 4 只叶片的材料为 2Cr13，规格为 710 型。随后，电厂对叶片进行了补焊修复处理。修复后仅运行了 1 万多小时，就发生了断裂事故。停机后经检查发现，末级叶片断裂的位置距嵌入合金片约 100mm，距围带 430mm；叶片断裂面断口清晰。断口基本分为三个区，进汽侧 15～20mm 区域为脆断区，表面不平整；中间区域宏观疲劳条纹明显；出汽侧为最终撕裂区域。整个断口表面发亮，氧化不严重。从这一特征可看出，叶片是瞬间断裂，未受到汽水的冲刷腐蚀。经过酸蚀后检查发现，该叶片是由补焊区开裂的。断口分析表明，开裂均是沿晶开裂的，如图 3-15 所示。金相组织表明，叶片是在补焊区热影响区的粗晶区开裂的，如图 3-16 所示。研究表明，叶片断裂是焊接工艺不良和焊接质量不佳，造成了补焊区热影响区的粗晶，个别地方晶粒过大，使接头脆化，由此产生开裂。

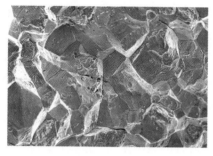

图 3-15　叶片沿晶开裂电镜形貌　　　　图 3-16　补焊区热影响区的粗晶区

四、水冲击

当汽缸抽汽管道存在结构不合理或抽汽管道止回阀出现问题时，如未加装止回阀或止回阀失灵，会使疏水管堵塞，在抽汽管内积有大量的水。当机组负荷降低时，汽轮机内压力突然下降，引起积水倒流，突然进入汽缸，对叶片造成水冲击。水冲击强度很大，可直接使叶片开裂。在以后的运行中，裂纹在周期载荷的作用下逐渐扩展，最终导致疲劳开裂。严重时，水冲击可直接冲断叶片，在断口上不表现疲劳扩展现象。

例如：某电厂汽轮机末级叶片在投运 10 个月内连续发生 3 次断裂事故。该级叶片材料为 2Cr13，末级共有 112 片，为变截面扭叶片，叶片长度为665mm，叶片进汽内弧侧焊有司太立合金。第 1 次事故发生在机组由 50MW负荷的稳定工况调峰至 18MW 负荷时，机组振动突然增大，并听到异常响声。第 2 次事故发生在机组由 40MW 负荷的稳定运行时，投入低压调压器后 5min，汽缸突然出现异常响声。第 3 次事故是机组由 30MW 负荷运行调峰至停机，负荷降为 0 时，汽缸突然出现异常响声。

经分析，3 次事故存在如下共同特征：

（1）3 次事故同为末级叶片。

（2）断裂叶片和未断裂叶片均发生扭曲，扭曲方向为进汽边向内弧侧，出汽边向外弧侧，即为反扭。

（3）断口均从出汽边开始，表面粗糙，没有疲劳纹，周围伴有明显的塑性变形，断口呈剪切状。

（4）3 次事故均在发生在机组短时间内压力突然下降时，有 2 次发生在调峰减负荷时，1 次发生在投低压调压器时。

根据上述特征分析认为，引起末级叶片断裂的原因是：汽轮机内压突然下降，抽汽管道内凝结的水倒流进入汽缸，形成了水冲击，造成叶片断裂。经验证，汽缸下部存有 100mm 深的积水。出现这次水冲击事故的原因是汽缸第 5 段抽汽疏水管道高于抽汽管道，且抽汽管道上未安装止回阀，致使机组减负荷时，疏水倒流入汽缸，发生水冲击事故。

五、接触疲劳失效

叶片的振动传递到叶根，会使叶根与轮缘接触部位产生微动，造成叶根接触疲劳失效。接触疲劳的特征是叶根与轮缘槽的接触面间存在因振动形成的微量往返的位移。在很高的局部压力作用下，两接触表面会产生微动，并在滑动时发生黏结，从一个表面上撕下金属，转移到另一个表面上去。在周期载荷的作用下，这些微动使叶根发生了失效。

接触疲劳失效从调节级至末级叶根均有产生接触疲劳的可能性。相对于前面几级叶根，末级、次末级叶根的离心力、弯曲应力和扭转应力较大，因此出现接触疲劳失效的可能性就大。

从结构上考虑，对于 T 型叶根，90°拐角处的应力较大，在弯应力的作用下，易出现接触疲劳失效；对于叉型叶根，定位销与销钉孔的微量相对位移也容易产生接触疲劳失效；对于枞树型叶根，在塔底部第一齿的位置容易产生接触疲劳失效。这些位置都是应力较大的位置，是叶根的薄弱环节，在静应力和振动激应力的作用下会首先起裂。

从装配角度考虑，如果装配尺寸偏差超标，造成间隙过大，在应力作用下，增加了微量位移的倾向，也容易出现接触疲劳失效。

从应力角度分析，轮缘叶根槽受力部位在拉应力的作用下出现变形，使间隙增大，加剧了接触疲劳失效的可能性。

例如：某厂 600MW 汽轮机，低压第 2、7 级叶片属于中等高度的变截面扭叶片，工作高度和宽度分别为 208.8mm 和 50.0mm。整级叶片共有 142 片，采用整体复环结构，通过围带预扭构成整圈连接。各个叶片采用双叉式叉形叶根，分别用 2 个销子固定在叶轮上。该机组投运后，轴承的初始振动情况良好，但不久轴承的振动开始逐渐增大。2 年中轴承的振动不断增大，于是决定停机检查。揭缸后发现，低压第 2 级叶片从上销孔的消弱截面处有 5 片断落，47 片出现裂纹。分析发现，叶片的断裂部位均出现在叶根上销钉孔消弱截面处。该级叶片共断裂 52 片，占全部叶片的 36.6％，有的从出汽侧开裂，有的从进汽侧开裂，也有的从两侧同时开裂。断裂起点位于销孔中分面与叶根端面的交界处。

通常，叶片设计寿命为 $10^5 \sim 2 \times 10^5 h$，而该机组自投运至断裂事故发生，仅运行了 15000h，远小于设计寿命。拆下叶片后发现，叶根的安装紧力不足。拆下后还发现，叶根贴合面上有锈斑，表明叶根的接合面不够紧密。机组在运行中，叶根部位产生了微动磨损，使叶片发生了接触疲劳断裂失效。

六、叶片质量不良引起的断裂失效

虽然叶片在投入使用前，进行了大量的检验工作，但叶片质量不良造成的断裂事故也很多见。如叶片振动特性不合格，在运行中叶片发生了共振，使叶片损坏；叶片结构不合理，局部产生了过大的应力集中，也会使叶片发生断裂；叶片材质不良，如机械性能较低，微观组织存有缺陷等同样会造成叶片的断裂失效；加工质量不良是较常见的失效原因之一，如叶片表面粗糙、加工刀痕明显、围带铆钉孔或拉筋孔处无倒角等都会使叶片出现应力集中而发生断裂失效。

例如：某厂 600MW 机组为亚临界中间再热单轴四缸四排汽空冷凝汽式汽轮机。投入运行不到 1 年，2 号低压缸正向第 5 级即次末级叶片沿叶根发生了断裂事故。次末级叶片设计材料为 0Cr17Ni4Cu4Nb 钢，属于马氏体沉淀强化型不锈钢，其叶根为枞树型叶根结构。2 号低压缸进汽温度为 279.24℃，出汽温度为 54℃；次末级级前温度为

图 3-17 某厂叶根断裂宏观形貌

95.52℃，压力为 0.053 1MPa；次末级级后温度为 81.37℃，压力为 0.047 99MPa。断裂叶片断在叶根由上往下数第一叶根齿 U 型槽第一受力面处，由出汽侧端部向进汽侧发展开裂，如图 3-17 所示。

经分析，裂纹源位于叶根第一受力面 U 型槽底部的尖角形状缺陷，如图 3-18 和图 3-19 所示。

本案例是一起典型的由于叶片质量不佳造成的叶片断裂事故。叶片叶根槽第一受力面出汽侧 U 型槽底部存在损伤部位，造成了应力集中，运行中在交变应力的作用下，首先在该处形成裂纹，进而迅速向进汽侧扩展，并最终导致叶片疲劳断裂。

图 3-18　断裂叶片裂纹源

图 3-19　同级叶片的加工缺陷

七、异常工况失效

机组振动是不可避免的，出现异常振动时，容易造成叶片的共振。振动会使叶片在表面质量薄弱部位成为裂纹源，在载荷的作用下进而以疲劳方式扩展。造成振动的原因很多，如调速系统不稳定，使进汽量波动、转子与静子间隙不均、转子对中不正、转子超速、转子变形、汽轮机膨胀受阻、保温不良、轴瓦支撑刚度不足等。

高温氧化也可以看成是异常工况造成的一种失效形式。正常情况下，蒸汽中的含氧量不应该造成叶片的高温氧化，但在异常工况下，如果蒸汽中的氧含量超标，就会对叶片造成高温氧化。一般，高温氧化发生在过热蒸汽区域，温度较高，当蒸汽含氧量高时，会形成氧腐蚀坑，在应力的作用下由腐蚀坑处开裂失效。

八、叶片结垢

各种类型的锅炉所产生的蒸汽或多或少存在一些杂质。当蒸汽进入汽轮机后，不同的杂质就会在不同部位析出，沉积在汽轮机流通部位上。汽轮机结垢后，不但热效率下降，而且影响汽轮机的安全运行。汽轮机通流部分的结垢会给汽轮机造成以下不良影响：

（1）通流部分结垢使流通面积减小，汽轮机效率下降。

（2）喷嘴、叶片表面结垢使表面粗糙，汽流的摩擦损失增大，汽轮机效率下降。

（3）叶片结垢增大了级前后压力差，从而使轴向推力增大。

（4）叶片、喷嘴表面结垢还会造成垢下腐蚀，使叶片强度降低，容易发生叶片断裂事故。

结垢的主要原因是给水品质和蒸汽品质不合格。

一般情况下,动叶片结垢比静叶片结垢严重,主要原因是静叶片中汽流速度大,蒸汽中带来的盐分不易集聚下来,而动叶片中汽流速度相对下降,盐分容易集聚,此外,离心力的作用使动叶片的沉积厚度由叶根向叶顶不断地增加。结垢的原因不同,结垢的颜色和形状也不相同。常见的一种白色结垢不但集聚在动叶片上,整个转子中,凡是有蒸汽到达的地方都会有沉积,这种结垢多是由于补充水中所含的钠盐(碳酸钠、硫酸钠和氯化钠)等引起的。

九、叶片连接件的失效

叶片连接件包括围带、铆钉头、拉筋等,一旦出现问题,如围带断裂脱落、拉筋套箍脱落均会击伤叶片表面,进而在损伤部位产生裂纹而失效。下面介绍几种连接件失效的情况。

1. 拉筋脱焊

拉筋也同样承受着很大的离心力,拉筋焊接质量不佳会造成拉筋脱焊而被离心力甩出,击伤叶片。如某厂 2 号机组是 100MW 双缸冲动凝汽式汽轮机。低压缸有 5 个对称级叶片,第三级叶片工作高度为 313mm,级平均直径为 1488mm,动叶数共 120 片,由 2 根焊拉筋连接成组。拉筋材料为 1Cr13,叶片材料为 2Cr13。该机投产 4 年后,拉筋断裂 9 处,后又发现拉筋断裂 59 处。拉筋断裂后,电厂用奥氏体不锈钢焊条进行补焊,焊后未进行回火处理。拉筋脱焊后,电厂多次进行钎焊处理,使叶片拉筋孔处产生超温现象。后来把焊接拉筋改为松拉筋,情况才有所改善。研究认为,拉筋焊接工艺不当使拉筋处形成了较大的拉应力,再加上较小的动应力,使拉筋频繁开裂。补焊后又继续开裂是反复施焊使拉应力进一步增加造成的。

2. 围带失效

围带的失效以叶片组围带的两侧失效为主。工程设计中对铆接围带和焊接拉筋的应力计算,在力学模型上都简化为受均布载荷两端固定的梁来进行研究。对叶片组两端外伸臂的围带和拉筋及围带轴向的外伸臂当作受均布载荷一端固定的悬梁来进行设计。对工作在 450℃ 以下低温区的叶片,以材料的常温屈服强度 $\sigma_{0.2}$ 作为考核标准,选取安全系数,确定许用应力 $[\sigma] = \sigma_{0.2}/K$,其中 K 为安全系数。一般铆接围带切向和轴向弯应力的安全系数 $K \geq 1.7$。

知道了设计原则,就不难分析围带的失效方式。在转子超速运行的情况下,由于围带的离心力大大增加,使叶片组围带两端所受应力超过了围带的屈服极限而发生塑性变形,围带两端外翘,与周围部件发生了摩擦,从而使围带两端减薄，降低了围带强度，在围带铆钉孔处发生断裂。严重时，围带脱落后会严重击伤叶片工作面，使叶片受损。如某厂600MW机组在调试运行阶段发生了闷缸，后揭缸发现，第4~8级围带全部脱落，第3级围带悬臂部分断裂脱落，脱落的围带残片进而将叶片损坏。

在正常工况下，铆钉头的几何尺寸偏离较大也会造成铆钉头与周围部件发生磨损。磨损后，铆钉头失去了强度作用，使围带在离心力的作用下外翘，进而发生失效。

第五节　叶　片　监　督

前面章节分析了叶片的结构因素、运行工况、受力形式和失效原因，应该说叶片失效的原因是复杂的。据有关资料显示，叶片的故障事故占整个汽轮机事故的40%左右。

一、叶片钢材检验项目

叶片从坯料到产品会经过一系列的检验和试验。按照GB/T 8732—2004的要求，对钢材的检验项目、取样数量、试验方法和取样部位都作了规定，具体要求如表3-1所示。

表3-1　　　钢材的检验项目、取样数量、试验方法和取样部位的规定

序号	检验项目	取样数量	试验方法	取样部位
1	化学成分	1	GB/T 222—2006、GB/T 223	GB/T 222—2006
2	交货状态硬度	3	GB/T 231.1—2002	任意三支钢材
3	拉伸试验	2	GB/T 228—2002	任意两支钢材
4	冲击试验	2	GB/T 229—2007	任意两支钢材
5	试样硬度	2	GB/T 231.1—2002	任意两支钢材
6	低倍组织	2	GB/T 226—1991、GB/T 1979—2001	相当于钢锭头部的不同根钢坯或钢材
7	δ-铁素体	2	GB/T 8732—2004	任意两支钢材
8	非金属夹杂物	2	GB/T 10561—2005	任意两支钢材
9	晶粒度	1	GB/T 6394—2002	任意两支钢材
10	发纹	2	GB/T 15711—1995	任意两支钢材
11	外形、尺寸	逐支	卡尺、千分尺、样板	—
12	表面质量	逐支	目视	—

理论上讲，叶片的材料质量是经过严格检验的，但是取样是以抽检的形式进行的，难免会有意外情况出现。尤其在叶片投入使用以后，工况是很复杂的，仍会出现各种各样的失效现象。

二、叶片监督

机组大修时，应对通流部分损伤情况进行全面的检查，并作好记录，以备对比和分析之用。检查的重要手段是宏观检查，必要时，可采用无损探伤的方法进行。检查应包括以下内容：

（1）检查叶片表面硬化区域、硬质合金镶嵌部位、叶片进出汽口边缘等叶片工作部分是否有开裂、冲蚀、腐蚀等现象。

（2）检查拉筋及拉筋孔周围是否有开裂、腐蚀、冲蚀和磨损现象。

（3）检查铆钉头、叶片顶部的交界处是否有损伤情况。

（4）检查叶根轮槽结合区域的裸露部位是否开裂，对于无法观察的部位应结合叶根形式，应采用无损探伤的方法对叶根进行检查。

（5）检查围带铆钉孔处有无开裂、铆钉的严密程度、围带是否松动、叶片组围带边缘是否外翘变形、围带外面是否存在磨损痕迹、铆钉有无脱落活开裂现象。

（6）检查叶片叶根结合严密程度，不能有松动现象。

（7）检查叶片是否存在结垢现象。

（8）对于末几级叶片和发生过损伤、进行过修复的叶片，应进行静态频率测量和探伤检查。

此外，机组如果出现异常工况，如水质超标、转子超速、机组频繁启动和停机或启停过快等，都应结合叶片失效形式有针对性地对叶片进行重点检查。

三、调峰机组叶片的金属监督

机组的调峰势必增加了叶片受力状态的复杂性，使机组运行工况不断发生变化。

理论上，把容积流量减小的过程、动叶根部开始出现脱流的工况称为级的小容积流量工况。调峰机组在实际运行中以低负荷运行为主，这样出现了级的小容积流量工况。

汽轮机低压级的特点是叶片长度增加，顶部叶型薄而微弯，叶型扭曲厉害。叶片的出口汽流速度很高。低压级降低负荷，在小容积流量下工作时，会导致低压流通部分尤其是末级叶片中的流动发生较大变化。当负荷降低到一定程度时，叶片根部、顶部出现扩压区导致产生涡流，流线急剧弯曲。

在正常的容积流量下，流动是正常的。当容积流量减小到正常值的 54%时，动叶片根部已出现沿圆周方向运动的涡流。动叶片的根部、顶部易形成漩涡区，不仅对叶片有冲蚀作用，而且还形成了稳定的扰动源，引起叶片危险的振动，这是导致末级叶片损坏的重要原因之一。汽轮机低压级在容积流量降低的低负荷工况下运行时，会出现脱流，甚至蒸汽的倒流。

此外，调峰机组还会出现低压级叶片颤振。叶片颤振是一种自激振动，其激振力是由叶片本身的振动形成的，与汽轮机转速无关。汽轮机低负荷运行时，叶片顶部出现较大负冲角，并出现脱流，因而容易引起颤振。叶片发生颤振后，导致叶片内部动应力显著增大，从而易引起叶片开裂。

叶片失效中比较多见的是叶片受到运行方式的影响，发生了水冲击事故和冲蚀。因此，对于调峰机组，在大修中要重点检查叶片有无水冲击现象和冲蚀现象。

第四章　螺栓失效及其监督

　　螺栓在火力发电厂中广泛使用于电站设备的汽缸、主汽门、调速汽门、各种阀门和蒸汽管道法兰等需要紧固连接或密封的部件上。螺栓连接是一种很好的连接方法，特点是对螺栓给以足够大的预紧力，使被连接部件在运行使用期间内紧密结合，保持密封，不发生泄漏。

　　螺栓在工作时由于螺母拧紧而主要受拉伸应力，有时也承受弯曲应力。螺栓连接会产生应力集中，因此要求螺栓的刚性要好，承载能力要大。电站使用的螺栓基本上是在高温状态下使用，在长期运行过程中会发生应力松弛现象。应力松弛的结果导致螺栓的压紧力的降低，可能造成法兰结合面的漏汽。蠕变极限是与材料抗松弛性能密切相关的。同时，机组的频繁启动和负荷变动，会使螺栓（如联轴器螺栓）承受交变应力的作用。提高螺栓材料的疲劳强度，也是选择螺栓的关键之一。

　　每个部件都有很多不同规格、材质的螺栓，只要一根螺栓出现问题，就可能导致整台机组的停运，造成重大经济损失。运行中螺栓出现问题在电站事故中较为普遍。因此，了解螺栓结构和运行工况，分析螺栓的失效形式和失效部位，准确地对其进行监督，可以提高机组的安全可靠性。

第一节　螺　栓　结　构

　　螺栓连接可分为传递沿螺栓轴方向的受拉连接和传递垂直于螺栓轴方向剪切力的摩擦连接。各种连接传递力的方向不同，但都是利用拧紧螺栓所得到的杆之间的压力而传递外力的，这一点是相同的。

　　一般螺栓由螺杆部分、螺母部分、连接部分组成，螺杆部分又分为螺杆和螺纹。

　　电站汽轮机汽缸法兰螺栓的连接方式主要分为双头单螺帽、双头双螺帽、双头双罩螺帽和单头单螺帽，如图 4-1 所示。

　　电厂螺栓一般分刚性（直筒）螺栓、柔性（细腰）螺栓两种结构，如图4-2所示。

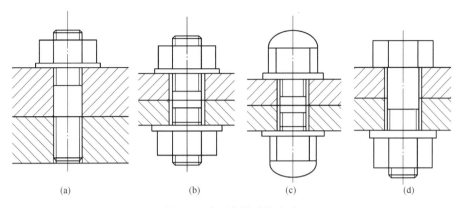

图 4-1　常用螺栓连接方式

（a）双头单螺帽；（b）双头双螺帽；（c）双头双罩螺帽；（d）单头单螺帽

一、刚性（直筒）螺栓

刚性螺栓的螺杆部直径等于螺纹外径。在拧紧状态，螺栓的伸长变形主要集中在螺纹牙底，允许的变形量小，螺纹处的应力集中现象更为明显。增加刚性螺栓的自由螺纹扣数，变形能力升高（见图 4-3），因此，采用刚性螺栓时，应有一定长度的自由螺纹。无论是装拆过程还是在运行中，刚性螺栓都易发生断裂，因此，高温紧固件应避免采用刚性结构。

二、柔性（细腰）螺栓

柔性螺栓的螺杆部直径小于螺纹内径。在拧紧状态，螺栓的伸长变形主要集中在螺杆部，允许的变形量明显升高（见图 4-3），可有效改善螺栓的受力状态。

与刚性螺栓相反，柔性螺栓旋入端的螺纹应全部拧入法兰内，使其低于法兰平面 $0.5\sim1\text{mm}$，以减小螺纹部分的附加弯曲

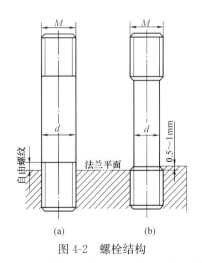

图 4-2　螺栓结构

（a）刚性（直筒）螺栓；（b）柔性（细腰）螺栓

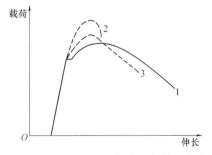

图 4-3　刚性螺栓和柔性螺栓的拉伸形变曲线

1—柔性螺栓；2—刚性螺栓，一扣自由螺纹；

3—刚性螺栓，九扣自由螺纹

应力。高温紧固件应采用这种结构。

第二节　螺栓运行工况和受力分析

螺栓的工作条件是比较复杂和恶劣的，主要包括三个方面：应力状态、工作温度和环境介质。如汽轮机的每一个汽缸的工作温度都不相同，高压内缸温度最高，如亚临界机组的温度在540℃左右。随着蒸汽逐级做功，高压内缸的温度也逐渐降低，直至低压外缸螺栓的使用温度降低到100℃以下。

高温螺栓是汽轮机的关键部件之一，它连接汽缸法兰和阀门法兰，应在汽轮机运行期（一般为30年）内保证高温蒸汽的密封，工作条件非常恶劣。

传统的高温螺栓设计准则主要有如下三条：

（1）材料3.0×10^4 h的松弛性能和足够的持久强度。

（2）初始紧固应力应使螺栓产生$0.15\% \sim 0.2\%$的应变。

（3）5%的长时持久塑性和低的缺口敏感性。

从这些因素出发，选择高温强度较高的合金材料作为高温螺栓，可减少汽缸或阀门法兰的宽度，简化结构。但实际使用情况表明，仅仅考虑螺栓材料本身的高温性能是不够的，在设计时，除计算分析蒸汽的压力外，还需计算分析汽缸法兰和螺栓的配合性能，以及法兰和螺栓材料的物理、化学性能引起的应力变化。

一、刚性的影响

构件的刚性是由物件材料的弹性模数和尺寸因素决定的，即刚性正比于弹性模数E和尺寸因素。螺栓和法兰的刚性直接决定着螺栓受力状态，汽缸内蒸汽张力对螺栓和法兰的作用在数量上是不相等的。如果法兰的刚性比螺栓大，则法兰将会由于压力释放而补偿大部分的蒸汽压力负荷。如果法兰的刚性与螺栓相同，则螺栓和法兰都承受1/2的蒸汽压力；如果法兰的刚性为螺栓的2倍，则螺栓只承受1/3的蒸汽压力，而法兰承受2/3的蒸汽压力。若法兰刚性不变，则螺栓刚性愈大，所承受的蒸汽压力分量就愈大。

螺栓的刚性随材料的弹性模数E而正比变化，材料E愈小，螺栓的工作应力就愈低。从这点看，C422钢的E小，是比较可取的高温螺栓材料。同时，螺栓的直径愈小，其刚性也愈小，材料热强性就愈大，设计的螺栓尺寸可减小，则20Cr1Mo1VNb（Ti）B钢较为可取。

二、热膨胀系数的影响

在高温螺栓与法兰的相互配合方面，材料的热膨胀系数起着关键性的作用。汽轮机高温螺栓是在室温下紧固的。运行时，汽缸内通过高温高压蒸汽，汽缸和螺栓都会产生热膨胀。如果两者热膨胀系数相同，则能在高温下保持原来的预紧固应力。如果螺栓材料的热膨胀系数大于汽缸材料的热膨胀系数，在运行时原紧固应力就会下降，而且两者的热膨胀系数相差越大，紧固应力下降越显著。

由螺栓和法兰的负荷—位移曲线可知，在高温运行条件下，如果法兰与螺栓膨胀系数相同，则法兰在紧固力和蒸汽压力共同作用下的压缩位移为 S。当螺栓与法兰热膨胀系数的差值大于 S 时，法兰的弹性位移消失，汽缸就会漏汽，螺栓与蒸汽直接接触，将可能产生应力腐蚀。

几种螺栓材料和汽缸材料的热膨胀系数列于表 4-1。

表 4-1　　　　　　　几种螺栓材料和汽缸材料的热膨胀系数

材　　料	α ($\times 10^6$, 1/℃)				
	0～200℃	0～300℃	0～400℃	0～500℃	0～600℃
Nmonic 80	—	13.0	13.5	13.7	14.0
Inconelx-750	14.0～13.05	14.2～13.84	14.6～13.95	15.0～14.41	15.3～15.0
Reflractaloy 26	14.2	14.4	14.6	14.8	15.0
C-422（H46）	10.9	11.3	11.5	12.0	12.1
Cr-Mo-V-Ti-B	11.74	12.85	13.17	13.74	13.98
Cr-Mo 铸钢	12.43	12.78	13.12	13.57	13.94
Cr-Mo-V 铸铜	12.1	13.2	13.7	14.1	14.7

三、受力分析

1. 密封应力

保证汽轮机的水平中分面的密封性是螺栓连接的一个基本要求。在法兰的几何尺寸、结合面的加工质量、蒸汽的压力和温度等条件不变的情况下，密封决定于螺栓的拧紧力。在工作条件下，螺栓的密封应力 σ_1 为

$$\sigma_1 = \frac{K_B F}{A_b} \tag{4-1}$$

$$F = \frac{p d_i t}{2} \tag{4-2}$$

式中　F——作用在一个螺栓上的蒸汽力；

　　　p——汽缸承受的内外压差，MPa；

　　　d_i——汽缸壁内径，m；

　　　t——螺栓之间的距离，m；

　　　K_B——拧紧系数，与法兰和缸壁的结构尺寸有关；

　　　A_b——螺栓的承载截面面积，m^2。

2. 温度应力

汽轮机在启动、运行时，由于法兰和螺栓之间存在温差（法兰的温度比螺栓高），两者材料的线胀系数也不同，因此法兰的自由热膨胀量比螺栓大，螺

栓就受到一个附加的拉力。该附加拉力在螺栓中引起的应力称为温度应力。

如果忽略法兰和螺栓线胀系数的差别，则温度应力 σ_t 为

$$\sigma_t = E\alpha\Delta t \tag{4-3}$$

式中　E——材料的弹性模量；

　　　α——材料的热膨胀系数；

　　　Δt——温度差值。

由于螺栓温度应力的存在，增加了法兰结合面上的压紧力，因此最初拧紧螺栓时所需的应力不再是 σ_0，只需 $\sigma_0 - \sigma_t$ 就够了。

如果螺栓的许用应力采用 $[\sigma] = 0.5\sigma_{0.2}^t$（$\sigma_{0.2}^t$ 为材料在工作温度下的屈服极限），则启动时，螺栓中允许产生的最大温度应力为

$$\sigma_{tmax} = [\sigma] - (\sigma_0 - \sigma_t) \tag{4-4}$$

启动时，法兰和螺栓的最大允许温差为

$$\Delta t_{max} = \frac{\sigma_{tmax}}{\alpha E} \tag{4-5}$$

启动时最大允许温差超过式（4-5）的结果将加速螺栓的破坏。

四、螺栓的热紧

当蒸汽通入汽缸后，在蒸汽压力的作用下，螺栓受力比最初预紧力有所增加。对于一般的水平法兰，螺栓预紧力增加 $5\%\sim15\%$。这样冷紧时螺栓的初应力 σ_0^l 可以比 $\sigma_0 - \sigma_t$ 再低一些。

为了在冷态时使螺栓中的应力达到 σ_0^l，必须拧紧螺栓。在汽轮机中，法兰结合面上的内缸螺栓中的预紧力达到 $300\sim400\text{MPa}$，因此，在冷态时用人力将螺栓拧紧至需要的程度，基本是不可能的。在检修时，通常将螺栓拧紧至一定程度（冷紧），然后用专门的电加热装置通过螺栓中心孔对螺栓进行加热，待螺栓受热伸长之后，再拧紧螺帽。热紧较易控制预紧力，控制热紧量就可控制预紧力。控制热紧量可采取测量螺栓的绝对伸长、测量螺帽的转角、测量在拧紧螺帽时所施加的力矩等方法。

螺栓在使用中会发生脆化，脆化转变温度会上升。检修时，装卸螺栓采用加热的方法，使螺栓的温度超过脆化转变温度，防止螺栓断裂。

五、应力松弛和螺栓的许用应力

如果螺栓材料为碳钢，工作温度超过 $300℃$，就需要考虑应力松弛的影响；合金钢材料螺栓的工作温度超过 $350\sim400℃$ 时，也需要考虑应力松弛带来的影响。在应力松弛时，螺栓的总应变等于弹性应变和塑性应变之和，其值保持不变的。因此，设计螺栓时应满足：在两次大修的间隔内，螺栓的实际紧

力仍应满足法兰的密封要求。

六、螺栓的应力集中

螺栓中的应力是不均匀分布的，紧力由螺栓通过螺纹逐渐传给螺母。

螺栓的螺纹相当于缺口作用，若螺纹表面加工质量不好，螺纹根部圆角半径太小，在此尖缺口处会存在较高的应力峰。同时，由于螺栓结构不良，即在螺栓与工作颈过渡区无圆角，故在此局部地区的第一个螺纹上会造成严重的应力集中。据资料介绍，集中在螺栓第一扣螺纹上的应力相当于承受全部负荷的50％左右。从国内外资料来看，大部分螺栓断裂部位发生在螺栓固定端工作颈与螺纹交界处或第一扣到第三扣螺纹之间。

材料的应力集中敏感性与材料的塑性有关。如果螺栓钢在高温长期使用中具有高的持久塑性，则对应力沿螺纹重新分布产生有利影响。螺栓缺口处的应力峰大于高温持久强度时，会在缺口处产生裂纹而导致断裂。25Cr2Mo1V 钢具有较低的持久塑性，在高温长期运行中，其应力集中敏感性是较高的，这是25Cr2Mo1V 钢螺栓易发生脆断的重要原因之一。

第三节 螺 栓 材 料

螺纹连接件的常用材料为中碳钢和中碳低合金钢，如 35、45、35CrMo、42CrMo、25Cr2MoV、25Cr2Mo1V、20Cr1Mo1V1、20Cr1Mo1VNbTiB、20Cr1Mo1VTiB、C-422（2Cr12NiMo1W1V）、R-26（Ni-Cr-Co 合金）、GH4145（Ni-Cr 合金）。螺栓常用钢材的钢号、最高使用温度见表 4-2。由于螺母的工作条件比螺栓好，因此用于螺母的最高工作温度可比表 4-2 所列温度高 30～50℃。当前大型机组的螺栓钢号有 R-26（Ni-Cr-Co 合金）、GH4145（Ni-Cr 合金）、C-422（2Cr12NiMo1W1V）。螺栓材料的化学成分见表 4-3，其力学性能见表 4-4。

表 4-2   **各工作温度下选用的常用螺栓材料**

材料牌号	最高使用温度（℃）	材料牌号	最高使用温度（℃）
35，40，45	400	20Cr1Mo1V1	550
35SiMn	400	20Cr1Mo1VNbTiB（推荐使用钢材）	570
42CrMo	400～413	20Cr1Mo1VTiB（推荐使用钢材）	570
20CrMo（螺母用材）	480	C-422（2Cr12NiMo1W1V）（推荐使用钢材）	570
35CrMo	480		
25Cr2MoV	510	2Cr12WMoVNbB	590
17CrMo1V	520	R-26（Ni-Cr-Co 合金）	677
25Cr2Mo1V	550	GH4145（Ni-Cr 合金）	677

表 4-3　螺栓材料的化学成分

材料牌号	C	Si	Mn	P	S	Ni	Cr	Mo	W	V	Nb	Ti	Al	Cu	B
35	0.32~0.40	0.17~0.37	0.50~0.80	≤0.035	≤0.035	≤0.25	≤0.25	—	—	—	—	—	—	—	—
45	0.42~0.50	0.17~0.37	0.50~0.80	≤0.035	≤0.035	≤0.25	≤0.25	—	—	—	—	—	—	—	—
20CrMo	0.17~0.24	0.17~0.37	0.40~0.70	≤0.035	≤0.035	≤0.30	0.80~1.10	0.15~0.25	—	—	—	—	—	—	—
35CrMoA	0.32~0.40	0.17~0.37	0.40~0.70	≤0.025	≤0.025	≤0.30	0.80~1.10	0.15~0.25	—	—	—	—	—	≤0.25	—
42CrMoA	0.38~0.45	0.17~0.37	0.50~0.80	≤0.025	≤0.025	≤0.30	0.90~1.20	0.15~0.25	—	—	—	—	—	≤0.25	—
25Cr2MoVA	0.22~0.29	0.17~0.37	0.40~0.70	≤0.025	≤0.025	≤0.30	1.50~1.80	0.25~0.35	—	0.15~0.35	—	—	—	≤0.25	—
25Cr2Mo1VA	0.22~0.29	0.17~0.37	0.50~0.80	≤0.025	≤0.025	≤0.30	2.10~2.50	0.90~1.10	—	0.30~0.50	—	—	—	≤0.25	—
20Cr1Mo1V1A	0.18~0.25	0.17~0.37	0.30~0.60	≤0.025	≤0.025	≤0.40	1.00~1.30	0.80~1.10	—	0.70~1.10	—	—	—	≤0.25	—
20Cr1Mo1VNbTiB	0.17~0.23	0.40~0.60	0.40~0.65	≤0.025	≤0.025	≤0.30	0.90~1.30	0.75~1.00	—	0.50~0.70	0.11~0.22	0.05~0.14	—	≤0.25	0.001~0.005
20Cr1Mo1VTiB	0.17~0.23	0.40~0.60	0.40~0.60	≤0.025	≤0.025	≤0.30	0.90~1.30	0.75~1.00	—	0.45~0.65	—	0.16~0.28	—	≤0.25	0.001~0.005
C-422 (2Cr12NiMo1W1V)	0.20~0.25	≤0.50	0.50~1.00	≤0.025	≤0.025	0.50~1.00	11.00~12.50	0.90~1.25	0.90~1.25	0.20~0.30	—	—	—	≤0.25	—
R-26	≤0.08	≤1.50	≤1.00	≤0.030	≤0.030	35.0~39.0	16.0~20.0	2.50~3.50	Co18.0~22.00	Fe余量	Co≤1.00	2.50~3.00	≤0.25	—	0.001~0.01
GH4145	≤0.08	≤0.35	≤0.35	≤0.015	≤0.010	≥70	14.0~17.0	Mg≤0.010	Zr≤0.050	Fe5.0~9.0	—	2.25~2.75	0.40~1.00	≤0.50	≤0.01

表 4-4　　　　　　　　　　　常用螺栓材料的力学性能

材料牌号	室温力学性能(不低于)					HBW	高温强度		
	$R_{p0.2}$ MPa	R_m MPa	A (%)	Z (%)	A_k (J)		试验温度(℃)	$\sigma_{10^{-5}}$ (MPa)	σ_{10^5} (MPa)
35	265	510	18	43	55	146～196	400	118	—
45	353	637	16	40	39	187～229	400	81	186
20CrMo	490	637	14	40	55	197～241	470	137	255
35CrMo(>50mm)	590	765	14	40	47	241～285	475	—	167
35CrMo(≤50mm)	686	834	12	40	47	255～311	—	—	—
42CrMo(>65mm)	660	790	16	50	47	248～311	—	—	—
42CrMo(≤65mm)	720	860	16	50	47	255～321	—	—	—
25Cr2MoV	686	785	15	50	47	248～293	500	78	196
25Cr2Mo1V	685	785	15	50	47	248～293	550	53	139
20Cr1Mo1V1	637	735	15	60	59	248～293	—	—	—
20Cr1Mo1VNbTiB	735	834	12	45	39	252～302	550	182	210
20Cr1Mo1VTiB	685	785	14	50	39	255～293	570	—	172
C-422(2Cr12NiMo1W1V)	760	930	14	32	—	277～331	566	124	138
R-26(Ni-Cr-Co 合金)	555	1000	14	20	—	262～331	—	—	—
GH4145	550	1000	12	18	—	262～331	570	456	566

　　根据高温螺栓的工作条件和工作环境，螺栓材料在工作温度下应具有良好的抗松弛性、良好的强度和塑性配合、小的蠕变缺口敏感性、小的热脆性倾向、良好的抗氧化性能、优良的抗疲劳性能、足够的室温和高温力学性能、高的组织稳定性；同时还要考虑材料的线胀系数(螺栓材料的线胀系数应略大于被紧固件材料的线胀系数)，使螺栓及被紧固部件的线胀值尽可能一致，从而使附加应力最小。

　　抗松弛性能是螺栓设计时强度核算的主要依据。采用高抗松弛性能的材料，可使螺栓在同样的初紧力和同样的运行时间内，应力降低较少。我国螺栓设计工作期限为 20 000h，最小密封应力为 150MPa。

　　为使螺栓初紧时不产生屈服，就要求材料具有高的屈服强度，以便加大螺栓的初紧力，这对于抗松弛性能较低的材料更为重要。在安装和检修时，一般规定初紧应力 $\sigma_0 = 294$MPa。为保证螺栓在初紧时不产生屈服现象，螺栓用钢的常温屈服强度选用 $\sigma_s \geqslant (2 \sim 2.5)\sigma_0$。但屈服强度过高，会增大钢的应力集中敏感性，从而增加钢的蠕变脆性倾向。

螺栓材料要求强度和塑性的良好配合，蠕变缺口敏感性小，以有利于防止螺纹根部应力集中部位发生脆性断裂。良好的抗氧化性能可以防止螺栓长期运行后因螺纹氧化而发生螺栓与螺纹的咬死现象。为防止螺纹咬死和减少磨损，选材时，螺栓和螺母应采用不同钢号材料，因为螺母的工作条件要好于螺栓，所以螺母材料强度级别应比螺栓材料低一级，硬度比螺栓低 HB20～HB50。

汽轮机常用的螺栓用钢如下：

(1)35 钢。工作温度在 400℃以下的螺栓通常采用 35(或 45)碳钢制造。其供货态为正火或调质，调质后的金相组织为铁素体(F)＋珠光体(P)。35 钢抗松弛性能较低，塑性和加工工艺性能较好，具有中等强度，广泛用作低参数汽轮机和低温管道的螺栓材料。

(2) 35SiMn 钢。35SiMn 钢具有良好的韧性和较高的强度，疲劳强度也较好，价格低廉，可用作工作温度在 430℃以下的螺栓材料；缺点是具有一定的过热敏感性和回火脆性倾向。

(3) 35CrMo 钢。在高温下，35CrMo 钢具有较高的持久强度和蠕变极限，抗松弛性能较好，长期运行时组织稳定，加工工艺性能较好，可用作工作温度在 480℃以下的螺栓材料和 510℃以下的螺母材料，经 850℃油冷＋550℃回火调质处理后使用，其组织为回火索氏体。

(4) 25Cr2MoV 钢。25Cr2MoV 钢属于珠光体耐热钢，具有良好的综合力学性能，热强性较高，有较高的抗松弛性能，工艺性能较好，主要用于制作工作温度在 510℃以下的螺栓，是最广泛使用的螺栓材料之一。25Cr2MoV 钢通常在调质处理后使用，调质处理时，回火温度宜高于工作温度 100～200℃。该钢在高温长期运行中会发生热脆性而引起螺栓的断裂。一般当螺栓选择 25Cr2MoV 钢时，螺母选用 35CrMo 钢。

(5) 25Cr2Mo1V 钢。25Cr2Mo1V 钢属于中碳珠光体耐热钢，广泛用于火电厂中的管道法兰、阀门和汽轮机的汽缸结合面等各种需要紧固连接的工作温度在 550℃以下的螺栓。该钢具有良好的抗氧化性、耐热性和抗松弛性，低的缺口敏感性和热脆性。在高温下有较高的强度、塑性和韧性。该钢存在两种热处理制度：一是正火（1040℃）＋高温回火（650～700℃），二是二次正火（1040℃＋960℃）＋高温回火（670～690℃），组织为回火索氏体。第一次选择较高温度正火的目的是使合金元素（尤其是 V）充分溶于奥氏体中，提高合金化程度，从而提高材料的热强性和抗松弛性能；第二次较低温度正火的目的是细化晶粒,提高钢的塑性和韧性。需要注意的是,该钢对热处理较为敏感,存在回火脆性倾向。25Cr2Mo1V钢螺栓长期在高温(540℃左右)下运行,往往会发现硬度明显升高,室温冲击韧性大幅度下降,即出现脆化现象,材料变脆产生裂纹而失效。25Cr2Mo1V钢螺栓的脆性转变温度与运行时间的关系见图4-4。同时,25Cr2Mo1V

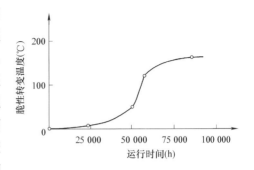

图4-4　25Cr2Mo1V钢螺栓的脆性转变温度与运行时间的关系

钢螺栓在长期高温下运行,不仅在原奥氏体晶界上形成网状碳化物,而且也会在贝氏体的亚晶界上形成大块碳化物。这些析出的碳化物由于应力集中是最容易形成微孔的部位,随着应力增加,裂纹萌生,塑性变形和微孔形成微裂纹。这些微裂纹不仅在黑色网状晶界上形成,而且还能沿着贝氏体相界面形成,既能垂直穿过贝氏体,也能平行沿贝氏体中的铁素体扩展。伴随着裂纹的扩展,同时还能出现晶粒转动、裂纹钝化等现象。当运行后发现该钢出现上述现象后,可以进行重新热处理(称恢复热处理),使螺栓的组织和性能得到恢复。一般当螺栓选择25Cr2Mo1V钢时,螺母选用25Cr2MoV钢。

(6) 20Cr1Mo1VNbTiB(争气1号)钢。我国曾长期使用25Cr2MoV钢和25Cr2Mo1V钢作为在500～550℃温度范围内的高温螺栓材料。为了避免25Cr2Mo1V钢的高温缺口敏感性而开发了可以使用到570℃的20Cr1Mo1VNbTiB(争气1号)钢和20Cr1Mo1VTiB(争气2号)钢。这两种钢都具有比12%铬钢更好的高温性能,是我国自行研制的低合金高强度钢,除了含有Cr、Mo、V等起固溶强化和弥散强化作用的合金元素外,还含有Nb、Ti、B等细化晶粒和强化晶界的元素,因此大大减缓了高温下原子在晶界上的扩散过程,阻止了碳化物在晶界的聚集长大,因而拟制了晶界微观裂纹的萌生和发展,从而使这两种钢的持久强度、蠕变极限、抗松弛性能、持久塑性、缺口敏感性、组织稳定性等都大幅度提高。20Cr1Mo1VNbTiB钢和20Cr1Mo1VTiB钢主要用于制造工作温度在570℃以下的螺栓,其供货态为调质,调质的热处理工艺为:淬火(1020～1040℃)+高温回火(700～740℃),回火时间不小于6h;调质后的金相组织为回火贝氏体(F)+珠光体(P)。

由于自身的特点(具有严重的组织遗传性),20Cr1Mo1VNbTiB钢在生产过程中经常出现粗晶现象。所谓粗晶，就是在低倍试验中所出现的肉眼可见的、在不同角度的光线下呈现不同色泽与光亮度的多边形颗粒斑块，也就是程度不同的混晶。存在晶粒粗大必然导致力学性能降低，使用性能不能满足运行要求。20Cr1Mo1VTiB 钢的粗晶问题同样存在。避免使用带有宏观粗晶的钢材料是防止螺栓断裂事故的发生关键。

（7）2Cr12WMoVNbB 钢。2Cr12WMoVNbB 钢是含 12％Cr 马氏体钢的改进型钢种，因为加入了 W、Mo、V、Nb、B 等多种强化元素，所以比铬钼钒钢的性能优越，具有热强性高、抗松弛性能较好、缺口敏感性低、抗氧化性能高、抗应力腐蚀性能强等优点。2Cr12WMoVNbB 钢广泛用作制造工作温度在 590℃ 以下的螺栓，在超临界机组中使用较多。

（8）C-422（2Cr12NiMo1W1V）钢。C-422（2Cr12NiMo1W1V）钢为 12Cr 的改良型马氏体不锈耐热钢，主要用于制作汽轮机动高温螺栓和叶片。C-422 的热处理工艺为淬火（1050℃）＋回火（700℃），在 600℃ 以下，长期时效过程中的粗化动力学具有体扩散控制的三次方规律，主要沉淀相是 $M_{23}C_6$。

C-422 用作汽轮机汽缸中分面螺栓有一个共同的优点，即在正常的工作条件下基本上不发生应力腐蚀，而且对缺口也不敏感。

在温度不超过 400℃ 的情况下，C-422 材料的强度略高于钛铌硼材料，而且在此温度范围可不考虑松弛问题，所以 C-422 螺栓比钛铌硼螺栓好一些。在 500℃ 的高温短期运行时，两种材料大致相同（虽然 C-422 的 σ_{bt} 较高，但一般不允许螺栓在高于屈服强度的应力下工作），C-422 材料的蠕变强度较高。

C-422 螺栓在工作温度下的热膨胀系数仅为 $11.8 \times 10^{-6}/℃$，比铬钼合金钢汽缸的热膨胀系数（约 $13.5 \times 10^{-6}/℃$）低得多，因此，在机组运行时，由于法兰和螺栓热膨胀不同而产生的附加应力就大得多。特别是在机组的启动阶段，汽缸法兰的温度比螺栓的温度高更多，附加应力也更大，螺栓应力达到寿命期内的最高值。在这种情况下，抗松弛性能较差的材料有一个难以解决的问题：为使螺栓内的应力不太大，需要降低螺栓的安装预紧力，但为了保证一个大修周期内的汽密性，却需要提高螺栓的安装预紧力。

（9）Refractory 26 Ni-Cr-Co 型高温合金。R-26 合金具有很高的蠕变和持久强度，抗松弛和抗氧化能力强，主要用于制造工作温度在 677℃ 以下的高中压内缸螺栓。R-26 合金具有可使内缸法兰尺寸缩小、启动热应力低和保持内缸汽密时间长等优点。

（10）GH4145/SQ 合金。基于节约钴的考虑，我国自行开发了无钴的镍基高温合金 GH4145/SQ，用于制造工作温度在 677℃ 以下的高温螺栓。GH4145/SQ 合金的持久强度、蠕变极限、抗松弛性能、持久塑性、组织稳定性等都较高。当 GH4145/SQ 材料的冶金质量（含大量夹杂物）和热处理工艺（存在严重混晶）存在缺陷时，造成该钢抗环境及载荷（高温疲劳、高温蠕变、高温蒸汽应力腐蚀等）的能力较差，抗高温低周疲劳性能差，对缺口较敏感。

第四节　螺　栓　失　效

　　螺栓的失效分析是一项非常复杂的事情，必须收集所有与失效有关的事实。分析失效中的第一步是收集所有失效螺栓的部件，有些可表明失效的主要原因，而另一些可作为最初失效的结果。因此，首先必须检查所有残留物件；其次，收集在工作状态中的各项数据；然后进行分析，以降低得出有关失效类型错误结论的可能，而且在没有检查前不能重新更换螺栓、组装部件，因为这可能损坏现状证据；最后，找出部件的失效位置，鉴别螺栓最初失效的原因。

　　众所周知，汽轮机汽缸水平中分面的密封性是非常重要的，它对机组的经济性和运行可靠性有直接的影响。为了保证汽缸中分面的汽密性，汽缸中分面螺栓必须有很大的紧力，螺栓的应力会很高（现代大型汽轮机汽缸中分面螺栓的安装应力已高达 300MPa 以上，而运行初期的应力则更高）。如果汽缸中分面螺栓断裂，那么轻则会造成机组的非计划停机事故，重则会造成不堪设想的后果。鉴于此，各汽轮机制造厂家（公司）对汽缸中分面螺栓都给予了高度的重视。

　　根据分析，国产 300MW 火电机组没有发生中分面螺栓断裂事故的主要原因有两条：一是结构上的原因，使得螺栓在各工况下的最大应力值相对较小；二是材料本身的特性。对于引进型 600MW 火电机组而言，结构已全部确定，不可能再作改变，因此只能从材料性能着手，进行考虑选择。

　　近年来，在大型机组中曾多次发生螺栓断裂事故，对机组的经济性和安全性都造成了一定的影响。机组在长期运行过程中，高温螺栓要承受蠕变、疲劳及其交互作用的影响，机组的启停，汽缸温差、振动，螺栓装配过程中不同的装配工艺及螺栓的制造质量等均对螺栓的使用寿命产生重要影响。

　　从高温螺栓失效分析发现，高温螺栓的失效机理主要有四种，即疲劳断裂、蠕变断裂、过载断裂和应力腐蚀断裂。

一、疲劳断裂

　　螺栓的疲劳断裂一般都产生在螺栓承受最大负荷丝扣的最大应力面上或其

内部某个缺陷处。螺栓中的疲劳是循环拉伸负荷的不断作用所致，这样螺栓受到比较小的预紧力和交变工作负荷的作用。在长期受到预紧力和交变工作负荷双重负荷情况下，螺栓在小于它们额定抗拉强度下就会造成失效。疲劳寿命取决于加载应力循环的次数和振幅。

疲劳破坏最常见的位置包括连接处（即第一受载螺纹）、齿根圆角、螺纹、螺纹终止处。由于制造厂已通过开发更好的材料和生产方法提高了疲劳强度，因此螺纹就变成了高温螺栓的最薄弱的点，也是目前疲劳破坏中最高比例的损坏之处。

设计的应力变量及高温螺栓性能特点间的相互关系使设定疲劳强度的标准成为一个困难任务，目前是用"至断裂的循环"数目确定，以及一系列高温螺栓的相对强度来测量，这是一个复杂的过程。

对于参与调峰频繁启停的机组，低周疲劳也是导致高温螺栓开裂乃至失效的重要机理。在机组的启停过程中，螺栓与汽缸之间会产生较大的温差，如果螺栓的线膨胀系数相当于甚至低于内缸材料的线胀系数，则在螺栓中产生较大的热应力。在一些情况下，螺栓的热应力可接近螺栓的预紧应力。正常运行中的上下缸温差也会产生额外的温度应力。因此，在两班制运行或启停频繁的机组中，低周疲劳损伤的影响将显著增大。

例如：某汽轮机调速汽门螺栓的规格为 M42 × 140mm，材料为25Cr2Mo1V，工作温度为 535℃，运行 1×10^4 h。检修拆卸时发现，在螺纹第一扣根部处的发生断裂。

由于机组的启停和负荷波动使得调速汽门经常开闭调节，因此调速汽门螺栓的受力状态较复杂。同时，在检修安装时采用冷紧方法，即用套筒套住扳手后拧紧螺栓，使螺栓承受一定的预紧力，达到密封的目的。该方法会受到人为因素的影响，难以准确地控制各个螺栓的预紧力大小，同组各螺栓之间的预紧力大小不一样，使同组螺栓受力不均匀。

高温螺栓因受到峰值到峰值的反复应力循环，最终将发生开裂。断裂通常发生在高温螺栓最易损坏的点，工程上称为"最大应力集中处"。一旦应力集中处产生微裂纹，在交变应力的作用下，裂纹逐渐扩展，当剩余有效截面不足以承受所加载荷时即发生断裂。因此，螺栓疲劳断裂的断口通常分为两个部分：一个是初始疲劳断裂区，另一个是最终静载断裂区。

初始疲劳断裂区断口的主要特征为放射状花样的疲劳断口形貌特征，螺栓的裂纹源在螺纹第一扣根部的横截面上（最大应力集中处）产生，然后由表面向心部逐渐扩展；最终静载断裂区断口形貌为银灰色纤维状花样。螺栓在拆卸前，横断面上已有大面积的开裂；而剩下小部分未断裂；在拆卸时，因无法承受扭力的作用而发生断裂，成为最终静载断裂区。

断裂螺栓组织为索氏体和贝氏体，在原奥氏体晶界上有碳化物析出，成网状晶界；在断口处的晶界上发现存在蠕变孔洞。室温冲击韧性低，材料脆。

从断口上看到初断区的分布是不均匀的，其中一侧占大部分，说明螺栓在受到轴向拉应力的同时，还受到弯曲应力的作用。在受到弯曲应力的一侧，裂纹源的产生与扩展都明显优于另一侧，而这种附加弯曲应力是由于螺栓的偏心装配所造成的。随着裂纹的逐渐扩展，螺栓的预紧力将逐渐减少。螺栓断裂的主要原因是装配时同组各个螺栓所受预紧力不均匀和偏心装配。螺栓在长期高温运行过程中产生蠕变孔洞，并串接起来形成裂纹，同时由于交变应力的作用，在最大应力集中处即螺纹第一扣根部的横截面上萌生疲劳裂纹，并逐渐扩展，最终剩下小部分连接，在拆卸时螺栓被扭断。

二、蠕变断裂

高温蠕变损伤是螺栓失效的一种主要形式。在机组大修中均要对汽缸解体，对螺栓进行重新紧固。在高温下运行后，螺栓产生蠕变松弛，在每一个从紧固到解体的运行周期内，均会产生一定量的蠕变应变，当累积蠕变应变达到断裂应变时，将导致蠕变断裂。高温螺栓材料一般为中、高合金钢，其蠕变裂纹扩展阶段比较短，因此，一旦产生蠕变裂纹，螺栓将很快出现断裂。对螺栓材料而言，除了应具备较高的蠕变强度外，还应具有一定的蠕变延性，但这两者之间往往是矛盾的，须通过降低材料中的杂质元素含量和优化热处理工艺等加以综合解决。

影响螺栓蠕变过程的因素很多，除了材料本身的蠕变特性外，螺栓的预紧力也对蠕变损伤有较大影响。在螺栓的预紧过程中，先要进行冷紧，以冷紧为基础再进行热紧。不同的冷紧工艺产生的初始冷紧应力差异较大，锤击方法最为明显。对于其后的热紧，国内多采用转角法，但有时在确定转角时却缺乏必要的根据。螺栓的预紧工艺对其使用寿命有显著影响。

例如：某电厂汽轮机高压缸结合面采用规格为 M140 的 C-422 钢螺栓，采用刚性连接。汽轮机运行了 $9 \times 10^4 h$ 后进行检修。检查发现，与上次大修比较，高压缸螺栓的硬度明显偏低，部分接近或低于标准的下限；同时，在测量螺栓长度时，发现有一根螺栓沿其长度方向产生了约 14mm 的永久变形。为确保汽轮机安全运行，对该螺栓进行了性能试验。试验结果表明，化学成分符合 C-422 材质要求，螺栓的室温力学性能屈服强度 R_p 和抗拉强度 R_m 均低于标准值，冲击韧性 A_{kv} 较低。这表明材料的韧性已经不足而脆性大大增加。从拉伸断口及冲击断口可以看出，该试样无明显塑性变形，呈明显脆性断裂特征。金相分析表明，组织属于马氏体位向的回火索氏体＋少量晶界碳化物，组织未见异常。综合判断，该螺栓已经受到了较严重的高温蠕变损伤。

高中压汽缸变形是大型发电厂普遍存在的问题。由于存在汽缸变形的附加应力，汽缸结合面往往因预紧力达不到预期效果而造成汽缸漏汽。为了解决漏汽问题，在检修中增加预紧力，保证汽缸的严密性，但容易导致螺栓受损或断裂。因此，在安装和紧固螺栓时，要恰当地选择预紧力和预紧工艺，严格控制工艺过程，尽可能减少预紧应力偏差。如汽缸变形严重，应在检修中进行修复处理，绝不能单靠增加预紧力的方法保证汽缸结合的严密性。

按蠕变变形量计算高温螺栓的寿命消耗率

$$高温螺栓寿命消耗率 = \frac{运行后螺栓长度伸长率}{1\%}\% \tag{4-6}$$

用式（4-6）计算取样螺栓的寿命消耗率为 84%，并初步认为造成螺栓寿命损耗的主要因素是在紧固螺栓时预紧力过大和预紧力不均匀。式（4-6）适用于各种钢制高温螺栓。

按照 DL/T 439—2006《火力发电厂高温紧固件技术导则》3.17 的要求，用专用卡尺测量新螺栓螺杆两侧的两端冲眼之间的距离，并将该距离作为螺栓蠕变测量的初始长度。每次检修应测量该项数据，并与原始数据核对。当发现螺栓伸长率超过 0.7% 时，应采取相应措施；当螺栓的伸长率达到 1% 时，应作报废处理。

例如：某电厂汽轮机汽缸结合面采用 20Cr1Mo1VNbTiB 钢螺栓刚性连接，运行了 5×10^4 h 进行检修，发现许多螺栓已断裂，断口表面严重锈蚀，其中断在第二、三扣的比例较高，还有个别螺栓在拆卸时断裂。

对断裂螺栓进行扫描电镜分析发现，断口表面基本上已被氧化膜覆盖，在断口中央裂纹分叉区找到一些未被遮盖的沿晶特征，其晶粒较粗，视场放大后发现沿晶面均由小孔洞构成，呈"延性沿晶断裂"特征，晶界棱边不太锐利，并能看见晶界上形成的"空洞珠"串。依据这些形貌特征可判定，该"延性沿晶"为洞型蠕变断口。

一般来说，金属材料在高于 0.5T 熔点（绝对温标）温度下，即使所受应力小于屈服强度，也可能随时间增长而产生塑性变形，这种现象称为蠕变。该螺栓使用工作温度与汽轮机内部大体相当，汽轮机蒸汽参数为 570℃ 左右，则存在产生蠕变的温度条件，而产生蠕变的应力条件是否存在则需进一步推断。

从断口附近取样进行测定，与标准对比，常规力学性能无明显下降，说明运行 5×10^4 h 后，螺栓的强度、硬度和抗松弛能力依然保持较高的水平，这可能得益于钢中添加了在晶粒中起弥散强化作用的 Nb、B 等元素。

高温螺栓的设计与安装一方面要求材料强度和抗松弛性高，另一方面要求材料的缺口敏感性小。这两个要求是一对矛盾体：强度高可相应加大初紧力，从而保证在一个大修期内螺栓的压紧应力不低于要求的最小密封应力；但材料强度的提高势必有损塑韧性，而塑韧性的降低会导致缺口敏感性增加，很容易在螺纹处产生应力集中；如果初紧力又很大，则会加重应力集中程度。从力学角度分析，刚性螺栓螺纹的第一扣到第三扣之间往往是应力最集中处，而本批螺栓的断裂部位大都在第二、三扣，因此可重点考察应力集中问题。从装配现场了解到一个较重要信息：这批螺栓的安装并非采用机械自动初紧，而是靠人力推拉杠杆，直到转不动为止。前者往往会设置一个合适的初紧力矩，当大于此值时，机械将不再加力；而后者的结果则会造成一个很大的装配拉应力和切应力，在螺纹前几扣处形成较大的应力集中，经过一段时间高温运行后，就会出现上述蠕变特征，并以此为裂纹源沿螺栓截面方向扩展直至断裂。

三、过载断裂

过载是由于超过许用应力，由拉伸、剪切、弯曲和压缩中的任一个或其组合而产生的。大多数设计人员首先考虑的是拉伸负荷、预紧力和附加实用载荷的组合。预紧力基本是内部的和静态的，它使接合组件受压。实用载荷是外部的，一般是施加在高温螺栓上的力。

拉伸负荷试图将连接组件拉开。当这些负荷超过螺栓的屈服极限时，螺栓从弹性变形为塑性区，导致螺栓永久变形，即使外部负荷除去后也不能再恢复原先的状态。同理，如果螺栓上的外负荷超过其抗拉极限，螺栓会发生断裂。

螺栓拧紧是靠预紧力扭转得来的。在安装时，过量的扭矩导致超过扭矩限制，同时也使高温螺栓受到了高应力而降低了高温螺栓的轴向抗拉强度，即在连续扭转的螺栓与直接受张力拉伸的相同螺栓相比，屈服值比较低。这样，螺栓有可能在不到相应标准的最小抗拉强度时就出现屈服。扭转力矩大可以使螺栓预紧力增大，使连接松弛相应减少。

剪切负荷对螺栓纵轴方向施加一个垂直的力。剪切应力分为单剪应力和双剪应力。从经验数据来讲，极限单剪应力大约是极限抗拉应力的 65% 左右。许多设计首选剪切负荷，因为它利用了螺栓的抗拉和抗剪强度，主要起类似销钉的作用，使受剪切的高温螺栓形成相对简单的连接，缺点是剪切连接使用范围小，而且不能经常使用，因其要求更多的材料和空间。

高温螺栓预紧力影响剪切连接的整体性。在与螺栓接触时，预紧力越低，接合层越易滑动。剪切连接中螺栓扭转到规定值时，接触层的配合面在外未超过摩擦阻力前，不能开始滑动。增加配合面之间的摩擦可提高连接的整体性，有时由于零件的大小及设计的需要，会限制必须使用螺栓的数目。

除了拉伸负荷和剪切负荷外，弯曲应力是螺栓经受的另一个负荷，是由不垂直于螺栓纵轴方向的、在承载面和配合面的位置的外力所引起的。例如，上下螺栓孔不在一个轴线上会导致附加弯曲应力的产生。

脆性断裂也是过载断裂的一种表现形式，高温螺栓的强度较高，其韧性相对较低，在高温下长期运行会产生组织老化导致脆性增加。韧性降低使螺栓承载能力下降，缺口的敏感性增大，一旦萌生微裂纹，就可能导致螺栓的脆性断裂。在螺栓断裂事故中，脆性断裂占有较大的比重，其断口具有明显的脆性断裂特征：断口粗糙呈结晶状，断裂部位没有明显的塑性变形。有的断口明显地分为两个部分，一部分是旧断口，它的表面存在严重的锈斑，失去金属光泽；另一部分是新断口，具有金属光泽，为结晶状断口。具有脆性断口的螺栓，通常常温冲击韧性都很低，A_k 值仅为 5～30J，表明材质已经严重脆化。

例如：某 300MW 机组，累计运行 10 030h，启停 39 次。发现 GH4145/SQ 镍基高温紧固螺栓断裂达 18 条之多。螺栓的裂纹分布十分广泛，在螺纹、螺杆、定位销结合面、螺栓吊装孔圆角处均发现裂纹，而且裂纹呈多源状态，既有横向裂纹，又有纵向裂纹。螺栓化学成分分析结果满足制造厂标准规定值。对断裂的螺栓进行晶粒度、金相组织和裂纹形态试验，观察发现，螺栓晶粒大小不均，存在着严重的混晶现象，晶粒度最大可达 3 级，最小的为 7 级。

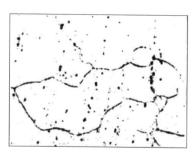

图 4-5　断裂 GH4145/SQ 镍基
高温螺栓金相组织 200 倍

观察螺栓的显微组织（见图 4-5）发现，在晶界上有大量的析出物相，析出物聚集在晶界上，呈连续的条状。所观察到的裂纹均沿晶界扩展，主裂纹附近存在着二次裂纹，局部呈龟裂状。裂纹的扩展形式大致可分为两种：一种是裂纹起源于螺栓的外表面，沿晶界向螺栓内部或两侧发展；另一种是裂纹存在于螺栓的内部，也为沿晶界开裂。

对螺栓断口及裂纹处进行 X 射线能谱分析发现，有害元素硫的含量严重超标，远大于制造厂的规定值。螺栓的力学性能试验结果表明，虽然螺栓的常温机械性能指标符合制造厂的规定，但其高温的塑性、韧性指标均未达到标准要求，冲击性能指标也呈下降趋势。这说明，螺栓存在着严重的成分偏析，夹杂物在晶界上的大量析出及巨大的粗晶组织，导致螺栓的高温塑、韧性异常，呈脆性断裂。

鉴于 GH4145/SQ 镍基合金螺栓断裂数量最多，情况也较为复杂。根据近年来对 GH4145/SQ 镍基合金螺栓断裂的初步试验分析，GH4145/SQ 镍基合金螺栓的断裂特征可主要归纳如下：

（1）断裂一般为横向正断，断口周围无宏观变形，属脆性断裂，沿晶状断口。

（2）一些螺栓断口的前区具有不明显的贝壳纹。

（3）裂纹走向特征是分叉沿晶裂纹，裂纹发源于外表面。

（4）断口沉积物的 X 射线能谱分析表明，一些螺栓断口上有侵蚀性元素 Na、S、Cl 存在，而另一些螺栓断口上无侵蚀性元素 Na、S、Cl。

（5）一些螺栓断裂发源于螺栓光杆的光谱斑点。

（6）断裂螺栓的晶粒大小不均匀，存在带状偏析和较粗大晶粒。

（7）断裂螺栓材料的拉伸和冲击断口常呈沿晶状断口。

根据以上螺栓断裂特征可以判定，GH4145/SQ 镍基合金螺栓的断裂性质属于蠕变脆性、时效脆性和环境敏感脆性综合作用引起的沿晶脆晶断裂。对螺栓材料的高温性能、紧固伸长量和热紧转角缺乏科学试验，导致实际预应力高和偏差过大。螺栓承受附加应力，包括启动过程的温度应力、上下缸温差造成的附加应力和结构性的附加弯矩。镍基螺栓断裂事故调查统计情况及取样试验分析结果表明，该种材料在显微组织和力学性能等方面存在着严重问题，不适宜用来制造大型机组的高温紧固螺栓。

例如：某电厂汽缸选择规格为 M120×570mm，材料为 25Cr2MoV 钢的高温螺栓，工作温度为 540℃，运行 85 000h 后，发现缸上螺纹与螺杆的圆角过渡区存在裂纹。通过扫描电镜和显微镜的观察发现，螺栓的金相组织为贝氏体＋索氏体＋碳化物，即在原奥氏体晶界上已有碳化物析出，并已形成网状，同时，在有的晶界附近，已开始出现蠕变孔洞（见图 4-6）。

裂纹断口形貌为典型单源放射状花样（撕裂棱花样），放射条纹占断裂面积的绝大部分，仅在内孔和外侧边缘可以观察到少量剪切唇。放射条纹间可以

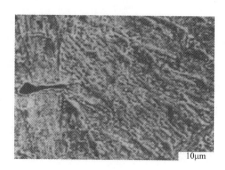

图 4-6　上贝氏体＋网状
碳化物＋蠕变孔洞

见到细晶状的反光面，断面较新鲜，呈暗灰色，没有看到锈斑等外来痕迹，断定裂纹萌生区是在放射源头部分。

用扫描电镜对源头区进行微观观察发现，断口为沿晶和穿晶混合断裂，如图 4-7（a）所示。在快速扩展区有二次裂纹的准解理断裂特征，如图 4-7（b）所示，断口形貌表明该材料脆性较大。

螺栓的力学性能试验结果表明，强度符合要求，但伸长率、断面收缩率和冲击韧度却低于技术要求。这充分表明螺栓材料已产生脆化现象。螺栓在长时间运行过程中受温度、工作应力、预紧力和环境介质的综合作用，材料逐渐老化。螺栓塑性和韧性的下降是由于碳化物在晶界的析出和积聚，并在晶界形成网状碳化物，减弱了晶界的强度所致。

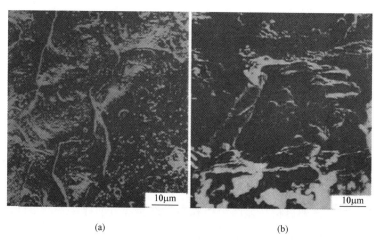

(a)　　　　　　　　　　　　(b)

图 4-7　微观断口形貌
（a）沿晶和穿晶混合断裂形貌；（b）准解理断裂特征形貌

25Cr2MoV 钢螺栓在高温长期工作中，沿晶界析出碳化物，这是基体中固溶的合金元素进行了重新再分配的结果。碳化物形成元素 Cr、Mo、V 向碳化物转移，合金元素还在碳化物之间相互转换。原始材料的碳化物类型为(Fe、Cr)$_3$C、VC、Cr$_7$C$_3$，当经历长期高温运行后，碳化物类型变为 MoC、C、Cr$_7$C$_3$。由于晶界处有利于原子的扩散和新相的形核长大，因此易在此发生碳化物的聚集、长大，从而造成应力集中而弱化晶界，使螺栓材料的冲击韧度下降，蠕变抗力和疲劳抗力也随之下降。在晶界上出现蠕变孔洞，表明碳化物的聚集和长大使原子间的结合力下降，在高温和应力作用下，在晶界上的碳化物可能开裂形成孔洞。这些微孔的萌生要经过两个阶段，首先形成空位，然后空位聚集形成大小不等的微孔。由于晶界上原子致密度较低，容易出现偏析或偏聚及第二相沉淀，使原子间结合力降低，故在外力作用下容易形成空位，并且温度越高，受力越大，空位数目也越多。高温下蠕变孔洞的串接会形成微裂纹，最终导致部件断裂。

四、应力腐蚀断裂

高温螺栓断裂的另一个原因是应力腐蚀。应力腐蚀是相对受限制的。应力腐蚀在高拉伸负荷的作用下存在，主要影响高强度合金钢的高温螺栓。合金钢的高温螺栓（尤其是合金成分比较高的钢材）在应力的作用下很容易产生裂隙。开始，一般在螺栓表面形成裂隙坑，然后进一步产生腐蚀，腐蚀后促使裂隙传播，其速率由螺栓上所受的应力和材料的断裂韧度来决定。当剩下的材料性能不能承受施加的应力时，就会发生断裂。

例如：某 300MW 汽轮机高压内缸定位，其规格为 M101×9590mm，材料为 R26，工作温度为 537℃，运行 $1.5×10^4$h。检修揭缸检查时，在汽缸中分面附近发生开裂。

检查发现，螺栓定位部位无明显缩颈现象，仅有局部受挤压的痕迹，在周向不同平面上分布着不连贯的三条粗长裂纹，经折断后，在附近约 70mm 的范围内发现存在长短不一的大量微裂纹，大多呈横向，少量呈轴向。

螺栓断口上最后折断区的面积约占整个破断区的 1/3，断口按断裂顺序分成三个区域：1 区呈较浅蓝黑色，隐约可辨裂纹扩展的前沿线呈弧线状分布。裂纹的开裂为多源，沿周向分布朝心部扩展，裂纹源与表面镀铬结合层有关。由于裂源多，且不在同一平面上，所以断口上台阶起伏，但局部断面较平整，后期断面较粗糙。裂纹走向全部沿着晶界，断口呈结晶状，判断该区为多应力集中裂源的、经受较高应力的沿晶脆性断裂。2 区色泽比 1 区深，断口细腻，有少量的结晶闪烁。3 区为最后机械折断区，断口呈灰色纤维状，裂纹走向以塑性穿晶为主。

在扫描电镜下观察发现，断口形貌呈岩石状，为典型的沿晶脆性断裂，表面有大量的氧化腐蚀产物。断口清洗后，在应力腐蚀的 1 断裂区，为纯粹的沿晶走向，未发现其他断裂机制的特征，说明螺栓断裂经历了单一的断裂机制，而无其他应力的交互作用。

材料的金相组织为奥氏体，少量的夹杂物相沿轴向分布。奥氏体晶粒度为 4 级，夹杂物为脆性的氮化物，级别为 8 级。裂纹曲折，均沿基体的奥氏体晶粒边界分布，且有分支。裂纹内充斥氧化腐蚀产物，是典型的应力腐蚀开裂的金相特征。材料的金相组织基本正常，少量脆硬的有害相的存在不足以影响材料的验收性能，但可能影响材料的使用性能。

用能谱仪对断裂的螺栓断面进行腐蚀产物的采样分析，发现有对 R-26 螺栓材料的应力腐蚀产生作用的 S^{2-}、P^{6+}、Cl^- 和 Na^+ 存在。螺栓的断裂机制为应力腐蚀开裂。

五、其他因素

螺栓（一般洛氏硬度为 HRC40 以上）易出现氢脆的情况。氢脆是氢原子进入并扩散到整个材料基体时的现象，是引起螺栓断裂的原因之一。氢原子进入材料基体时，材料基体产生晶格畸变，破坏了原来的平衡状态，因此受到外力很容易开裂。当外负荷施加到螺栓时，氢原子迁移到应力高度集中，造成晶体界边缘之间极大的应力，导致螺栓晶体颗粒间破裂。

当螺栓在安装前就含有临界状态的氢时，通常会在 24h 以内产生断裂。氢进入螺栓后不可能预测到什么时间会产生断裂，所以设计使用相关螺栓时，应规定选用有专门的工艺处理和使用潜在氢脆最小化的制造厂家。

螺栓热紧时，内孔加热不均匀造成局部温度过高，形成裂纹导致螺栓断裂，断口呈粗晶型脆性断口，有放射状条纹。另外，若螺栓初紧力过大，则可能造成韧性断裂，断口呈纤维状。

连接断裂不是始终直接与灾难性的高温螺栓断裂有关。比如预紧力的丧失或高温螺栓连接疲劳可造成磨损；在使用中，高温螺栓中心偏移会产生振动，降低螺纹的摩擦阻力；高温螺栓连接在安装后因工作应力施加而松弛。这些因素和螺栓的高温蠕变可导致预紧力丧失。有时连接的断裂可归结于通过的孔太大或太小、承载面积太小、材料太软、负荷太高。这些情况中的任何一个都不会直接造成螺栓的断裂，但会导致连接整体性的丧失或最终的螺栓断裂。

第五节　螺　栓　监　督

前面章节分析了螺栓的结构因素、运行工况、受力形式和失效原因，应该说，螺栓失效的原因是比较复杂的。据有关资料显示，螺栓的故障事故占整个汽轮机故障的 30％左右，因此，金属监督成为了避免螺栓事故的主要手段。

一、螺栓钢材的检验项目及相关标准

螺栓从坯料到产品经过一系列的检验和试验，按照 GB/T 20410—2006《涡轮机高温螺栓用钢》和 DL/T 439—2006 的要求，对钢材的检验项目、取样数量、试验方法和取样部位都作了规定，具体要求如表 4-5 所示。

表 4-5　　　　　　　　　　　　螺栓使用前的材质检验

检 验 项 目	检 验 方 法	检 验 数 量
成品硬度测量	GB/T 231	螺纹直径≥M32 的为 100％
成品光谱检验		逐根
超声波探伤		螺纹直径≥M32 的为 100％
微观组织检验	GB/T 1979，YB/T 5148	螺纹直径＞M32 的，酌情抽检
尺寸公差与表面质量		逐根

理论上讲，螺栓的材料质量是经过严格检验的，但是取样是以抽检的形式进行的，难免会有意外情况出现。螺栓的硬度值控制范围见表 4-6。

表 4-6　　　　　　　　　　火电厂常用螺栓硬度值控制范围

材 料 牌 号	硬度（HB）	材 料 牌 号	硬度（HB）
35	146～196	25Cr2Mo1V	248～293
45	197～285	20Cr1Mo1V1	248～293
20CrMo	197～241	20Cr1Mo1VNbTiB	252～302
35CrMo（＞50mm）	241～285	20Cr1Mo1VTiB	255～293
35CrMo（≤50mm）	255～311	C-422（2Cr12NiMo1W1V）	277～331
42CrMo（＞65mm）	248～311	R-26（Ni-Cr-Co 合金）	262～331
42CrMo（≤65mm）	255～321	GH4145	262～331
25Cr2MoV	248～293		

螺母材料应比螺栓材料低一级，硬度值低 HB20～HB50。

为加强对高温螺栓材料的监督和正确使用，需要加强对螺栓的全过程金属监督。提供螺栓材料的钢厂应提高冶炼质量，控制好材料的晶粒度和杂质元素，保证材料性能的稳定。提高制造螺栓材料的质量是保证螺栓安全服役的根本措施。螺栓的制造厂在制造螺栓前，应检查螺栓材料是否合乎要求。光谱复核螺栓材料时，应在螺栓端面进行；由于许多螺栓材料为奥氏体组织，晶粒粗大，对其进行超声波检测时，声能损失大，检出缺陷的灵敏度低，因此，应采取措施提高检测灵敏度；另外，由于多数裂纹萌生在螺栓光杆上，因此，除端面应进行纵波直探头检验外，光杆部位还应进行横波斜探头检验。机组启、停时，应严格控制其升降负荷的速率，应避免温度急剧变化，应监视高、中压内缸上、下缸体的温度差，以减轻螺栓的热疲劳损伤。

二、螺栓的监督

新螺栓总会存在一定冶金质量缺陷，关键是缺陷是否处于标准允许的范围内。过多的非金属夹杂物、发纹、偏析、疏松等宏观缺陷，存在脆性相的析出，以及过多的低熔点元素（如铅等）聚集在晶界上，都有可能导致螺栓断裂。例如：碳钢螺栓运行 10 年后，在检修时锤击即可断裂。经过检验发现，在螺栓内存在大量的氮化物，部分氮化物在晶内聚集，部分贯穿晶界，使螺栓的脆性显著增大。

同样，热处理加热温度过高、奥氏体化温度过高或回火温度过低，都会导致持久塑性降低和缺口敏感性增加，使螺栓在高温下长期运行过程中发生脆化程度加大，容易导致螺栓早期失效。然而，奥氏体化温度过低或回火温度过高，由于固溶体合金化不充分，碳化物过于粗大，虽然可获得较好的塑性，但螺栓的高温性能（蠕变极限、持久强度、抗松弛性能等）会变差，对螺栓长期稳定运行是不利的。

螺栓的结构形式、加工质量对螺栓的早期失效影响较大。以直杆螺栓为例，螺纹与螺栓光杆部分的过渡处无过渡圆角，或圆角半径过小，会造成过渡部分产生应力集中，使螺栓过早地发生脆性破坏。螺栓与螺纹的结构形式和加工质量对预防螺栓早期失效的作用是显而易见的。许多进口机组的螺栓与螺纹的结构形式合理、加工质量优良，虽然螺栓与螺纹材质选择一致，但是也不产生常见的咬死现象。

机组大修中，高温螺栓经长期运行后需进行理化检验，以便及时发现缺陷，掌握材料的组织性能变化规律。检验的范围和数量应根据制造厂提供的技术规范进行，或符合螺栓相应技术导则的规定要求。应根据机组设备的特点，制订相应的检验规格。应对大于或等于 M32 的高温螺栓进行拆卸，进行无损检测、硬度检测和金相组织检查等，并作好记录，以备对比和分析之用。

对高温螺栓实行定点采购，金属监督人员应了解其生产过程和质量保证体系，并与制造厂专业人员进行沟通，确保螺栓的生产和检验按规定要求进行，从而提高新螺栓的入厂合格率。

新螺栓入库前必须进行检验，不经检验不能入库。如果只是在检修更换螺栓时进行检验，一旦螺栓合格率偏低而使备件不够，就会影响机组检修工期或造成其他经济损失。重点检查如下内容：

（1）蒸汽温度 510℃以上而具有热脆倾向的 25Cr2MoV 和 25Cr2Mo1V 钢螺栓。

（2）对 20Cr1Mo1VNbTiB 钢螺栓应逐根进行晶粒级别评定检验。20Cr1Mo1VNbTiB 钢允许使用的晶粒级别见表 4-7。

表 4-7   **20Cr1Mo1VNbTiB 钢允许使用的晶粒级别**

使 用 条 件	螺栓结构	允许使用级别
原设计螺栓材料为 20Cr1Mo1VNbTiB	柔性螺栓	5
引进大机组采用 20Cr1Mo1VNbTib	柔性螺栓	5
原设计为 540℃温度等级的螺栓，如采用该钢种	柔性螺栓	3、4、5、6、7
	刚性螺栓	4、5

（3）已断裂的螺栓组中尚未断裂的螺栓。

（4）对拆装频繁的螺栓，应缩短检验周期。

（5）高压汽缸高温段螺栓、调速汽门和主汽门螺栓。

（6）运行前检验发现有硬度高于或低于要求值、具有黑色网状奥氏体晶界的螺栓。

（7）对大于或等于 M32 的高温螺栓应拆卸进行 100% 无损探伤（超声波探伤、磁粉探伤、渗透探伤、内窥镜观察中心孔）。

（8）累积运行时间达 $5 \times 10^4 h$，对 M32 及以上的高温螺栓，应根据螺栓的规格和材料，至少抽查 1/3 数量螺栓的硬度；硬度检查的部位在螺栓光杆处。

（9）累积运行时间达 $5 \times 10^4 h$，对 M32 及以上的高温螺栓，应根据螺栓的规格和材料，抽查 1/10 数量的金相组织；金相检查的部位在螺栓光杆处。

（10）每次大修时应进行蠕变监督螺栓的长度测量，然后算出蠕变变形量。

（11）对 CrMoV 钢、多元强化 CrMoV 钢和强化的 12% 铬型钢制螺栓的蠕变变形量达 0.7% 时，未进行蠕变变形测量，螺栓累积运行时间达到 $8 \times 10^4 \sim 10^5 h$，应进行解剖试验。

（12）在任何情况下，断裂的螺栓均应进行解剖试验和失效分析。

（13）对于调峰机组使用的高温螺栓应增加检验比例。

三、螺栓的更换与报废

对运行后检验结果符合下列条件之一的螺栓应进行更换。更换下的螺栓可进行恢复热处理，检验合格后可继续使用。

（1）硬度超标。

（2）金相组织有明显的黑色网状奥氏体晶界。

（3）25Cr2Mo1V 和 25Cr2MoV 的 U 形缺口冲击功：

1）调速汽门螺栓和采用扭矩法装卸的螺栓，$A_k \leqslant 47J$。

2）采用加热伸长装卸或油压拉伸器装卸的螺栓，$A_k \leqslant 24J$。

（4）如已完成运行螺栓的安全性评定工作，则可根据评定报告放宽对本条款的要求。

符合下列条件之一的螺栓应报废：

（1）螺栓的蠕变变形量达到 1%。

（2）已发现裂纹的螺栓。

（3）经二次恢复热处理后发生热脆性，达到更换螺栓的规定。

（4）外形严重损伤，不能修理复原。

（5）螺栓中心孔局部烧伤熔化。

第五章　汽缸失效及其监督

汽缸是汽轮机的主要组成部分，它将汽轮机的通流部分和大气隔离开来，形成了蒸汽完成热能转换成机械能的封闭气室。汽缸所要承受的载荷比较复杂，除了要承受缸体内外的蒸汽压力，还要承受汽缸、转子、隔板（套）等部件的重力和转子振动引起的交变动载荷，以及蒸汽流动产生的轴向推力和反推力。为了保证汽缸在较大应力作用下运行的安全性，需要了解汽缸的结构、强度、材料和运行工况，分析其失效形式和失效部位，作好技术监督，以提高机组的安全可靠性。

第一节　汽　缸　结　构

汽缸的主要部件包括汽缸体、法兰、螺栓、进气部分和滑销系统等。汽缸内装有喷嘴室、静叶、隔板套、汽封等部件。在汽缸外连接有进汽、排汽、回热抽汽管道及支撑座架等。为了便于制造、安装和检修，汽缸一般沿水平中分面分为上下两个半缸。上下缸之间用法兰螺栓装配紧固。

根据在汽轮机内部进气温度的不同，汽缸一般分为高压缸、中压缸和低压缸，许多汽轮机因为设计的需要，将高中压汽缸合为一体组成高中压缸。由于汽轮机设备大都是在高温、高压、高速等恶劣条件下工作，设备与设备之间的联系紧密，系统的复杂性高，因此，汽轮机设备具有高故障率且故障危害性大的特点。随着汽轮机组向着高参数、大容量、高自动化方向发展，机组发生故障的可能性和故障的危害程度将进一步增加，从而对汽轮机设备技术监督提出了更高的要求。

一、高压缸结构

高压缸结构见图 5-1。

大型汽轮机的高压缸多为双层汽缸结构，由圆筒形的外缸和内缸两部分组成。内外缸一般都有自己的水平中分面，上、下汽缸通过水平法兰用螺栓紧

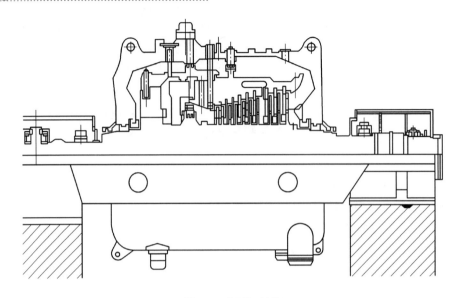

图 5-1　高压缸结构

固，内缸通过猫爪和滑销同外缸连接并支持在外缸上，以保证在任何工况下内缸和外缸始终保持同心。采用这种形状简单对称、质量分布均匀的双层缸结构，不仅可以减少单个铸件重量，而且加工制造较方便，还可以使汽缸缸壁和法兰减薄，使汽缸具有足够的高温强度和较小的热应力，并且使机组启动时的工作条件和汽缸结合面的严密性都得到改善。在内缸和外缸两层汽缸壁中间通入中等压力的蒸汽，对内缸进行冷却。因为内缸的外部有中等压力的蒸汽，所以内缸的内、外的压力差显著减小。汽缸的热应力是与内、外壁温差成正比的，而温差又与汽缸厚度的平方成正比。因此，采用双层汽缸后，随着汽缸壁的减薄，可有效减小汽缸壁上的热应力。双层缸的缺点是结构比较复杂，要合理解决双层缸的支撑和相对膨胀、进气管的膨胀和密封等问题。汽轮机的双缸结构如图 5-2 所示。

二、高压缸的主蒸汽进汽系统

高压缸一般有 4 个进汽喷嘴室，沿内缸的圆周布置，上下缸各 2 个。主蒸汽经自动主汽门和调速汽门控制分别进入 4 个进汽喷嘴室。

高压缸采用双层汽缸时，进汽就

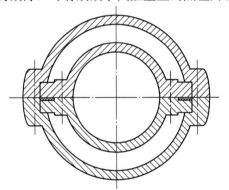

图 5-2　汽轮机的双缸结构

需要这样一种特殊结构：它能保证进汽管在穿过内、外缸时良好的密封；因为内、外缸存在温差，在进汽管处应该使内、外缸有相对膨胀的可能；由于外缸的金属材料耐热性不如内缸，因此，进汽管在穿过外缸处应有一定的冷却装置。采用双层结构后，进入喷嘴室的蒸汽要经过外缸和内缸才能达到汽室。内外缸在机组运行中有相对膨胀，因此，进汽管不能同时固定在内缸和外缸上，而必须一端作刚性连接，而另一端作活动连接。进汽管内套管与内缸喷嘴室进汽口为活动连接，采用活塞环密封套在喷嘴进汽口上，两者之间因为有活塞环式汽封，允许作相对膨胀，又能将高压蒸汽密封，避免其大量泄漏。外套管则通过法兰螺栓与外缸紧固。在内、外套管之间还装有带螺旋圈的遮热筒，以冷却进汽管及外缸。螺旋圈下端与内、外缸夹层的冷却蒸汽相同，而在螺旋圈上端则有夹层冷却蒸汽的排汽管。

汽缸的高、中压段或高、中压汽缸在运行中除承受高温外，还要承受其内部蒸汽的压力；低压缸在运行中内部蒸汽压力低于大气压力，所以承受大气压力的作用。因此，汽缸必须具有一定的厚度，以满足强度和刚度的要求。水平法兰的厚度更大，以保证结合面的严密性。汽缸的形状要尽可能简单、均匀和对称，以便能均匀地膨胀和收缩，减少热应力和应力集中。

三、汽缸内的部件

汽缸内壁设计许多环形槽用来固定隔板（或隔板套）和轴封体，下汽缸底部有若干疏水孔和回热抽汽口与有关管道相连。在冲动式汽轮机中，调节级的喷嘴叶栅分组装置在各自的喷嘴室出口，称为喷嘴组；其他各级的喷嘴叶栅都装在隔板上。隔板由隔板体、喷嘴叶栅和外缘三部分组成。工作在湿蒸汽中的级，在隔板上有去湿装置，以便去掉部分水滴，减轻冲蚀，减小湿汽损失。最常用的去湿装置是去湿槽。

第二节 汽缸运行工况和受力分析

汽缸在高温高压和一定的温差、压差作用下长期工作，工作条件相当复杂，承受的载荷也比较复杂。汽缸的作用是将蒸汽与大气隔绝，形成将汽流热能转换为机械能的封闭空间。在机组运行时，汽缸受到蒸汽的压力，这种压力在汽缸的前部最大，沿轴线向后逐渐降低，因此，在汽缸壁上所承受的力是变化的。同时，汽缸内温度场分布也比较复杂，例如汽缸前后存在温度梯度。在目前大型凝汽式汽轮机的高中压汽缸中，从蒸汽入口到出口的温度差超过

500℃。汽缸壁截面存在的温度差会导致热应力的产生。低压缸则在真空条件下工作，承受外部空气的压力。另外，汽缸形状复杂，尺寸和质量大，造成铸件制造困难。在结构上，缸壁较厚且厚薄不均匀、拐角多，容易造成应力集中现象。

　　汽缸承受的热应力及汽缸的热变形在允许的范围以内，不会造成永久变形和动、静部分的碰磨。但是高压缸由于处于较复杂的热应力作用下，因此，汽缸承受的热应力是造成汽缸损坏、产生变形或裂纹的最危险应力。热应力不但数值较大，而且往往难以预先从理论上作准确计算。由于蒸汽的温度较高，汽缸在运行中会和其他各部件之间存在温差，会产生显著的热膨胀，因此，必须保证汽缸和汽缸内各部件在各个方向都能自由膨胀，同时又始终保持静止部分同转动部分处于同心状态，并保持合理的间隙。为了保证汽缸在较大应力作用下运行的安全性，高压缸在结构、强度、材料和热处理等方面都必须满足一定的要求。

一、热变形

　　超超临界 1000MW 汽轮机高压缸承受的温度达到 600℃，压力达到 25～27MPa，高压外缸长度达到 35m 以上，高压内外缸总质量为 90t 以上。由于缸体温度高、体积庞大、结构复杂，因此在实际运行中，汽缸体会产生很大的热应力和热变形。

　　超（超）临界汽轮机高压缸在高温高压作用下，发生的轴向和径向热变形比亚临界汽轮机大。在设计超临界汽轮机时，要根据汽缸和转子各个位置的热膨胀值来确定轴向和径向动静之间的间隙；既要避免动静之间产生碰磨现象，又要使轴封和隔板汽封有较小的间隙，以提高机组效率，确保机组的安全运行。在温度和压力同时作用下，高压内缸最大热变形为 21.7mm，其中轴向最大热变形为 17.7mm，水平方向最大热变形为 6.5mm，垂直方向最大热变形为 6.9mm。高压外缸最大热变形为 25.5mm，其中轴向最大热变形为 22.6mm，水平方向最大热变形为 12.2mm，垂直方向最大热变形为 9.2mm。由此可知，高压内外缸的热变形主要发生在轴线方向，高压内外缸垂直和水平方向上的热变形相近。

　　热应力对高压内缸的影响较大，对高压外缸的影响较小；相反，机械应力对高压内缸的影响较小，对高压外缸的影响较大。外缸的热变形主要发生在轴线方向，高压内外缸垂直和水平方向上的热变形相近，且热变形的值相对较小。

二、静应力

静应力主要指汽缸工作时，不随时间变化而变化的应力。汽缸在运行中，承受的静应力主要有下列几种形式：

（1）转子高速转动时，转子的离心力对汽缸产生一定的拉应力。

（2）汽缸发生扭转变形时，汽缸各个截面的重心不在一条直线上，所产生的弯曲应力和扭转应力。

（3）蒸汽流动时，对汽缸造成的弯曲应力。

（4）安装时产生的汽缸偏离叶轮辐射方向而产生的弯曲应力。

上述几种形式的静应力传递到叶根，还会使叶根部位产生剪切应力和压缩应力。汽缸越长，转子直径越大，转速越高，造成汽缸的拉应力就越大。

汽缸的强度校核均采用静应力，一般高温汽缸用安全系数除以材料的高温强度作为许用应力，低温汽缸用安全系数除以材料的屈服强度作为许用应力。就汽缸的断裂失效而言，在满足设计要求和正常工况的条件下，单凭静应力是不能造成汽缸的断裂的。大量的实际汽缸断裂失效的断口中表明，一般汽缸的断口最终撕裂区均小于汽缸截面的1/3。另外，2/3的断口均表现为疲劳特征，这是由于运行中的激振应力的作用造成的。

第三节　汽　缸　材　料

一、材料性能指标

汽缸在机组运行时主要承受蒸汽的内压力（汽缸末级承受外压力）、转子重量引起的静应力、温差产生的热应力及变化的热应力引起的热疲劳现象。根据汽缸的工作条件和工作环境，汽缸材料应具有以下一些基本性能：

（1）良好的浇铸性能，即好的流动性及小的收缩比。汽缸部件为铸钢件，形状复杂，尺寸较大，为了预防铸件产生危害性缺陷，要求材料具有良好的浇注性能。因此，铸钢中的碳、硅、锰的含量应比锻、轧件高一些。

（2）较高的持久强度、塑性、一定的冲击韧性和良好的组织稳定性。汽缸多在高温和复杂应力下长期工作，需要承受较大的温度应力，因此，提高材料的持久强度和塑性可避免因为强度指标不足造成汽缸部件壁厚过厚、结构不合理、制造工艺难度大等问题。汽缸在运行过程中可能会受到水击，在制造、运输和安装时还需承受动载荷，因此，汽缸材料需要具有较高的冲击韧性。

（3）良好的抗氧化性能、耐磨性能和抗疲劳性能。汽缸会受到高温蒸汽冲蚀与磨损，因此，汽缸材料应具有一定的抗氧化性能和耐磨性能。同时，汽缸需要承受疲劳载荷作用，因此，汽缸材料应具有良好的抗疲劳性能。

（4）良好的焊接性能。汽缸与各种管道基本上是采用焊接方式连接，所以良好的焊接性能是保证设备安全的基本指标之一。

电站材料是发展超临界火电机组的关键之一。材料的性能是设计的依据，是安全运行的保证。因此，应为不同参数的超临界机组选择合适的材料，以达到确保安全并兼顾造价的目的。

在超（超）临界机组中，主汽门、喷嘴室、高中压内外缸等是温度最高、受力较大的构件，如用常规材料，在设计上就要比以往的机组增大壁厚，这样在启停时会产生大的内外温差，造成过大的热应力。随着频繁的启停，材料的抗热疲劳能力会不断降低。因此，对于超（超）临界汽轮机，为把壁厚控制在以往部件的同样水平上，除考虑材料的制造性、热处理性及焊接性外，还必须考虑材料的持久强度。

二、常用材料

选材时，由于汽缸部件所处的温度和应力水平不同，因此，汽缸材料主要依据铸钢件的工作温度和钢材的最高允许使用温度进行选用。

（1）ZG230-450 钢。为碳素铸钢。有一定的中温（400～450℃）强度和较好的塑性、韧性，且铸造性能良好。焊接性能良好，焊前不需要预热，若缺陷较大，焊后需进行去应力退火。主要用于工作温度不大于 425℃ 的汽缸、阀门和隔板等。苏联钢号为 25ЛI。

（2）ZG20CrMo 钢。为合金铸钢。在 500℃ 以下可以保持稳定的热强性、良好的组织稳定性和良好的铸造性。但其常温冲击性能不稳定，波动较大。焊接性能一般，预热温度为 200～300℃，焊后缓冷并进行去应力退火。脆性转变温度（FATT）为-20～50℃。用于工作温度不大于 510℃ 的铸件，如汽轮机汽缸、隔板、蒸汽室等。苏联钢号为 20ХМЛI。

（3）ZG20CrMoV 钢。为合金铸钢。热强性能较好，组织稳定性好，可在540℃ 以下长期工作，工作温度大于 600℃ 时，热强性能显著下降；在 525～600℃ 长期保温后，对 20℃ 的冲击值影响不大。铸造性能较差，铸造时容易热裂和产生皮下气孔。对热处理冷却速度比较敏感，容易在铸件内造成力学性能不均匀。焊接性能尚可，需预热 250～350℃ 及层间保温，焊后缓冷并尽快去应力退火。主要用于 510～540℃ 的汽缸、蒸汽室、管道附件和阀壳。该钢种的热处理规范为两次正火（940～960℃ 空冷＋920～940℃ 空冷）和回火

（690～710℃），正火时要有足够时间的保温，按 2～3min/mm 保温，回火保温时间不低于 5～8h。苏联钢号为 20XMФЛ。

（4）ZG15Cr1Mo1V 钢。属综合性能良好的热强铸钢。铸造工艺性能比 ZG20CrMoV 钢稍差，容易产生裂纹。对热处理冷却速度相当敏感，容易在铸件中造成不均匀的组织和性能。焊接性能较好，需预热到 300～350℃ 及层间保温，焊后缓冷并尽快去应力退火，主要用于工作温度小于 570℃ 的高中压汽缸、喷嘴室和主汽门等。该钢种的热处理规范为：1050℃ 均匀化、空冷，980～1020℃ 正火、空冷和回火（720℃），炉冷至 300℃ 后空冷。苏联钢号为 15X1M1ФЛ。

汽缸部件常用铸钢的牌号、化学成分和用途见表 5-1，汽缸部件常用铸钢热处理后的力学性能见表 5-2。

表 5-1　　　　汽缸部件常用铸钢的牌号、化学成分和用途　　　　　%

材料牌号 ＼ 化学成分	C	Si	Mn	Cr	Mo	V	S	P	主要应用范围
ZG230-450	≤0.30	≤0.50	≤0.80	≤0.35	≤0.20	≤0.05	≤0.04	≤0.04	用于 450℃ 以下的汽缸、隔板和阀门
ZG20CrMo	0.15～0.25	0.20～0.45	0.50～0.80	0.50～0.80	0.40～0.60		≤0.04	≤0.04	用于 510℃ 以下的汽缸、隔板和阀门
ZG20CrMoV	0.18～0.25	0.17～0.37	0.40～0.70	0.90～1.20	0.50～0.70	0.20～0.30	≤0.03	≤0.03	用于 540℃ 以下的汽缸、隔板和阀门
ZG15Cr1Mo1V	0.14～0.20	0.17～0.37	0.40～0.70	1.20～1.70	1.00～1.20	0.20～0.40	≤0.03	≤0.03	用于 570℃ 以下的汽缸、隔板和阀门

表 5-2　　　　　　汽缸部件常用铸钢热处理后的力学性能

材料牌号 ＼ 热处理后的力学性能	R_m(MPa)	R_{el}(MPa)	A(%)	Z(%)	A_k(J/cm²)
ZG230-450	≥450	≥230	≥22	≥32	≥44
ZG20CrMo	≥461	≥245	≥18	≥30	≥29
ZG20CrMoV	≥490	≥314	≥14	≥30	≥29
ZG15Cr1Mo1V	≥490	≥343	≥14	≥30	≥29

当蒸汽参数为 24MPa/538℃/566℃ 时，各国对汽缸、主汽门等的选材也

不完全一样。瑞士 BBC 公司选 12％ Cr 铸钢制作中压内缸，而日本选 10CrMoV 铸钢制作汽缸、主汽门等。CrMoV 铸钢是一个老钢种，在我国有丰富的使用经验，而 12Cr 铸钢是一个新钢种，我国还没有开发研制，使用它还需较长的时间。据国外文献报导，当工作温度为 566℃ 时，超纯 CrMoV 钢因其优良的持久性能和比较经济的特点，已被广泛用于汽轮机转子锻件。超纯 CrMoV 钢的拉伸强度从 785MPa 增至 854MPa 时，在保持韧塑性的同时，其持久强度已超过马氏体 12CrMoVNbN 钢，但超纯 CrMoV 铸钢的研制还未见报导。日本对 12Cr 铸钢研制经验丰富，根据日本的资料，在 566℃ 以前，12Cr 钢表现不出特别的优越性；但当温度超过 566℃ 时（尤其是在 600℃ 附近），12Cr 钢的持久强度明显提高，远远超过 CrMoV 钢。我国目前把主要精力集中在已有钢种的完善上，当蒸汽参数为 24MPa/538℃/566℃ 时，汽缸、主汽门材料选用超纯 CrMoV 铸钢有相当的基础。当温度为 593℃ 或更高时，汽缸、主汽门用材可选用 12Cr 铸钢。

三、CrMoV 铸钢的改善

一般来说，只把亚临界参数（如 16.7MPa/538℃/538℃）提高到超临界参数（24MPa/538℃/566℃）时，如果设计上能把许用应力降低，汽轮机所用高温材料不需作很大的变动，仍可使用廉价而成熟的钢种。

ZG15Cr1Mo1V 是热强性最高的低合金铸钢，是优秀的高温用钢，在我国有成熟的使用经验。ZG15Cr1Mo1V 的最高工作温度为 570℃，566℃、10^5h 的持久强度为 88～127MPa。2G15Cr1Mo1V 的热加工工艺性能较差，易产生铸造裂纹和缺陷等，因而在大型铸钢件上的使用受到限制。超临界机组的工况要比亚临界机组苛刻得多，因而对构件的内部质量要求会更高。基于此，可借鉴国内外经验，通过提高钢的纯净度，增减某些元素含量来提高材料性能和工艺性能，以满足较低参数的超临界机组汽缸、主汽门等构件对材料的要求。

与 CrMo 铸钢相比，CrMoV 铸钢的塑韧性较低，原因是含钒较高，易形成强烈的枝晶偏析。这个问题可通过降低 P、S 含量得到改善（减少因 P、S 偏析带来的合金元素偏析）。同时，还可考虑加入稀土元素来增加铸钢的流动性、抗热裂性和降低缩松程度。

日本日立制作所曾作过在 CrMoV 钢中添加 B 来提高钢的持久强度的试验。但试验结果表明，B 虽然增加淬透性，提高高温性能，但却严重影响焊接性能；而且小炉炼钢可以得到很好的持久强度，但大塑铸钢件却很难达到好的持久强度。

日本还提出了一种低硅 CrMoV 钢，试验研究指出，硅含量降低，铸件内部质量得到改善；减少了倒 V 型偏析和显微疏松，改善了 CrMoV 钢的冷裂敏感性、脆性敏感性。低硅 CrMoV 钢不仅高温持久强度比高硅的高，在各种温度下都有较好的塑性；而且低硅铸件晶粒较细，组织稳定。因而低硅 CrMoV 钢具有较高的韧性、塑性、蠕变强度及较好的可焊性。

CrMoV 铸钢具有较高的高温强度和持久塑性是因为存在细小而分散的碳化物，因而其性能的优劣程度取决于热处理状态（如正火过程奥氏体化温度以及后阶段的冷却速度）。高的奥氏体化温度会提高蠕变强度，但持久塑性在持续时间内会被降低。因此，选择最适合的材料，除优选化学成分和冶炼工艺以外，还要优选热处理工艺。

由于 CrMo（V）耐热钢难以满足 570℃ 以上的高温蠕变强度要求，而奥氏体系不锈钢又存在诸多困难，因此介于两者之间的 12%Cr 马氏体钢自然就成为开发新材料的候选钢种。开发蠕变断裂强度优良的改进型马氏体新型耐热钢种，在更高蒸汽参数的超临界机组上使用，已成为世界上汽轮机制造业的共识。对于汽轮机铸钢材料，基本上可以分为三挡：蒸汽参数达 570℃ 时，选用1-2.25CrMo（V）和 12%Cr 铸钢；蒸汽参数为 593～610℃ 时，选用改良型12%Cr 铸钢；蒸汽参数为 630～650℃ 时，选用新型 12%Cr 钢或正在开发的耐热钢。值得一提的是，欧洲在开发材料的同时，也进行了铸钢件的焊接试验研究，对各类型 12%Cr 钢都对应研究出焊接材料和工艺，为材料的应用提供了方便。某 1000MW 汽轮机汽缸部件材料使用情况见表 5-3。

表 5-3　　　　　　　某 1000MW 汽轮机汽缸部件材料表

部件名称	材　料	部件名称	材　料
高压外缸	进汽缸：GX12CrMoWVNbN10-1-1 排汽缸：G17CrMoV5-10	主调速汽门阀体补汽阀阀体	GX12CrMoVNbN10-1-1 GX12CrMoVNbN10-1-1
高压内缸	GX12CrMoVNbN9-1	中压内缸	GX12CrMoVNbN9-1

四、汽缸材料的组织

上述介绍的材料大都属于珠光体钢，热处理制度是正火加回火，可以得到铁素体加珠光体（或粒状贝氏体）组织。ZG20CrMo、ZG20CrMoV 和 ZG15Cr1Mo1V 铸钢件应按 GB/T 13928—2002《微型往复活塞空气压缩机》的规定进行显微组织检验。

第四节 汽 缸 失 效

汽缸的金属事故主要是变形和开裂。

一、汽缸变形

汽缸变形的表现形式为汽缸水平结合面因变形而漏汽，以及汽缸圆周发生变形而导致汽轮机中心发生变化。汽缸发生变形会影响汽轮机的安全经济运行，因此，在检修时不得不进行水平结合面的修刮和局部补焊，以及汽轮机中心的调整。

造成汽缸变形的因素很多，主要有以下几种：

（1）铸造残余应力。汽缸会在运行一段时间后因制造缺陷产生变形。铸造后的部件因厚度不同、浇口位置等影响，在凝结冷却过程中的冷却速度不同，因而留有残余应力。若残余应力未能很好消除，则在运行中随着温度的变化，内应力会消失，造成汽缸变形。为了消除铸造残余应力，需要进行消除应力退火。

（2）蠕变。高中压汽缸的工作温度一般会达到金属蠕变温度范围，因此，在运行过程中存在蠕变现象。由于汽缸形状复杂，各部分的温度、应力状况均不同，因此各部分蠕变速度相差较大，导致汽缸变形。

（3）汽轮机基础不良。汽轮机基础不良造成各部分受力的大小不同而产生变形。

（4）变动工况运行。当启动和停机过程中温度变化率过大时，汽缸内外壁和法兰内外壁温差过大，不仅产生热翘曲，而且产生较大的热应力。当热应力超过材料的屈服极限时，汽缸和法兰产生塑性变形，温差消失后，法兰接合面会出现张口，并可能造成漏汽。这种变形有一定规律，可按变形现象形成的机理来进行分析。

例如：某厂2号机是300MW汽轮机，运行1年后进行检修时发现，高压内缸法兰接合面部分呈内张口变形，同时高压内缸与中压内缸之间的汽封部分磨损。停机时，为缩短汽缸冷却至开缸温度时间，按汽轮机制造厂快速冷却的要求，在实施滑参数停机后，进行汽轮机强迫冷却试验工作。

该高压内缸变形原因如下：

（1）汽缸壁内外温差引起的热变形。2号汽轮机高压段为双层缸，在内外缸之间夹层中流过的是高压段的排汽返流至中压段，内缸外壁没有隔热屏屏蔽，内缸外壁受到低温汽冷却，故内缸内外壁间的温差较大。

当汽缸内壁温度高于外壁温度时，内壁热膨胀量比外壁大，内壁热膨胀受外壁的约束，使内壁受压应力，而外壁受拉应力。当汽轮机启动及加负荷过快，内壁温升率很大时，会引起内外壁温差很大，因而内壁所受压应力也很大。若内壁所受应力超过材料的屈服极限，则内壁将产生塑性变形。在汽缸内外壁温差趋于零后，例如停机完全冷却后，这种内壁因受压而产生的永久变形已使内壁圆周变短，而外壁基本不变，故汽缸法兰接合面处主要呈现内张口变形。汽轮机的降温过程过快，同样会造成汽缸外张口变形。

（2）汽缸法兰内外壁温差引起的热变形。2号汽轮机汽缸法兰厚度是缸壁的3～4倍，故法兰温度低，法兰内外壁沿轴向均存在较大温差，在水平面内产生热变形。当法兰内壁温度高于外壁温度时，内侧热膨胀量大，外侧热膨胀量小，则沿汽缸轴向方向各横截面产生弯曲变形，两端向外弯曲，中间向内弯曲。因汽缸垂直方向刚度小，在这种变形力的作用下，汽缸两端的水平部分被拉大，呈一横椭圆形（水平轴大于垂直轴），使通流部分上下间隙变小，水平间隙变大，法兰接合面呈外张口；汽缸中间部分成为一个竖椭圆形（垂直轴大于水平轴），法兰呈内张口。

汽轮机启动和加负荷过程是对汽轮机内缸进行升温的过程，此时内缸内壁温度比外壁温度高，形成温差；而汽轮机停机和强迫冷却过程是对内缸进行降温的过程，在内缸内外壁形成相反温差。两种工况造成内缸变形的机理完全相反。内缸产生内张口塑性变形，按机理分析是由启动和增加负荷时升温速率过快引起的。

二、汽缸开裂

汽缸开裂通常发生在汽缸的进汽区。在厚的法兰、凸肩与缸壁的连接处最容易发生裂纹，在温度波动较大的各调节汽门汽道之间也容易萌生裂纹。汽缸其他部位有时也产生裂纹，往往和铸造缺陷有关。引起汽缸开裂的原因比较复杂，主要是热应力。

1. 蠕变疲劳交互作用

蠕变疲劳交互作用是汽缸开裂的主要原因。汽缸的进汽区域温度分布不均匀，并且波动迅速，引起快而不均匀的热应力循环，因此，严重的裂纹往往发生在汽缸第一级叶轮或更前面的部位，围绕在第一级调节汽门附近。

启动和停机过程中，同样产生热应力，热应力与介质内压形成的拉应力叠加，形成复杂的应力状态。随着汽轮机的启动和停机次数、运行时间的增加，汽缸发生开裂。开裂时间、裂纹扩展速率等取决于热应力大小、循环次数、运行时间和材料性质。

例如：某厂5号机组为125MW机组，汽缸缸体材质为ZG20CrMo。运行218 000h后大修检查发现，汽缸调速汽门处存在5条裂纹，长度分别约为18、10、30、31、15mm。对此类裂纹进行检查、取样、试验发现，缸体因结构复杂庞大，铸造时存在较大的残余应力，而且铸钢件在制造过程中难免会产生气孔、沙包、疏松、裂纹等缺陷。制造厂家对产品的外部缺陷会进行处理，而对埋藏在产品内部的缺陷却没有进行处理。随着机组服役时间的延续，材料本身老化，性能下降，汽缸的刚度、厚度较大，温差大，加上反复的停机启动，原来埋藏在产品内部的缺陷在较大热应力作用下，产生蠕变疲劳裂纹萌生并逐渐扩展。

2. 材料的蠕变脆性

有的汽缸开裂，材料脆性倾向是一个重要原因。例如 ZG20CrMoV 钢和 ZG15Cr1Mo1V 钢在 570℃长期运行后表现出较大的蠕变脆性。有试验研究表明，ZG15Cr1Mo1V 钢在 565℃运行 8000h 后，持久塑性 A 不大于1%。随着持久塑性的降低，铸件的应力集中敏感性增加，促进了汽缸裂纹的萌生和扩展。因此，降低汽缸材料的蠕变脆性是延长汽缸使用寿命的主要途径。

3. 铸造缺陷及结构设计不良

许多汽缸上的裂纹是由铸造缺陷引起的。汽缸铸件用钢虽然采用电炉熔炼，但往往使用一些废钢等。废钢中生了锈的轻炉料将产生氢，使铸件产生白点和裂纹、非金属夹杂物等缺陷。汽缸铸件中往往存在过多的气孔、夹渣、沙眼和裂纹，造成汽缸在使用过程中开裂。

缸体内部加工粗糙、形状突然变化的部位的过渡圆角半径较小，必然导致严重的应力集中。因此在汽缸几何形状设计、铸造工艺和加工方面进行改进，对防止汽缸开裂意义重大。

例如：某电厂2号机为300MW汽轮机，自1991年12月投产发电以来，经过近6年的运行。1997年8月大修检查发现，汽轮机高压缸上缸产生裂纹。经超声波初步探伤检验，裂纹开口宽1mm，长630mm，深20mm；机械钻孔至20mm深时检验，裂纹开口2mm；继续钻孔检查，裂纹最终深达100mm，长650mm。缸体此处的厚度为120mm，就将其裂透。

2号汽轮机高压缸的材质为ZG20CrMo铸钢，上缸体重达17t，厚度为120mm。如此大的铸件，在铸造过程中难免产生气孔、沙包、裂纹等缺陷，需由制造厂经过检查，挖补焊后才能交付用户使用。本次发现的裂纹就产生在原制造厂挖补过的位置。制造厂在挖补过程中，没有将裂纹挖透，只是对表面进行了挖补，将裂纹的隐患留在了汽缸体内。由于汽缸的工况复杂，加上反复的停机启动机组，因此，原未挖净的裂纹不断扩展、扩大，最终导致裂纹沿熔合线开裂。

4. 热处理工艺

热处理工艺对铸造质量起着决定性的影响，正火温度过高会导致持久强度和持久塑性的降低。研究结果表明，对于成分相同的 ZG15Cr1Mo1V 钢，在950℃及1000℃正火，再加上750℃5h回火后，在565℃进行高温强度试验，10^5h 的持久强度为98.1MPa，而在1050℃正火的钢则仅为78.5MPa。此外，在正火过程中冷却速度不均匀会导致组织不均匀，其性能也将不同。法兰心部粗大的珠光体组织在高温长期工作过程中会促进晶间裂纹的萌生和扩展，导致汽缸开裂。

5. 运行方面的影响

汽缸在工作过程中由于高温高压的长期作用，因此钢的组织发生变化。由于温度波动产生热应力，因此在交变的热应力与高温蠕变的共同作用下，更容易产生裂纹。对于出现裂纹的汽缸，可以采取挖除、焊补等方法来消除裂纹和预防裂纹的继续扩展。打止裂孔也是一种延缓裂纹扩展的手段。

例如：某厂4号机组型号是 N125-135/550/550，形式为超高压、中间再热、双缸、双排汽凝汽式。汽缸的材质为 ZG15Cr1Mo1V。运行超过 10^5h，大修中发现，高压缸进汽室转角过渡处缸体有长360mm、深30～60mm的裂纹，经打磨后，进行堆焊修补。4年后大修中，再次发现该处有长380mm、深40～90mm、上端距结合面120mm的裂纹，产生在焊缝热影响区，比上次大修时发现的裂纹有所扩展。

对该裂纹进行失效分析发现，汽缸裂纹主要是汽缸的结构圆角半径等原因造成的。进汽室圆角过渡处接近直角，因此在机组启停时，该处热应力集中、局部温差大，导致该处缸体组织老化、蠕变脆性增加，进而产生裂纹。

例如：某热电厂5号汽轮机于1970年8月投运。汽轮机为纯凝汽式，额定功率为50MW，主蒸汽压力为9.6MPa，温度为535℃，汽缸材料为 ZG20CrMo 钢。运行 $1.8×10^5$h 后检查发现，汽缸上缸A面新发现小裂纹3处，经打磨消除，并在裂纹端部打了止裂孔。$2.1×10^5$h 后检查发现，原裂纹稍有发展，汽缸裂纹由原止裂孔向法兰方向扩展了15cm。5号汽轮机上缸内

图 5-3　A 处裂纹发展情况

壁原有的裂纹有所发展，其中裂纹最深处达 20.5mm。A 处裂纹沿着原止裂孔断续贯穿，见图 5-3。经金相分析，裂纹均属于蠕变裂纹。

6. 补焊工艺的影响

铸件存在缺陷和裂纹是不可避免的，对缺陷和裂纹进行补焊是制造厂常用的消缺工艺。焊接时材料的硬化和脆化现象，补焊会引起缸体局部的残余应力过高，导致焊后汽缸的开裂。安装前，质量检验经常发现许多裂纹发生在补焊区域。

第五节　汽　缸　监　督

汽缸常用材料有碳素铸钢及铬钼和铬钼钒铸钢。碳素铸钢多用于介质温度小于 450℃、压力为 4～32MPa 的部件；合金铸钢多用于介质温度为 450～570℃的部件。与锻件相比，铸件多用于受力较小的部件。由于铸件内部不可避免地存在铸造缺陷，因此，在强度计算时，许用应力的安全系数要适当放大。

一、汽缸铸钢材料的检验项目

汽轮机铸钢件的技术要求和质量检验应按照 JB/T 10087—2001《汽轮机承压铸钢件技术条件》和 DL/T 715—2000《火力发电厂金属材料选用导则》的要求，对钢材的检验项目、取样数量、试验方法和取样部位都作了规定，具体要求如表 5-4 所示。

表 5-4　　　　　　　　铸钢件的材质检验

项目名称	取样数量	抽检方法及依据	检验项目
			汽缸、蒸汽室、喷嘴室、主汽门、调节阀、阀壳
			JB/T 10087—2001
化学成分分析	逐炉		√
拉伸试验	1 个	GB/T 228—2002	√

续表

项目名称	取样数量	抽检方法及依据	检验项目
			汽缸、蒸汽室、喷嘴室、主汽门、调节阀、阀壳
			JB/T 10087—2001
冲击试验	2个 管道附件铸钢件3个	GB/T 229—2007	✓
磁粉探伤	全部表面	JB/T 9630.1—1999	✓
水压试验		JB/T 9629—1999	✓
射线探伤	连接焊缝	GB/T 3323—2005	✓
外形和尺寸		宏观和量具	✓
金相检验	仅对 ZG20CrMo、ZG20CrMoV、ZG15Cr1Mo1V	GB/T 13298—1991	

注　✓表示铸钢件的材质检验应包含该项目。

理论上讲，汽缸的材料质量是经过严格检验的，但是取样是以抽检的形式进行的，难免会有意外情况出现。尤其在汽缸投入使用以后，工况是很复杂的，仍会出现各种各样的失效现象。

二、汽缸的监督

1. 安装前的检验

大型铸件如汽缸、汽室、主汽门、阀门等部件，安装前的检验必须进行以下资料审查：

（1）制造厂合格证明书，有关技术指标应符合现行国家或行业技术标准；对进口部件，除应符合有关国家的技术标准和合同规定的技术条件外，还应有商检合格证明单。

（2）部件的技术指标包括：材料牌号；部件来源（企业名称）；部件图纸；制作工艺资料：冶炼工艺、铸造工艺、热处理工艺；化学成分；力学性能，如拉伸、硬度、冲击、脆性形貌转变温度 FATT50 或 FATT20；金相组织等。

2. 部件安装前应进行的检查

（1）外观检查和表面探伤。检查铸件表面有无裂纹、气孔等缺陷。通常对缺陷进行打磨处理，依据缺陷的分布情况、打磨处理的深度和面积，会同制造厂等相关单位研究处理。

（2）射线或超声波探伤。对铸钢件的所有关键部位，包括铸件的所有浇口、冒口与铸件的连接处、截面突变处及焊缝端头的预加工处，均应进行射线或超声波探伤。

（3）无损探伤抽查。当制造厂未提供部件探伤报告或对其提供的报告有疑问时，必须进行无损探伤抽查，若有超标缺陷，则加倍复查。铸件无损探伤按JB/T 9630.1—1999《汽轮机铸钢件　磁粉探伤及质量分级方法》和JB/T 9630.2—1999《汽轮机铸钢件　超声波探伤及质量分级方法》执行。

3. 机组运行期间的检验监督

机组每次大修对受监的大型铸件（温度高于 540℃，压力高于 9.8MPa）进行表面检查，如有疑问，则应进行无损探伤。

如大型铸件出现表面裂纹，经打磨壁厚严重减薄时，则可进行挖补处理。挖补处理按 DL/T 753—2001《汽轮机铸钢件补焊技术导则》执行。对挖补部位应进行无损探伤和金相、硬度检查。

三、调峰机组汽缸的金属监督

随着机组建设的增多和电网负荷的巨大变化，目前的机组基本上都承担着调峰的任务。机组调峰势必增加汽缸受力状态的复杂性，使机组运行工况不断发生变化，因此应对调峰机组的重要部件加强监督。检查和掌握受监部件服役过程中金属组织变化、性能变化和缺陷发展情况。发现问题应及时采取防爆、防断、防裂措施。

第六章 受热面管失效及其监督

锅炉受热面管包括省煤器、水冷壁、过热器和再热器，简称"四管"。"四管"泄漏是造成电厂非正常停机的最普遍、最常见的形式，一般占机组非正常停机事故的50％以上，最高可达80％。由于"四管"泄漏严重影响了机组的安全性和经济性，因此备受电厂重视。近年来，随着高参数超临界、超（超）临界机组的引进与建设，受热面的结构发生了很大的变化，受热面管的泄漏问题日趋严峻。然而，仔细研究受热面的结构特点和泄漏原因是可以大幅度地减少泄漏次数的。本章立足于受热面结构特点和泄漏原因，多角度重新审视受热面管的失效，以期减少受热面管的泄漏概率，进一步增加机组的安全性和经济性。

第一节 受 热 面 结 构

一、省煤器

省煤器利用锅炉尾部的低温烟气的余热加热锅炉给水，从而降低锅炉排烟温度，提高锅炉的热效率。给水通过省煤器提高了温度。进入汽包后，给水与汽包壁之间的温差降低了，因而减小了汽包的热应力，防止汽包因热应力问题引起弯曲变形。

由于省煤器工质温度低，环境烟气温度也较低，故无论机组参数如何，金属材料的选材不是问题。但是省煤器区域烟气温度较低，灰粒坚硬，磨损问题很突出，因此，在设计中需要考虑灰粒磨损的保护措施。省煤器管束与四周管墙间要装设烟气偏流的阻流板，管束上还要装设防止磨损的防护板。

省煤器管中流动的是单一相工质——水。

二、水冷壁

1. 不同参数机组水冷壁管的壁厚特点

水冷壁是锅炉主要的蒸发受热面，布置在炉膛四周或中间，吸收炉膛火焰的辐射热，把水冷壁管内的水加热并产生蒸汽，在管内形成饱和蒸汽或汽水混合物。水冷壁主要由水冷壁管和联箱组成。在运行中，失效最为广泛的也是水冷壁管和联箱。

自然循环锅炉水冷壁的水循环回路是靠汽水的密度差建立起来的，有很多循环回路，每一个回路由一个下联箱、一个上联箱和管子连接组成。由于是建立在自然循环基础上的，其循环倍率高，因此自然循环锅炉水冷壁管一般都较粗。

如果机组参数进一步提高，则汽水的密度差越来越小，因此仅靠汽水密度差进行汽水分离会更加困难。当压力大于 19MPa 以后，汽水的密度差已不能使汽水完成循环，这时必须在循环回路中串接一个循环泵，进行强制循环。由于水循环的效果得到了改善，因此可以采用管径较小的水冷壁管，以增加换热效果。

对于如超临界、超超临界机组的直流锅炉，水冷壁管中的工质流动完全是靠给水泵的推力实现的。工质在锅炉内不形成回路，而是在给水泵的作用下一次完成加热、蒸发和过热，也就是进口工质为水，出口工质为过热蒸汽。

因此，锅炉的工作压力和容量越高，就希望水冷壁管的管径越细，以提高水冷壁管内的工质流速，加强换热效果。例如：东方锅炉（集团）股份有限公司（简称东锅）设计制造的某厂 600MW 亚临界机组锅炉螺纹水冷壁管规格为 $\phi66.7\times8mm$；哈尔滨锅炉厂有限责任公司（简称哈锅）设计制造的 1000MW 等级的超超临界机组锅炉螺纹水冷壁管规格为 $\phi28.6\times5.8mm$；华电国际邹县电厂四期工程提供的 $2\times1000MW$ 超超临界机组锅炉螺纹水冷壁管规格为 $\phi38.1\times7.5mm$。可见，超（超）临界机组锅炉水冷壁管的管径要比亚临界机组小得多。

超超临界机组水冷壁管径变小，增大了工质的流动阻力，因此在上下水冷壁之间加装中间混合联箱，将下部水冷壁出口的工质混合后，再送往上部水冷壁，以减少上部水冷壁出口工质温度的偏差。

2. 水冷壁节流圈

为充分保证水冷壁各回路的流量分配，在水冷壁下联箱均布置了节流装置。以往的设计是将节流孔开设在垂直水冷壁进口联箱上每根水冷壁管进口处。为了改善工质的热偏差，哈锅的设计是将节流管圈安装于水冷壁入口管段上，如图 6-1 所示。这种结构具有结构简单、便于调试、检查和更换方便等优点。

节流圈的孔径也是随着机组参数的提高而减小的。例如：某厂 300MW 机组的水冷壁节流圈孔径最大为 $\phi18.64$mm，最小为 $\phi11.13$mm。而 1000MW 机组的节流圈孔径为：上炉膛前墙和侧墙节流孔直径为 $\phi9.5$mm，后墙节流孔直径为 $\phi10.5$mm，水平烟道侧墙节流孔直径为 $\phi8.0$mm。超（超）临界机组的节流圈孔径较小，很容易造成异物的堵塞，这是超（超）临界机组面临的重大问题。目前，在 1000MW 等级机组的设计中，采用在上下炉膛加设中间混合联箱的方式，减少工质和管子壁温的偏差；取消了早期在大直径联箱内装设小直径节流圈的设计，改为在小直径的下联箱外面较粗的水冷壁管段上装设直径较大的节流圈以加大节流度；然后通过三叉管过渡的方式与小直径的水冷壁管相接，用控制

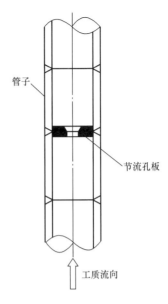

图 6-1　节流圈结构形式

各回路工质流量的方法来调节各回路管子的吸热和温度偏差。

3. 工质流动特性

水冷壁管内流动的工质较为复杂，既有单一相的水，也有两相并存的汽水混合物。汽水在管内的流动方式较为复杂，而压力、流量、负荷、管子的几何形状和流动方向都会影响其流动方式。在水冷壁垂直管段中，由于受热，单一相的水形成单一相的汽，会经过气泡状、汽弹状、环状和雾状的流动形式，如图 6-2 所示。

受热初期，管内是单一相的水。随着逐步受热，靠近管壁的水已经达到饱和而沸腾，但管子中间的水还没有达到饱和状态，而处于水的状态。靠近管壁的水沸腾后形成气泡，进入管子中间与水混合又形成水，并将水加热。这一过程的持续最终使水达到饱和温度，流动特性呈气泡状。压力不高时，小的气泡会形成较大的气泡，在管子中间形成汽柱流动，靠近管壁会形成一层水膜呈环向流动。受热越多，水膜就越薄。当管壁上的水膜被完全"蒸干"后，就会形成雾状流动，这时汽流中虽有一些水滴存在，但对管壁的冷却作用不够，传热效果会明显恶化，管壁的温度会突然升高。此后如进一步受热，汽流中的水滴蒸发，汽流湿度增大，壁温又逐步下降。当蒸汽进入过热蒸汽区域后，汽温逐步上升，管壁温度又会增高。

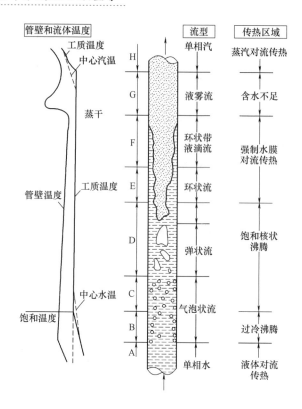

图 6-2　汽水混合物在垂直管段中的流动特性

机组参数的提高会改变汽水流动形式。当压力较大时，较小的气泡不会形成较大的气泡，因而弹状汽流区会减小，甚至不出现，而直接进入环状流动。

4. 传热恶化与内螺旋管

在上述过程中，如果进一步提高热负荷，水膜蒸干点就会提早出现。当热负荷足以造成气泡生成的速度大于气泡离开管壁进入管子中间的速度时，水冷壁管内壁会形成一层汽膜而把水挤向管子中间，造成管壁得不到工质的冷却而传热恶化，此为膜态沸腾，也称第一类传热恶化。在环向流动形式中，如果水膜被撕破或被蒸干，而造成传热恶化，称为第二类传热恶化。这两类传热恶化均会造成管壁温度升高，致使管子损坏。一般认为，在亚临界以上参数的锅炉中，可能会遇见第一类传热恶化问题；在直流锅炉中，会遇见第二类传热恶化问题。

为了解决传热恶化问题，在亚临界参数以上锅炉水冷壁中使用了内螺旋管。内螺旋管是一种内壁加工成螺旋线的无缝钢管，能很好地改善传热恶化的问题。

三、过热器、再热器

1. 过热器、再热器的运行和结构特点

过热器的作用是将蒸发系统产生的饱和蒸汽（一次蒸汽）加热成为具有一定温度和压力的过饱和蒸汽，以增加蒸汽的焓值，提高蒸汽的做功能力。再热器的作用是将汽轮机高压缸做过功的蒸汽（二次蒸汽）排回到锅炉进行再次加热，使之成为具有与过热蒸汽相同温度的再热蒸汽，然后再送入汽轮机中低压缸继续做功。过热器、再热器是锅炉受热面的重要组成部分，其吸热量占工质总吸热量的50%以上。由于过热器、再热器工作在温度最高的区域，因此它们是受热面中工作条件最为恶劣的部件。

比较过热器、再热器，它们具有以下特点：

（1）过热器和再热器的工质温度水平都很高，而再热器比过热器的压力水平要低，故再热器管的管径比过热器管径要大。

（2）与过热器相比，再热器中的工质压力低、密度小，过热蒸汽换热系数小，因而再热器的吸热能力比过热器还要差，即冷却管子的能力差。

（3）由于再热器是将二次蒸汽加热，故在启动过程中，再热器管存在"干烧"现象。

（4）再热器中的工质流速比过热器中的要低，对热偏差较为敏感。

（5）为了降低锅炉成本，同时也因为过热器、再热器的材料使用温度都处于极限温度，故过热器、再热器管子的超温是一个突出的问题。

2. 热偏差

由于过热器、再热器材料都处于最高极限温度，运行中的热偏差会给过热器、再热器带来严重影响，因此解决热偏差问题是过热器、再热器设计和运行中最重要的任务，解决得好会减少管子的超温问题。热偏差是普遍存在的现象，是由于各平行管中工质的吸热量不同，造成各管屏间工质焓值增加量不均匀的一种现象。热偏差主要取决于工质热力特性、管子的结构特性和工质的流动特性。

（1）热力因素。设计、安装、运行和结构上的差异，使各管屏的热负荷存在差异，造成管子的吸热量不同。此外，锅炉炉膛烟气的温度、速度和浓度不均匀也会造成管子的吸热量的不同。

机组参数越高，热力不均匀性造成的影响就越大，因此，在设计上通过将受热面设计为多级，并在多级之间实行交叉、混合，以减小热力不均匀造成的影响。

（2）工质流动因素。管子工质的流量取决于管子的流动阻力系数、进出口的压力差和蒸汽的比体积，因此在设计上要充分考虑这些因素对流动均匀性的影响。然而，实际的运行并非理想状态，影响流量不匀的因素很多，如进出口联箱的压力分布不匀，管子的长度和管径与设计的偏差过大，管子存在异物，管子焊口内部存在焊瘤使通流面积减小，弯管处圆度超标，运行后氧化皮脱落造成的堆积，运行后腐蚀减薄和受热胀粗等。尤其是对于高参数的超（超）临界机组，由于受热面管径变小，因此，上述因素稍有变化，就会引起管子流量不匀的腐蚀，造成管子过热。

（3）结构因素。联箱连接方式的不同会引起进出口联箱端部静压的差异，Z形连接方式的过热器的流量不匀明显比U形连接方式的过热器的流量不匀要大，如图6-3所示。此外，对于由三通导入汽流的联箱，由于在三通入口处存在涡流效应，从而使附近的管子流量减少，造成受热偏差。

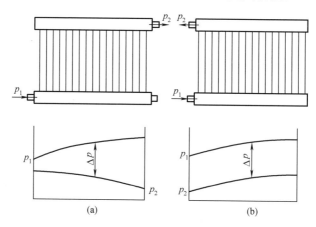

图6-3　Z形连接与U形连接过热器的流量对比

(a) Z形布置；(b) U形布置

3. 过热器、再热器的节流圈

正是由于过热器、再热器对热偏差较为敏感，因此在设计时需要增设节流圈，以减少受热的不均匀性。超（超）临界机组的过热器的管径变细，增设节流圈后孔径变得更小，极易在节流孔处出现异物堵塞，引起爆管，故应对高参数机组的节流装置引起重视。图6-4是600MW超临界机组的后屏过热器的节流孔尺寸与位置。

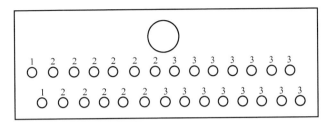

图 6-4　屏式过热器联箱的展开图

1—孔径 $\phi16mm$；2—孔径 $\phi14mm$；3—孔径 $\phi12mm$

第二节　受热面管定位连接件结构特点

由于锅炉工质总吸热量中有一半以上是由过热器和再热器吸收的，因此，过热器、再热器的布置要尽量避免或减少管子之间的热偏差，以减少吸热不均、流量不匀等问题。在设计中，为了防止管子出现较大的变形，保持管排间的设计间距，使管排之间受热情况相对平均和稳定，需要在管排的某些部位设置管夹、垫块、固定板等定位连接装置。但是锅炉在运行中燃烧工况的复杂性和安装、检修等方面诸多不确定因素的影响，会造成管子受热、变形和膨胀的不一致，使管子定位连接装置部位应力水平较高，并存在较大的应力集中。因此，过热器和再热器的定位连接件在运行中会出现管子拉裂的现象。应力拉裂是"四管"泄漏的又一难以解决和控制的原因。

一、定位连接件的基本形式

根据过热器和再热器的结构及管排的位移方向，定位连接件可按炉深方向和炉宽方向对过热器和再热器管排进行定位，分别称为纵向定位装置和横向定位装置。定位的目的是使过热器和再热器管组或管排沿着炉深方向和炉宽方向能排成一排并保持一定的节距。定位连接件的基本形式如下：

1. 滑动纵向定位装置

滑动纵向定位装置由一组凹凸连接块组成，如图 6-5 所示。连接块与管子相焊，既可以把管子固定在一起，又可以当相邻管子膨胀不一致时，保证管子之间有一定的滑动位移。滑动纵向定位装置一般用于最高平均烟温大于 1010℃ 的燃煤锅炉。

2. 弯板型纵向定位装置

如果烟温小于 1010℃，则纵向定位装置可采用弯板型定位装置。弯板型

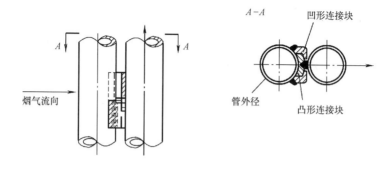

图 6-5 滑动定位装置

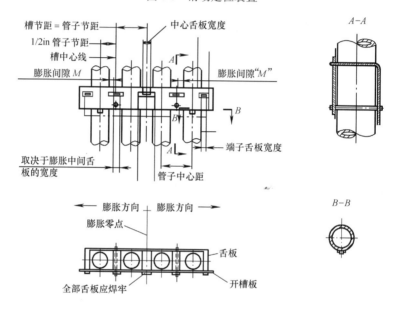

图 6-6 弯板型定位装置

定位装置如图 6-6 所示。如果管组横向节距小于 150mm，各管组的定位板布置高度应错开；如管组太宽，定位板可由两段并成，在结构上要考虑定位板与管组的膨胀间隙。每一段定位板都应设有膨胀零点，使定位板可以自由从零点向两边膨胀。

3. 流体冷却横向定位装置

分隔屏多采用流体冷却定位装置，其前部垂直定位管与前墙水冷壁固定，后部垂直定位管与悬吊屏固定，前后垂直定位管通过分叉管组组成一对水平夹持管，把前后分隔屏及后部悬吊管屏夹持住，防止其摆动。悬吊流体冷却定位装置定位管结构如图 6-7 所示。

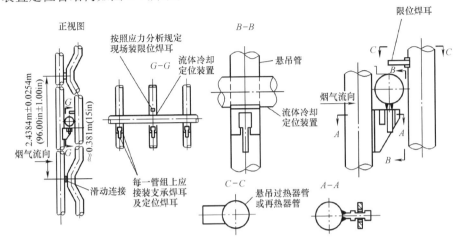

图 6-7　悬吊流体冷却定位装置定位管结构

4. 机械式横向定位装置

机械式横向定位装置由 U 型杆和带状钢板及支承耳板组成，结构简单、装配方便，如图 6-8 所示。一般情况下，带状钢板应分出几段，以利于制造和膨胀。此外，还有其他连接方式，如图 6-9 所示。

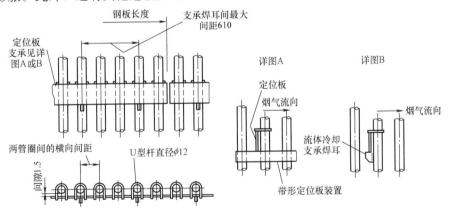

图 6-8　机械式定位装置

从上述结构形式可知，为了防止管排受热后变形、膨胀和节距改变，连接方式都是通过连接件加以定位的。当需要焊接连接时，不能直接将管子与管子进行焊接，要考虑到膨胀变形不一致的工况，使之能相对位移。这样的连接方式可大大降低因热膨胀不均而产生的附加应力及应力集中，从而减少"四管"

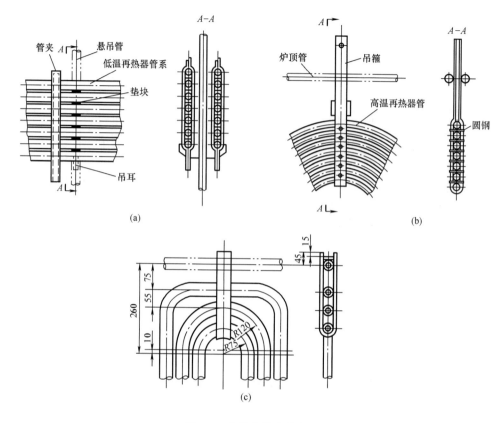

图 6-9　几种定位连接方式

（a）低温再热器的固定和支吊；（b）高温再热器的固定和支吊；（c）对流过热器的固定和支吊

的泄漏几率。

二、基建安装的主要问题

在管排安装过程中，会有许多管子纵横交错，在设计和安装时应考虑纵横交错的管子的位移。然而在实际工作中，水平管与垂直管往往通过垫块焊接而成，虽然水平管与垂直管之间较好地保持了间距，但它们之间通过垫块固定，不能实现各自的受热变形、位移和膨胀。水平管和垂直管的受热膨胀并不是一致的，这必然在垫块的焊接部位产生极大的附加应力。焊接过程是一个包含了物理和化学变化的热加工过程、冶金过程及结晶过程的复合过程。焊接时，不均匀的加热和冷却必然会引起局部剧烈的温度变化和组织变化，从而在焊接接头中形成一定的残余压力，并产生应力集中；此外，在焊缝边缘还易造成咬边、未熔合等缺陷，过热区还会产生晶粒粗化。这些因素都会使焊接接头成为构件的薄弱部位，而熔合线及热影响区又是焊接接头的最薄弱区域。显然，如果一个部件在结构上存在缺陷或较大的应力，那么出现开裂一定会从焊接接头等薄弱的部位开始。根据上述分析得出结论，将水平管与垂直管通过焊接进行定位连接的方式是不妥当的。

另外，出现定位连接件开裂造成"四管"泄漏事故的还很多，例如：为防止管排变形，将固定钢板整排与管子直接焊接，一旦受热变形，管壁将直接拉裂，造成泄漏；将护板、导流板、定位板、密封板等与管子直接焊接，由于这些钢板的厚度远大于管子壁厚，当出现较大应力时，会造成靠近管子一侧的熔合线及热影响区开裂。

三、防止定位连接件开裂探讨的几个问题

1. 设计问题

在设计中既要考虑管排之间的节距，又要防止变形，所以必须通过定位连接件加以固定。但锅炉在实际运行中受热后会产生变形、膨胀和位移。因此，对定位连接件有一定的连接要求，即不管如何定位，都不能加大定位连接件处的应力集中，要始终保持其位移通畅。

2. 安装问题

虽然锅炉在设计中提出了定位的连接要求，但在实际操作中，定位连接件的安装存在较大的随意性，时常出现在管壁上引弧或将各种固定卡直接焊在管子上。如果不按上述几种定位形式去安装，就会造成定位部位的应力集中的现象。

3. 焊接问题

定位连接件的加装势必会引起定位部位的应力变化。因此，使用焊接方式安装定位连接件的部位对焊缝的质量要求较高。不能因为焊缝质量不好，加剧定位连接件安装部位的焊接应力，从而提高失效的几率。

4. 检验问题

一台锅炉受热面管的定位连接件很多，安装部位难以进行检验，且检验手段有限，故一旦出现质量问题，就会造成泄漏事故。因此，定位连接件的焊接质量依靠检验手段进行控制较难，应从设计和安装的合理性方面进行控制。

5. 检修问题

检修到位是值得关注的问题。在锅炉检修中，受热面的防磨防爆检查要具体到位，如注意停炉和运行状态的对比、冷热态膨胀方向和速率是否一致等。

锅炉在设计阶段的复杂性和安装阶段的随意性，使锅炉受热面在实际运行中出现了较多的应力开裂造成的泄漏。但是，在进行原因分析时，往往将定位

连接件的焊缝开裂原因归咎于焊缝质量不良或者管子原始材料质量不良等，从而忽略了受热面在设计和安装过程中存在的问题。

第三节　受热面管材料

用于受热面管的材料大致分为两类：一类为铁素体钢，在工作中人们习惯称之为珠光体钢、贝氏体钢、马氏体钢，主要应用于亚临界参数的机组中，如20G、15CrMo、12Cr1MoV、10CrMo910、G102、T91、T92等；另一类是奥氏体不锈钢，主要应用于亚临界参数机组的高温段和超（超）临界参数机组中，如TP304H、TP347H、S30432（Super304H）、TP347HFG、TP310HCbN（HR3C）、NF709等。近几年，奥氏体不锈钢已广泛应用于锅炉受热面管的高温段，而我国在机组建设中的奥氏体不锈钢主要依赖于进口。目前我国也在试制奥氏体不锈钢，已有少量应用于工程中。

为了适应超（超）临界机组的发展需求，国外（特别是日本和德国）经过近20年的研究、开发、实验、应用，使新型的锅炉用钢系列发生了一些变化，增添了一些新成员。高压锅炉钢管从早期的碳钢、碳锰钢（20G、St45.8、SA-210A1/或106B/C）发展成低合金铬（钼）钢（SA-209T1a、15Mo3、SA-213MT2、T12/13CrMo44、T22/德国10CrMo910/俄罗斯的12Cr1MoV、T33、T24等），再到中合金铬钼钢（9-12 Cr%型，如T9、T91、T92、T122等）和奥氏体钢〔TP304H、TP347H、TP347HFG、S30432（Super304H）、TP310HCbN（HR3C）、NF709等〕，形成了完整的用钢系列，基本满足了从低参数到高参数机组不同档次的锅炉用钢的要求。这些新钢种的特点是：基本上都是在T91、TP304H、TP347H及HR3C奥氏体不锈钢的基础上添加Nb、W、V、Ti、N、Cu、B等强化元素，综合性能比以前的钢种性能更为优越，能够适应常规参数和更高参数（如超临界和超超临界）压力和温度的机组，且能降低用钢成本。

一、受热面管材料的基本性能参数

1. 受热面管材料的选用原则

在选用受热面管材料时，就技术而言，要综合考虑以下几方面的因素：一是高温蠕变性能；二是抗烟气腐蚀性能；三是抗蒸汽氧化性能；此外，也要考虑加工性能、焊接性能和短时力学性能等。对于设计者而言，还要考虑材料成本。然而安全和成本是一对矛盾，安全性高，成本就大；成本低，安全性就低。受热面材料使用的都是极限温度，对于超（超）临界机组的安装，受热面的安全性非常重要。

2. 受热面管材料的基本性能

新型材料的使用使超（超）临界机组得以快速发展。介绍亚临界机组受热面材料的资料很多，本书以介绍新型材料为主。

（1）许用应力。按照我国 DL/T 5366—2006《火力发电厂汽水管道应力计算技术规程》和 GB/T 9222—2008 的规定，钢材的许用应力是根据下列三个参数的最小值确定的：①$\sigma_b^{20}/3$；②$\sigma_s^t/1.5$；③$\sigma_D^t/1.5$。其中，σ_b^{20} 是材料在20℃时的抗拉强度最小值；σ_s^t 是材料在设计温度下屈服强度最小值；σ_D^t 是材料在设计温度下 10^5 h 的持久强度最小值。对于高温部件，材料的许用应力是按照持久强度除以一定的安全系数得出的。

超（超）临界机组受热面常用材料的许用应力如表 6-1 所示。

表 6-1　　　　　超（超）临界机组受热面常用材料的许用应力　　　　　MPa

温度(℃) ＼ 钢号	T23	T91	T92	T122	TP304H	TP347H	TP347 HFG	S30432 (Super304H)	TP310HCbN (HR3C)
500		126			73.6	92.4	92.0	97.2	
510	122.8		132.4	134.5					116.5
525		117			72.4	92.4	91.0	95.9	
538	98.6		126.2	127.6					114.5
550		107			70.8	92.4	90.1	94.6	
566	77.2		111.0	99.3					112.4
575		88.5			68.9	92.2	89.0	93.4	
593	57.9		84.8	73.1					111.0
600		65.0			65.4	89.1	88.0	92.3	
621	37.9		111.0	49.6					93.8
625		45.5			51.4	69.3	85.4	91.3	
649	9.7		40.7	31.0					69.6
650		28.9			41.7	53.9	67.0	78.0	
675					32.9	41.4	51.7	61.1	
677									52.4
700					26.5	31.8	39.3	46.9	
704									39.3
725					21.3	23.9	29.4	35.3	
732									29.6
750					17.2	18.8	21.7	25.9	

图 6-10 为几种新型材料的许用应力对比。

按照规范提供的许用应力，可根据设计温度计算出管子的最小计算壁厚。

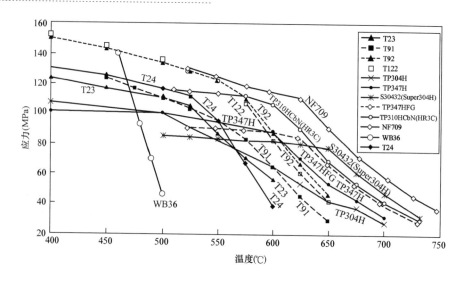

图 6-10 几种新型材料的许用应力对比

（2）最高使用温度。超（超）临界机组的过热器、再热器和高温管道、联箱是输送高温高压蒸汽的重要部件，这些部件的材料必须满足蠕变强度的要求。单从蠕变强度考虑，已经开发了多种铁素体系钢，它们具有良好的断裂韧性和焊接性能。同时也开发了用于温度更高的奥氏体钢。这些新型钢种的推荐使用温度如表 6-2 所示。

表 6-2 新型钢种推荐的使用温度上限

钢号	T23	T24	T91	T92	T122	TP304H	TP347H	TP347HFG	S30432 （Super304H）	TP310HCbN （HR3C）
温度上限（℃）	600	600	625	650	650	650	650	650	700	700

然而，国内外资料显示，炉内管子的金属温度比蒸汽温度高 28（50℉）39℃（70℉）。同时，金属最高壁温选用的是能承受的极限温度，故极少量的超温将使材料急剧恶化。因此，对于 566℃ 等级的超临界机组和 593℃ 等级的超超临界机组，在选用材料时要充分考虑金属温度和蒸汽温度的差异，也要根据实际运行情况进行选材。

对于超超临界锅炉，虽然在计算管子的最小壁厚时能满足强度要求，但是存在高温氧化问题。表 6-3 显示了 4 种材料在 650℃ 和 700℃ 的氧化速率。可见，TP347HFG 和 S30432（Super304H）钢的氧化速率明显低于 TP347H 钢。TP310HCbN（HR3C）钢的 Cr 含量为 24.0%～26.0%，Ni 含量为 17.0%～

23.0％，比 TP347HFG 和 S30432（Super304H）的含量（Cr 含量为 17.0％～19.0％，Ni 含量为 7.5％～10.5％）高出许多，因此氧化速率明显降低。由于奥氏体不锈钢在高温氧化后，氧化皮与奥氏体不锈钢热膨胀系数不同，在停炉时，气造成氧化皮脱落引起堵管，从而导致爆管，因此严重影响了奥氏体不锈钢在高温下的使用。

超（超）临界机组的受热面选材要考虑蠕变强度和蒸汽氧化两方面的问题。有研究认为，在金属温度达到 620～675℃时，要考虑使用奥氏体不锈钢；当金属温度超过 675℃时，要考虑使用镍基合金。

表 6-3　　　　　　　　4 种奥氏体不锈钢的 1000h 的蒸汽氧化速率　　　　　　μm

温度（℃）＼钢　　号	TP347H	TP347HFG	S30432 （Super304H）	TP310HCbN （HR3C）
650	27	15	19	＜2
700	40	20	25	＜2

（3）基本组织。几种新型材料的金相组织见表 6-4。

表 6-4　　　　　　　　　　几种新型材料的金相组织

材料钢号	T23/24	T91/92	T122	TP304H	TP347H	TP347HFG	S30432 （Super304H）	TP310HCbN （HR3C）	NF709
金相组织	B	M	M	A	A	A	A	A	A

二、受热面管材料的化学成分和合金特点

1. 化学成分

各钢管的化学成分见表 6-5。

表 6-5　　　　　　　　　　　各钢管的化学成分　　　　　　　　　　　％

化学成分＼钢号	T23	T91	T92	T122	TP304H	TP347H	TP347HFG	S30432 （Super304H）	TP310HCbN （HR3C）
C	0.04～0.10	0.08～0.12	0.07～0.13	0.07～0.14	0.04～0.10	0.04～0.10	0.06～0.10	0.07～0.13	0.04～0.10
Si	≤0.50	0.20～0.50	≤0.50	≤0.50	≤0.75	≤0.75	≤0.75	≤0.30	≤0.75
Mn	0.10～0.60	0.30～0.60	0.30～0.60	≤0.70	≤2.00	≤2.00	≤2.00	≤1.00	≤2.00

续表

化学成分＼钢号	T23	T91	T92	T122	TP304H	TP347H	TP347 HFG	S30432 (Super304H)	TP310HCbN (HR3C)
S≤	0.010	0.010	0.010	0.010	0.030	0.030	0.030	0.010	0.030
P≤	0.03	0.020	0.020	0.020	0.040	0.040	0.040	0.040	0.030
Cr	1.90~2.60	8.00~9.50	8.50~9.50	10.00~12.50	18.0~20.0	17.0~20.0	17.0~20.0	17.00~19.00	24.00~26.00
Mo	0.05~0.30	0.85~1.05	0.30~0.60	0.25~0.60					
W	1.45~1.75		1.5~2.00	1.50~2.50					
V	0.20~0.30	0.18~0.25	0.15~0.25	0.15~0.30					
Nb	0.02~0.08	0.06~0.1	0.04~0.09	0.04~0.10				0.30~0.60	0.20~0.60
Ni		≤0.40	≤0.40	≤0.50	8.00~11.0	9.00~13.0	9.00~13.0	7.50~10.50	17.00~23.00
Cu				0.30~1.70				2.50~3.50	
N	≤0.40	0.030~0.070	0.03~0.07	0.040~0.100				0.05~0.12	0.15~0.35
Al	≤0.030	≤0.04	≤0.04	≤0.040				0.003~0.030	
B	0.000 5~0.006		0.001~0.006	0.000 5~0.006				0.001~0.010	

2. 合金特点

T23 钢的合金含量与 G102 钢类似，是在 G102 钢的基础上，通过加入钨（1.6%），减少钼（0.20%）和含碳量（0.04%～0.10%），并加入少量的钒、铌、氮和硼而成。正火、回火后的组织为回火贝氏体—马氏体。600℃ 时，T23 钢具有优良的热强性、抗氧化性、且无脆化的危险，焊接性能良好。

　　T24 钢是在 T22 等级钢的基础上，通过加入钒、钛、硼和适当减少含碳量而成。蠕变断裂强度得到了提高。正火、回火后的组织为回火贝氏体—马氏体。600℃时，T24 钢具有优良的热强性、抗氧化性，且无脆化的危险，焊接性能良好。

　　T91 钢属改良型 9Cr-1Mo 高强度马氏体耐热钢，是在 9Cr1Mo 耐热钢基础上改进的比较成熟的锅炉用钢。T91 钢的优点是：高的 Cr 量和少量 Al 的加入，大大提高了钢的抗氧化能力和热稳定性；高的合金元素含量（Cr、Mo、Mn）增加了固溶强化的能力；少量 N 的加入使钢的第二相增加，不仅有碳化物，还有氮化物等，增加了沉淀强化的能力；强碳化物元素 Nb 的加入在钢中形成复合碳化物 Nb（C、N）；低的 P、S 含量使钢的晶界净化，提高了晶界强度。

　　T92 钢在 T91 钢的基础上，适当降低了 Mo 元素的含量，同时加入了一定量的 W，使材料的钼当量（$Mo+0.5W$）从 T91 钢的 1% 提高到约 1.5%。T92 钢还加入了微量的硼。经上述合金化改良后，与 9%Cr 系列的其他常用耐热钢相比，T92 钢的耐高温腐蚀和抗氧化性能相似，但高温强度和蠕变性能大大提高。

　　T122 钢是在 X20CrMoV121（0.2C-12Cr-1Mo-V）的基础上开发出来的一种新型铁素体钢，使用状态下的组织为完全回火马氏体。与 T91 钢相比，T122 钢的 Cr 含量更高，抗蚀性能更强。T122 钢具有卓越的持久强度的原因是用 W 代替部分 Mo，并添加少量 B。C 是抑制 δ-铁素体形成的有效元素，为提高可焊性，T122 钢降低了 C 含量。为保证大口径厚壁管的韧性，T122 钢通过将 Cr 当量控制在 9% 以下来控制 δ-铁素体的形成，通过添加 Cu 来降低 Cr 当量。对于小径管，为有效提高抗热蚀性，T122 钢增加了 Cr 含量，使钢中含有微量 δ-铁素体。

　　TP304H 为奥氏体不锈热强钢，具有良好的弯管、焊接工艺性能、高的持久强度、良好的耐腐蚀性能和组织稳定性，冷变形能力非常高。在 TP304H 的基础上加入适量阻止奥氏体晶粒长大的 Cu、Nb、N 等元素，开发出了 18Cr-9Ni-3Cu-Nb-N［S30432（Super304H）］经济型奥氏体钢。TP304H 是在 ASME SA-213TP304H 的基础上使 S30432（Super304H）具有较细的晶粒尺寸，从而达到高温强度、长期塑性及抗腐蚀性能的最佳组合。S30432（Super304H）优越的高温蠕变强度不是靠贵重的合金元素 W、Mo 的强化获得的，而是通过廉价的 Cu、Nb、N，由富 Cu 相的 Cu、Nb、N（C、N）$M_{23}C_3$

质点的弥散强化获得的。为提高高温蠕变强度，S30432（Super304H）添加了3％左右的 Cu，并通过复合添加的 Nb 和 N，力求获得高强度和高韧性。

TP347HFG（Fine-grain）是日本住友金属株式会社在 TP347H 基础上开发出来的。TP347H 虽具有较好的蠕变性能，但抗高温蒸汽腐蚀的性能还有待提高。通过改进制造工艺，将软化处理温度提高到 1250～1300℃，使 NbC 这类 MX 型碳化物充分固溶析出，固溶处理温度基本保持不变。析出 NbC 既限制了晶粒长大，又提高了蠕变断裂强度。新工艺得到的 TP347HFG 晶粒细化到 8 级以上，从而具备更优良的抗高温蒸汽腐蚀性能，对提高过热器管的稳定性起到了重要的作用。

SA-213TP310HCbN（HR3C）是在 TP310H 不锈钢中添加 N、Nb 元素而开发出来的。TP310HCbN（HR3C）与普通 SA-213TP310H 钢的区别仅在于添加了 0.20％～0.60％的 Nb 和 0.15％～0.35％的 N，从而使新钢种的高温性能大大提高。TP310HCbN（HR3C）蠕变断裂强度提高的主要原因是在钢的时效过程中析出了 NbCrN。NbCrN 氮化物非常细小且特别稳定，即使长时间失效，组织也很稳定，大大提高了蠕变断裂强度，同时，加入微量的 N 对抑制 σ 相的形成和改善韧性也很有效。TP310HCbN（HR3C）钢高温抗腐蚀性能（抗蒸汽氧化性能）良好，许用应力比普通的 SA-213TP310H 钢有很大提高。

第四节　受热面管失效

锅炉受热面管的爆漏是造成电厂非正常停机的最普遍、最常见的形式，由于严重影响了机组的安全性和经济性，因而备受电厂重视。要防止锅炉受热面管爆漏，首先要了解"四管"爆漏的种类和形式，只有这样才能有针对性地提出预防措施。

一、过热爆管

过热爆管分为长期过热爆管和短期过热爆管。虽然都是由于超温造成的，但其性质完全不同。过热失效是材料在一定时间内的温度和应力作用而出现的失效形式，是蠕变失效在电站锅炉高温部件的具体表现形式，主要发生在受热面管道上。长期过热爆管是管子在长时间的应力和超温作用下导致爆管。长期过热爆管一般超温幅度不大，过程缓慢，常发生在过热器和再热器管上。短期过热爆管是超温幅度较高，在较短的时间内发生的失效现象。有的短期过热爆管的超温幅度会高于相变点。过热与超温的概念不同，超温就是材料超过其额定使用温度范围运行，主要针对锅炉运行温度而言；而过热主要是针对材料的金相组织和机械性能的效果而言。过热是锅炉超温运行的结果，超温是过热的原因。

1. 短期过热爆管

正常运行的锅炉如果火焰偏烧，则传热发生恶化，尤其是水冷壁管水膜完全被"蒸干"后形成的雾状流动区域，管壁温度会急剧升高，从而发生短期过热爆管。短期过热爆管的特征是在水冷壁管的向火面发生爆管，管径有明显的胀粗，管壁减薄呈刀刃状，一般爆口较大，呈喇叭状，典型薄唇形爆破，断口微观形貌为韧窝，如图 6-11 所示。管

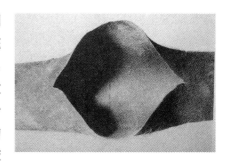

图 6-11　短期过热爆管宏观形貌

壁温度在 A_{C1} 以下，爆管后的组织为拉长的铁素体和珠光体，管壁温度为 $A_{C1}\sim A_{C3}$ 或超过 A_{C3}，其组织取决于爆破后喷射出来的汽水的冷却能力，可分别得到低碳马氏体、贝氏体、珠光体和铁素体，爆破口周围管材的硬度显著升高。

短期过热爆管最常发生在水冷壁管上。造成短期过热爆管的主要原因是锅炉工质流量偏小，炉膛热负荷过高或炉膛局部偏烧，管子堵塞等。短期过热爆管也会发生在其他受热面管上。

超（超）临界锅炉的过热器管、水冷壁管的内径较小，异物堵塞是经常发生短期过热爆管的主要原因。当管子内壁焊口根部存在焊瘤、错口等微小焊接缺陷时，很容易挂住异物堵塞管子而发生爆管。过热器管、水冷壁管入口联箱的节流圈孔径小，是水循环的喉径，一旦存在异物，就容易在此堵塞。异物还会堵塞管排的下弯，当堵塞面积较大时，会严重影响热量交换，从而发生短期过热爆管。奥氏体不锈钢在高温下会形成氧化皮，且容易脱落，出现堵塞的现象。这已经成为短期过热爆管的重要原因。

2. 长期过热爆管

管子长期在高温高压下运行，管材金相组织会发生老化，性能逐步退化，当达到一定程度时就会发生长期过热爆管。长期过热爆管实际是蠕变损伤的一种形式，对于过热器、再热器和水冷壁管，在正常运行温度情况下，或者存在

一定超温幅度的情况下，金属会发生蠕变现象。出现微小的蠕变变形是允许的，但当出现蠕变开裂时就会造成长期过热爆管。一般认为，长期过热爆管的超温幅度不大，与短期过热爆管明显不同。但在正常温度下，由于长期在高温高压下工作，材料老化达到了蠕变后期也会发生长期过热爆管。长期过热爆管最容易发生在过热器、再热器管的烟汽一侧，有时也发生在水冷壁管。

长期过热爆管的宏观特征是呈脆性爆管特征，爆口较小，管壁减薄相对较小，管径在长期作用下有一定的胀粗，且向火（烟气）侧和背火（烟气）侧的胀粗明显不同，爆口周围存在较为严重的氧化皮，且在爆口周围存在许多纵向开裂裂纹；微观特征是典型的沿晶蠕变断裂，在主断口附近有许多平行的沿晶小裂纹和晶界孔洞，珠光体区域形态消失，晶界有明显的碳化物聚集和"双晶界"特征。需要指出的是，长期过热爆管的宏观特征因受超温幅度的影响不同而不同，超温幅度越高，爆管张口越大。

长期过热爆管是蠕变损伤的一种形式，可分为以应力为主的蠕变失效和以温度为主的蠕变失效。以应力为主的蠕变失效也称为楔型裂纹蠕变断裂（W型蠕变断裂）。高温下，晶界是黏滞性的，在较大外力作用下，晶界将产生滑动，在晶粒的交界处产生应力集中。如果晶粒的形变不能使应力集中得到松弛，且应力集中达到晶界开裂的程度，则在晶粒的交界处产生楔型裂纹。以温度为主的蠕变失效也称为孔洞型蠕变裂纹（R型蠕变断裂）。在形变速率小、温度较高的低应力蠕变中，首先在晶界上形成孔洞，然后孔洞在应力作用下继续增多、长大、聚合，连接成微裂纹，微裂纹连通形成宏观裂纹，直至断裂。

长期过热爆管主要发生在过热器管、再热器管上，爆口粗糙不平整，开口不大，爆口边缘无明显减薄，管子内外壁存在着较厚的氧化皮，如图 6-12 所示。长期过热爆管的金相显微组织可见明显老化、蠕变孔洞和蠕变裂纹，如图 6-13 所示。造成长期过热爆管的主要原因是运行工况异常而造成的长期超温或者管子超寿命状态服役等。

水冷壁管有一段传热恶化区域，长期运行后，材料也会发生蠕变损伤，因此，长期过热也会发生在水冷壁管上。

近几年的事故案例表明，受热面管的焊口内壁存在焊瘤、焊渣，弯管的弯曲半径过小造成截面的不圆度异常超标，有时还存在异物堵塞等情况，虽然未将管子堵死，但严重影响了汽水通流面积，因此管子运行一段时间后，会过早出现蠕变损伤，而导致长期过热爆管。

图 6-12　长期过热爆管宏观形貌　　图 6-13　长期过热组织微观特征

二、原始缺陷

1. 焊缝爆漏

焊缝爆漏的主要原因是焊接质量不佳，在焊缝上存在焊接缺陷，或者焊缝成形不良，造成过大的应力集中。此外，在实际事故中，焊接工艺控制不当或未按焊接工艺实施，导致在焊缝热影响区出现粗大的魏氏组织，降低了焊接接头的性能，很容易造成焊缝爆漏。尤其对于受热面定位连接件来说，在膨胀受阻的情况下，焊接接头性能的下降，易出现焊缝撕裂现象。

2. 管材缺陷

管材质量不好，如重皮、过大的加工直道、机械碰伤等，会产生较大的应力集中，在高温高压下工作，会造成管子开裂，直至泄漏。图 6-14 所示的是管子端部沿纵向开裂的实例。其爆口特征一般为纵向开裂，爆口较直，无减薄、胀粗，张口极小，并在裂纹两端可见开裂现象。在热加工过程中，管子两端温度较低，易出现此类型缺陷。

三、腐蚀

1. 蒸汽侧腐蚀

（1）氢腐蚀。当受热面管介质受到环境污染而使炉水呈酸性时，介质中的氢离子会对管子造成损伤，使金属产生脆化。一般将氢损伤的物理过程称为"氢脆"，化学过程称为"氢腐蚀"。氢腐蚀是氢在高温高压下，与钢中的渗碳体发生化学反应，生成甲烷，甲烷在钢中产生巨大的应力，使材料开裂或形成鼓包而破坏。出现氢损伤后，材料的力学性能下降。

氢腐蚀造成的泄漏一般出现在水冷壁管上，其爆口特征一般无明显减薄，破口边缘粗钝，没有塑性变形和胀粗现像，爆口形状像开了窗户一样，具有脆性断裂特征，如图 6-15 所示。其微观组织为管子内部存在裂纹，在主裂纹两侧有脱碳现象，珠光体减少或消失，当腐蚀严重时，表面出现全脱碳层。在组织内部还可见细微的沿晶分布的微观裂纹。氢腐蚀裂纹区的氢含量明显升高，机械性能下降。

图 6-14　由于管材缺陷造成　　　　　图 6-15　氢脆腐蚀形成的
　　泄漏的管子外观形貌　　　　　　　　　"窗口式"爆口

发生氢腐蚀的原因是管子内壁产生垢下酸性腐蚀，这一般与不适当的酸洗或不合格的水质有关。

（2）垢下腐蚀。当凝结水和给水 pH 值不正常，炉水受酸或碱污染或水质杂质超标时，盐垢在蒸发面管子内壁沉积，由于沉积物热阻较大，管壁温度升高，而使垢下的酸性介质或者碱性介质进一步浓缩，造成更严重的腐蚀，当管壁减薄到一定程度后而爆管。

垢下腐蚀的特征为：盐垢为多孔沉积物，垢下腐蚀呈坑穴状，为均匀腐蚀。腐蚀坑处没有裂纹。在腐蚀过程中，金属的组织和机械性能没有明显的变化。大多数发生在炉水高碱度处理状态。

（3）碱腐蚀。碱腐蚀是由于炉水中含有氢氧化钠等碱性物质导致炉水 pH 值过高造成的。应该说，磷酸盐水解后生成碱，对于碳钢制造的水冷壁管来说，当碱的浓度不高时，是一种缓蚀剂。它可以在钢的表面生成一种具有良好保护性的盐膜，使金属受到一定的保护。但是有资料表明，在碱的浓度较高如超过 30％时，盐膜的保护作用就会减小或者消失。尤其在一定温度的作用下盐膜会转化成可溶的铁酸盐，使钢中的铁以铁酸盐的形式进入溶液，而使材料受到腐蚀。管道内壁的焊缝根部存在着较为严重的焊接缺陷，如焊瘤的存在，使焊缝根部出现了尖角，加剧该处的应力集中，锅炉运行使焊缝尖角的应力状态达到较高的水平。同时，由于焊缝根部尖角的存在，蒸汽中碱会在尖角处发生浓缩，使碱浓度提高。当浓度达到一定量时，该部位就具备了发生应力腐蚀的条件。即在焊缝根部发生了碱脆开裂，在应力的作用下进一步裂透。

碱腐蚀的失效机理是应力腐蚀，碳钢发生应力腐蚀开裂的主要形式是穿晶和沿晶，如图 6-16 所示。

应该指出，对于管子其他部位，由于不存在结构上的应力和局部缺陷造成的应力集中，因而使这些部位没有较高的应力水平，还由于这些部位不会发生碱浓缩的现象，因而，其他区域虽然存在大量的碱性物质，但其不具备发生应力腐蚀的条件，不出现腐蚀现象。相反，碱的浓度较低，会在材料表面形成一层较薄的盐膜，对材料有一定的保护作用，如图 6-17 所示。

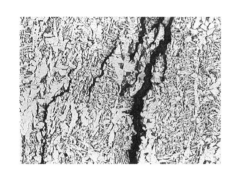

图 6-16　碱腐蚀开裂的微观特征
（沿晶＋穿晶）

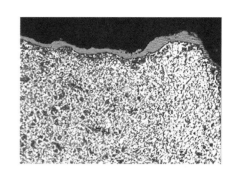

图 6-17　低浓度碱在部件
表面形成的保护膜

（4）氧腐蚀。锅炉给水中含氧量高，对整个给水系统（如除氧器、省煤器、锅筒、给水管路等）都会造成氧腐蚀。省煤器管内壁容易发生氧腐蚀现象，这是由于给水含氧量较高，尤其在水的流速过低时水中氧析出而附着在省煤器内壁产生点状腐蚀坑，如图 6-18 所示。对坑底腐蚀产物进行能谱分析，可发现氧指标较高，如图 6-19 所示。一般发生氧腐蚀的区域位于省煤器入口联箱的进口管附近，由于进口管道三通涡流效应的作用，使得该区域压力降低，溶解氧更为活跃，从而容易发生氧腐蚀。发生氧腐蚀后，管壁明显减薄，从而降低管子的强度。其具体反应为 Fe 元素失去 2 个电子，变成 Fe 离子；氧分子＋水＋2 个电子生成碱性离子。当省煤器管壁发生氧腐蚀后，减薄到一定程度会造成管子泄漏。

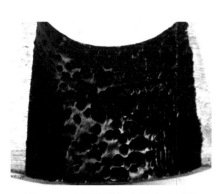

图 6-18　省煤器管氧腐蚀宏观形貌

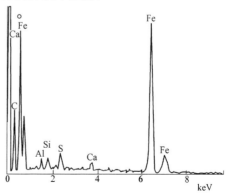

图 6-19　腐蚀坑底部能谱图

(5) 氯脆。当汽水品质受到氯的污染,如凝汽器管泄漏、滨海电站氯离子的腐蚀环境,会造成管子内壁的腐蚀。尤其是高参数机组的过热器、再热器管大量使用了奥氏体不锈钢,奥氏体不锈钢对氯离子极为敏感,几个 ppm 含量的氯离子就会对其进行腐蚀,一旦汽水品质受到污染,将造成管子的腐蚀。奥氏体不锈钢氯离子腐蚀的形貌为穿晶或混晶形态,腐蚀后将使材料的力学性能下降,材料脆化,因此也称"氯脆"。

氯的腐蚀是一种应力腐蚀行为。例 1:某沿海电厂 325MW 机组的过热器管排在安装阶段,在露天放置了半年,由于空气中含有氯离子,致使奥氏体钢外壁出现了大量氯腐蚀坑,导致这批管排全部更换。例 2:某电厂 300MW 机组过热器管排在锅炉厂进行水压试验时,未将水放净,由于水压试验的自来水氯离子含量超标,因此在安装时发现管子内壁有氯离子腐蚀坑,导致管排全部更换。

(6) 奥氏体不锈钢的晶间腐蚀。随着超超临界机组参数的提高,TP347H、TP304H、S30432 (Super304H) 和 TP310HCbN (HR3C) 等奥氏体不锈钢广泛地应用到了过热器、再热器高温段上。因此奥氏体不锈钢的晶间腐蚀问题是备受关注的项目。奥氏体晶间腐蚀问题要从两方面进行考虑,即介质问题和材料问题。虽然奥氏体不锈钢的腐蚀介质很多,但对于电站锅炉来说,汽水品质的控制较为严格,很少出现单纯由介质造成的晶间腐蚀。所以材料问题是较为突出的问题。在常温下,奥氏体不锈钢中 C 含量的溶解度为 0.02%～0.03%(重量百分比),而钢中 C 含量远比这要高,如表 6-5 所示。奥氏体不锈钢经过固溶处理后 C 才能固溶在奥氏体中,但是在 450～850℃(奥氏体不锈钢的敏化温度)时,晶界处晶格的不完整性,会促使 C 向晶界处扩散,与 Cr 形成 $Cr_{23}C_6$ 型碳化物,由于 Cr 扩散速度远小于 C 的扩散速度,晶界处的 Cr 得不到及时补充,$Cr_{23}C_6$ 型碳化物中的 Cr 大部分来自晶界附近区域,从而使得晶界形成贫碳区,当 Cr 含量小于 11.7%(奥氏体不锈钢钝化的临界值)时,就使得晶界失去抗腐蚀的能力,而造成晶间腐蚀。这一现象尤其在 650℃ 更为严重。故在对奥氏体不锈钢进行热处理时,一定在敏化温度区间加热或冷却速度要快,以减少 Cr 的碳化物形成。

2. 烟气侧腐蚀

(1) 高温腐蚀。燃料中含有 V_2O_5、Na_2O、SO_3 等低熔点氧化物,在高温下,它们与管子发生化学反应产生新的氧化物,这些低熔点氧化物又会与金属表面新生成的氧化物进一步发生化学反应,生成结构松散的钒酸盐。逐渐沿着受热面管道局部区域渗入管子内部，造成高温腐蚀。其形貌呈现坑穴状，如图6-20所示。对于金属壁温较高的过热器、再热器和水冷壁均会产生高温腐蚀现象。

图 6-20 高温腐蚀造成泄漏的外观形貌

对于过热器、再热器，腐蚀区的沉积层较厚，呈黄褐色到暗褐色，比较疏松和粗糙，其他区域为浅灰褐色沉积物，比较坚实，腐蚀处金属组织没有明显的变化。对于水冷壁管，当受到火焰冲刷时，管子外部出现一层厚厚的沉积物，沉积物下面的管壁表面呈黑色或孔雀蓝色，同时管子明显减薄。腐蚀严重的，其速度可达 $0.5\sim1mm/a$。在腐蚀区域可能发生表面晶界腐蚀现象。由于燃料中含 S 量较高，通常在腐蚀层中有硫化物存在。

V 的氧化物（V_2O_5）的化学反应式为

$$4V+5O_2 \longrightarrow 2V_2O_5$$
$$4Fe+3V_2O_5 \longrightarrow 2Fe_2O_3+3V_2O_3$$
$$V_2O_3+O_2 \longrightarrow V_2O_5$$
$$2Fe_2O_3+2V_2O_5 \longrightarrow 4FeVO_4$$
$$8FeVO_4+7Fe \longrightarrow 5Fe_3O_4+4V_2O_3$$
$$V_2O_3+O_2 \longrightarrow V_2O_5$$

（2）低温腐蚀。当含有 SO_2、SO_3 和 CO_2 的高温烟气，遇到温度低于烟气露点（烟气中酸蒸气的凝结温度）的部件（省煤器、空气预热器）时，部件表面凝结的水膜与 SO_2、SO_3 和 CO_2 会结合形成酸性溶液，导致受热面发生低温腐蚀。

受热面发生的低温腐蚀，属于化学腐蚀。腐蚀区黏附灰垢，堵塞通道。

四、疲劳

1. 热疲劳

当部件承受交变热应力的作用时就会出现疲劳失效。热疲劳裂纹容易出现在热应力大和应力集中部位。热疲劳断口具有疲劳断口的宏观断裂特征，发生热疲劳损坏的管子表明一般有大量的裂纹，其形貌一般为横向断口，如图6-21所示。另一种疲劳裂纹是网状裂纹。热疲劳裂纹走向为穿晶型，也有沿晶形态的，缝隙中一般充满氧化物。

带周期性负荷的机组间歇启动时，省煤器进口联箱的温度为汽包的饱和温度（约 350℃），而低温给水温度为 38～149℃，产生严重的热冲击，从而在联箱和管接头内壁产生热疲劳裂纹，其他联箱也可能产生这类裂纹。

如果吹灰急冷，就会引发热交变应力，而使水冷壁形成热疲劳现象。

2. 机械疲劳

锅炉在运行中如果出现定位装置松动或者夹持不当，会使受热面管产生振动，在管子某些部位会形成高周机械疲劳。机械疲劳的开裂特征是沿管子横断面开裂，如图 6-22 所示。

图 6-21　热疲劳产生的横向开裂　　　　图 6-22　机械疲劳产生的横向断裂

另据研究，对于铁素体钢和奥氏体不锈钢的异种钢接头，锅炉管在运行中还承受着一定的交变应力，这种交变应力主要来源于设备启停产生的交变热应力、炉管内气流波动引起的振动应力等。管子内壁焊缝存在的焊瘤，势必会造成应力集中。应力的迭加使焊接接头的熔合线附近受到了应力幅值较高的低周疲劳载荷的作用。当载荷超过疲劳载荷的门槛值时，炉管首先在表面应力集中部位（如焊瘤处）形成微裂纹，进而以疲劳方式沿薄弱环节扩展，最终穿透整个壁厚造成泄漏。不锈钢与珠光体钢的焊接接头出现早期失效的启动频率为 30～290 次。

3. 腐蚀疲劳

在腐蚀介质和循环应力同时作用下，部件会发生腐蚀疲劳。其断口与一般的高周疲劳断口类似，不同之处是腐蚀断口曾受到腐蚀介质的侵蚀。裂纹源附近往往有多个腐蚀坑，并产生微裂纹。这些微裂纹在扩展过程中会出现小的分支。分支裂纹尖端较尖锐，裂纹走向是穿晶或沿晶。

五、磨损

1. 机械磨损

磨损是受热面管泄漏中非常普遍的一种形式。定位卡块的失效或者夹持不牢会造成管排与管排之间、管排与夹持管之间出现磨损。当减薄到一定程度，就会发生爆管，如图 6-23 和图 6-24 所示。

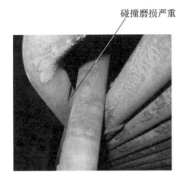

图 6-23　管子与管子的磨损　　　　　图 6-24　管子与管卡的磨损

此外，吹灰器对管子的吹损、燃烧器摆动角度不当造成的吹损、炉膛漏风漏烟引起的吹损等，都会造成磨损减薄。

2. 飞灰磨损

省煤器工作环境温度较低，烟气中含有大量飞灰，飞灰中携带大量坚硬颗粒，冲刷管子表面，使省煤器出现飞灰磨损。当烟气速度高达 30～40m/s 时，磨损相当严重，$1 \times 10^4 \sim 5 \times 10^4$ h 就会使管子磨穿。飞灰中的固体颗粒主要为 SiO_2、Fe_2O_3、Al_2O_3 等。

省煤器管道布置形式有错列式和顺列式两种。布置方式不同，产生磨损的部位也不同。受烟气冲刷到第一排管子的磨损是在管子中心点两侧对称的冲击角范围内，其冲击角为 30°～40°，如图 6-25 所示。

由于省煤器的积灰较多，常有堵塞烟气通道的现象，通道的堵塞增加了烟气的流速，会导致磨损现象的发生。一般容易出现磨损的部位是省煤器蛇形管与炉墙之间，或者蛇形管间的间隙形成"烟气走廊"的区域。

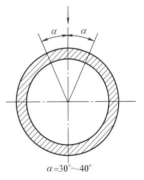

图 6-25　省煤器管子的磨损部位

（1）错列布置。错列布置的省煤器管的第二排往往比第一排磨损得严重，这是由于烟气进入管排后通流截面收缩，使烟气流速增加 30%～40%，而且烟气流动发生了急剧改变，冲刷作用有所增强所致。烟气到后面几排管子时，流动速度有一定的降低，所以磨损有所减轻。由于烟气流过第二排管子时的方向发生了改变，所以管子磨损的冲击角为 25°～35°。

（2）顺列布置。省煤器管顺列布置时，烟气进入管排后会产生一定的加速，由于惯性的作用，到第 5 排速度最高，因此，此处磨损最为严重。后面的管排仍然会发生磨损，相对较轻，在实际中管排的最后部位也有磨损现象。顺列布置的后排管子的冲击角为 60°左右。

六、设计、安装、运行不当造成的泄漏

1. 定位连接件的开裂

由于锅炉在设计阶段的复杂性和安装阶段的随意性，使得锅炉受热面在实际运行中出现了较多的应力开裂造成的泄漏。但是，有些单位在进行原因分析时，往往将定位连接件的焊缝开裂原因归咎于焊缝质量不良或者管子原始材料质量不良等原因，从而忽略了受热面在设计和安装过程中存在的问题。本书立足于此，对受热面管定位连接件的应力开裂进行探讨，希望能引起同行们的共鸣。

受热面的设计是根据锅炉容量、参数和锅炉整体布置，综合考虑了管壁温度、系统阻力、热偏差、调整方式和材料等因素。由于锅炉工质总吸热量有一半以上是由过热器和再热器吸收的，所以，过热器、再热器的布置要尽量避免或减少管子之间的热偏差，减少吸热不均、流量不匀等问题。因此，在设计中，为了防止管子出现较大的变形，保持管排间的设计间距，使管排之间受热情况相对平均和稳定，需要在管排的某些部位设置管夹、垫块、固定板等定位连接装置。但是由于锅炉在运行中燃烧工况的复杂性和安装、检修等方面诸多不确定因素的影响，会造成管子受热、变形和膨胀的不一致，而使管子定位连接装置部位应力水平较高，并存在较大的应力集中。正是由于这种原因，过热器和再热器的定位连接件在运行中出现拉裂管子的现象，使应力拉裂成为"四管"泄漏的又一难以解决和控制的泄漏原因。

例如：某厂余热锅炉仅投入运行半个月就发生了一级过热器泄漏事故。究其原因为一级过热器水平管与垂直管之间的垫块焊缝开裂拉伤管壁所致。一级过热器水平管材质为 12Cr1MoVG，规格 $\phi38\times4$mm，悬吊管材料为 20G，规格 $\phi34\times4$mm。一级过热器工作温度为 280℃，工作压力为 3.0MPa。为保持水平管与垂直管的间距，中间设有垫块，垫块材质为 1Cr18Ni9Ti。其连接方式为焊接，即将两侧加工成马鞍形的垫块分别与水平管和垂直管焊接而成，如图 6-26 所示。

经过各种检验和试验，一级过热器水平管与垂直管的化学成分、力学性能均满足标准的要求。微观观察表明：泄漏点起源于焊接接头熔合线区域，并在

热影响区细晶粒区中扩展，裂纹主要以沿晶方式进行扩展。金相组织为索氏体组织，其组织晶粒度粗大。

从结构上看，管子与马鞍形垫块的厚度存在明显的差异，必然造成了在连接部位的应力集中。接头形式为角接结构，也增加了应力集中倾向。

但是应该注意到，水平管与垂直管

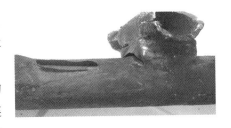

图 6-26 一级过热器水平管与垂直管的连接方式

的连接是通过垫块焊接而成的，虽然水平管与垂直管之间较好的保持了间距，但它们之间通过垫块固定，水平管和垂直管不能各自实现自己的受热变形、位移和膨胀，且水平管和垂直管的受热膨胀并不是一致的，这必然在垫块的焊接部位产生极大的附加应力。

2. 焊口拉裂

在安装中，经常出现把管卡与管子、管子与管子焊在一起的情况，如图 6-27 和图 6-28 所示。在管子上施焊，增大了管壁的应力，如存在膨胀不利，就会拉裂管子，形成泄漏。

图 6-27 通过定位块固定的管子　　图 6-28 定位块与管子的焊缝开裂

3. 异种钢焊接接头拉裂

随着大机组的投产，新材料如 TP304H、TP347H、Super304H 等不断在我国使用，难以避免地会出现异种钢的焊接，如 102 钢＋TP304H、12Cr1MoV＋TP347H 等。但由于异种钢的耐热性能和膨胀系数不一样，常在接头处出现热胀差，在低等级材料部分出现轻微蠕胀，而引发裂纹，如图 6-29 所示。

七、错用钢材

管理和检验上的失误易造成错用钢材。

图 6-29 异种钢接头的焊口拉裂

对于超（超）临界机组，新材料的大量使用，也常会出现错用材料的现象。对于不锈钢，光谱分析已经不足以区分普通不锈钢和细晶不锈钢了。

第五节 受热面管监督

受热面管与锅炉其他部件相比，其失效具有很多特殊性。从制造、安装角度考虑，受热面管的数量大，不确定影响因素多，从运行、检修角度考虑，受热面管的工作环境恶劣，现场检查困难，因此要认识受热面管监督的复杂性。同时，锅炉结构的复杂容易使锅炉的运行偏离设计，使受热面管出现失效具有很大的特殊性，经常看到两台同样型号的锅炉，出现受热面管失效的数量、位置、机理都不同。因此，既要从设计、制造、安装、监造、运行、检修、检验等环节把好质量关，也要注意分析每一次失效机理和原因，把历史上出现的泄漏事故进行统计和对比，真正认识其失效本质。

一、受热面管监督的基本内容

我国有很多受热面管的管理和检验的质量标准、规程和导则，各个发电公司也制订了很多受热面的管理和检修细则。但应该认识到这是对受热面管监督的基本内容，往往很笼统，不具有针对性。要做好受热面管的监督工作，第一要熟悉本厂受热面的结构和运行特性，第二要了解各个规程的要求，以制订针对性更强的监督措施。

设计、制造、安装、运行、检修、检验等环节所涉及的标准如下：

(1) GB 5310—2008《高压锅炉用无缝钢管》；

(2) DL/T 715—2000《火力发电厂金属材料选用导则》；

(3) GB/T 9222—2008《水管锅炉受压元件强度计算》；

(4) JB/T 3375—2002《锅炉用材料入厂验收规则》；

（5）JB/T 1611—1993《锅炉管子制造技术条件》；

（6）DL/T 5047—1995《电力建设施工及验收技术规范（锅炉机组篇）》；

（7）DL 612—1996《电力工业锅炉压力容器监察规程》；

（8）DL 647—2004《电站锅炉压力容器检验规程》；

（9）能源电〔1992〕106号文《防止火电厂锅炉四管爆漏技术导则》；

（10）DL/T 939—2005《火力发电厂锅炉受热面管监督检验技术导则》；

（11）DL/T 438—2009《火力发电厂金属技术监督规程》。

在受热面管的监督过程中，上述标准提出明确的要求，在此不需赘述。各级技术人员要熟悉各项规定的内容和要求，以制订本单位的监督项目与反措。此外，还有一些焊缝质量要求、材料老化（球化）评级、检验要求的标准，技术人员也应熟悉掌握。

二、超临界锅炉异种钢接头的早期失效

大量案例表明奥氏体不锈钢与铁素体钢的焊接接头运行至 3×10^4 h 会出现沿铁素体钢一侧的熔合线开裂，造成早期泄漏。研究认为早期失效原因是由于熔合线附近区域的应力水平较高，并与机组运行中的交变热应力、炉管内气流波动引起的振动应力等相迭加，使焊接接头的熔合线附近受到了应力幅值较高的低周疲劳载荷的作用；当载荷超过门槛值时，焊接接头首先在表面应力集中部位形成微裂纹，进而出现早期低周疲劳失效。

下面结合某厂 TP347H 与 12Cr1MoV 异种钢焊接接头的失效进行分析。

1. 宏观检查

宏观形貌表明，泄漏管沿焊缝低合金钢侧熔合线开裂，如图 6-30 所示。焊缝左侧为 12Cr1MoV，右侧为 TP347H。

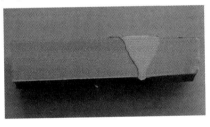

图 6-30　异种钢接头开裂宏观形貌

2. 微观形貌

对管样电解浸蚀后，采用扫描电镜观察了高倍金相，发现在低合金钢侧熔合线附近的焊缝普遍存在约 $0.1 \mu m$ 的微孔，如图 6-31 所示。但在抛光状态下对管样的上述部位进行了全面仔细扫查，未发现任何细微孔洞。为了进一步确认观察结果，采用化学浸蚀的方法对管样焊缝熔合线附近进行高倍金相确认，并未发现任何细微孔洞，但隐约可见细小碳化物析出，如图 6-32 所示。分析认为，这些微孔是在电解腐蚀过程中细小碳化物脱落的结果。而在抛光状态及化学腐蚀条件下，焊缝熔合线低合金钢侧并未发现任何显微孔洞。因此，试验

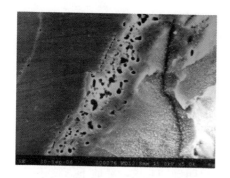 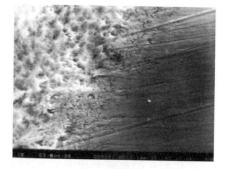

图 6-31 熔合线上的微孔（电解腐蚀）　　图 6-32 熔合线上的细小碳化物（化学腐蚀）

结果并不支持微孔长大、结合的蠕变断裂机理。

3. 显微硬度分析

显微硬度测定结果表明，在某些部位，在熔合线低合金钢侧出现一个硬度低谷，而熔合线焊缝一侧则存在一个硬度峰值（见图 6-33）；而另一些部位，熔合线低合金钢侧硬度没有明显的降低（见图 6-34）。

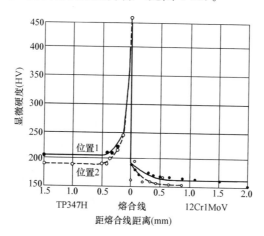

图 6-33 泄漏管样未开裂部位低合金钢侧焊缝熔合线
两侧显微硬度分布

4. 力学性能试验

对泄漏和未泄漏试样进行常温和 540℃ 高温力学性能试验，从试验结果看，强度、塑性、韧性均保持在比较高的水平。但泄漏管样的冲击试样断口存在沿低合金钢侧焊缝熔合线断裂的现象，而硬度差值较小的未泄漏管样不存在此断裂特征。

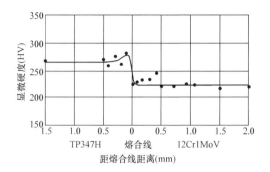

图 6-34　未泄漏管样低合金钢侧焊缝熔合线
两侧显微硬度分布

5. 综合分析

首先，对于 TP347H 和 12Cr1MoV 焊制而成的异种钢焊接接头，在焊后热处理或高温运行服役时，熔合线附近会发生碳由珠光体向奥氏体焊缝的扩散，造成熔合线两侧碳含量的巨大差异，使熔合线附近的 12Cr1MoV 一侧发生软化，焊缝一侧则是硬化区域，使熔合线变成一个硬度差异较大的薄弱环节。温度越高，碳的迁移扩散越剧烈，这种现象也就越明显。泄漏炉管与其他管样相比，其融合线附近存在明显的硬度低谷，这是由于泄漏管样开裂部位焊缝内壁存在焊瘤缺陷，使该处的介质流动受到阻碍，流速降低，换热效果变差，从而提高了管壁的温度，在较高温度的作用下，加速了碳的扩散，这直接导致了熔合线附近硬度的变化，使该部位呈现较高的应力水平。其次，炉管在运行中还承受着一定的交变应力，这种交变应力主要来源于设备启停产生的交变热应力、炉管内气流波动引起的振动应力等。有资料表明，不锈钢与珠光体钢的焊接接头出现早期失效的启动频率在 30～290 次，该案例所涉及的启停次数为 65 次，另一台炉启停 34 次。再次，泄漏管样内壁焊缝存在的焊瘤，势必会造成应力集中。这几种应力的迭加使焊接接头的熔合线附近受到了应力幅值较高的低周疲劳载荷的作用。当载荷超过疲劳载荷的门槛值时，炉管首先在表面应力集中部位（如焊瘤处）形成微裂纹，进而以疲劳方式沿薄弱环节扩展，最终穿透整个壁厚，造成泄漏。

电厂运行的带有异种金属焊接接头的过热器炉管和再热器炉管数量很多，发生过早失效的炉管毕竟是极少数，究其原因，应是几种不利因素综合作用的结果。对比分析开裂的管样和未开裂的管样的检查结果可以看出，开裂管样焊缝熔合线低合金钢侧存在一个硬度低谷，而未开裂管样则不存在这个低谷。

此外，还与熔合线附近焊缝金属的稀释程度、碳的迁移，以及由此引起的碳的贫化程度和焊接工艺如焊接热输入量等因素直接相关。

三、超（超）临界锅炉异物堵塞爆管的监督与防治

自 2006 年 11 月首台 1000MW 等级的超（超）临界机组在玉环投入运行以来，我国已有 100 多台超（超）临界机组投入或即将投入商业运行，机组容量为 600MW 和 1000MW 等级，参数为 25～26.5MPa/600℃/600℃。由于温度、压力的提高，锅炉使用了大量的新型耐热材料，如 T91、TP304H、TP347H、TP347HFG、Super304H 和 HR3C，这些材料的使用使得超（超）临界机组在我国的拥有量迅速攀升。然而由于压力等级的提高，超（超）临界机组的承压部件在结构上发生了很大变化，尤其是锅炉受热面管径急剧变小，使异物很容易在内径较小的区域堵塞而造成爆管。异物堵塞爆管具有一定的偶然性，异物随蒸汽的扰动运动到狭窄的区域而发生堵塞，这与管子制造质量、焊口质量、联箱的清洁度、氧化皮脱落等情况有关；异物堵塞爆管也有很大的必然性，这与受热面结构密切相关，要认真分析每次爆管的特点和位置，才能制订有效的检修和防治措施，从而降低异物堵塞爆管带来的经济损失。

1. 异物的来源和爆管特征

（1）异物的来源。虽然在制造、安装、运行、检修的各个环节都对受热面和联箱的清洁度提出了要求，但实际情况往往不如人愿。异物的来源主要有以下几个方面：制造过程中管子和联箱内部清理不彻底，有机加工残留的金属切削物，如坡口加工的切削、联箱管孔加工中的残留物（俗称"草帽圈"），甚至有块状金属物；安装过程中带入的异物，如管口帽打开后不慎落入的杂物、未清理出的焊丝、焊条头、工具、铁丝等，不锈钢管高温运行中形成的氧化皮脱落后产生的堆积物，检修换管时带入管内的杂物等。

（2）异物堵塞爆管特征。异物堵塞爆管主要表现为短期过热特征，但由于超（超）临界机组管径变小，还可能表现出长期过热的特征，这是由于结构和运行特性变化造成的。

超（超）临界机组的水冷壁管和过热器管径较小，在入口处还增设有节流圈，当异物进入后容易将管子堵死，此时管子传热急剧恶化，管壁局部温度急剧上升，最终引起短期过热爆管。然而对于管径较粗的管子如低温过热器、再热器管，异物将管子堵死的情况较少，而是堵塞一部分，造成介质流量减小，从而影响了一定的传热效果，管子壁温有所升高。这种情况下，不引起短期过热爆管，在经过一段时间运行后会引起材料蠕变损伤，出现长期过热爆管。

　　超（超）临界锅炉的过热器在汇集集箱末端是容易积存异物的主要区域，随着运行时蒸汽扰动的作用，蒸汽会逐步将异物携带至节流圈，带有焊瘤、错口的焊缝，管子下弯等部位，使未堵死的部位逐步堵死，最终形成堵塞爆管。

　　2. 异物堵塞主要部位

　　异物堵塞爆管主要发生在过热器、再热器和水冷壁管上。对比过热器和再热器管，由于过热器管管径较小，更容易发生堵塞现象，而再热器管管径较粗，发生堵塞现象相对较少。水冷壁管管径也很小，也容易发生异物堵塞现象。

　　（1）过热器管的异物堵塞。按照汽水流程，超（超）临界锅炉过热器汇集联箱下部连接了屏式过热器入口小联箱，如图 6-35 所示。

　　由结构可见，屏式过热器汇集联箱末端随着汽水的流向很容易积存异物，因而此部位也是检查的重

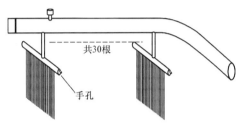

图 6-35　屏式过热器集箱结构示意图

点。汇集联箱与屏式过热器入口小联箱的连接管是垂直的，当蒸汽流动时携带的异物容易沿连接管掉落入口集箱内，故连接管对应的集箱管排是异物堵塞的主要部位。为了减少介质的热偏差，过热器入口集箱布置了几种孔径的节流孔圈，如图 6-4 所示的是屏式过热器联箱的展开图。图中数字 1、2、3 分别代表了不同的孔径。可见，入口集箱的一侧区域的孔径较小，容易堵塞异物。

　　由于过热器管排有几十米的高度，汽流难以将异物带出，故管排下弯也是易积存异物的部位。过热器管排使用了大量奥氏体不锈钢，奥氏体不锈钢容易生成氧化皮，且氧化皮在应力变化条件下容易脱落，而在下弯形成堵塞。过热器管排的夹持管、悬吊管经常存在弯管半径过小的管子，由于弯管半径过小，弯管的椭圆度容易超标，使通流面积和某一方向的径向尺寸减少，故也容易造成异物的堵塞。

　　此外在整个管排中存在大量的焊口，焊瘤的存在会减少通流面积，而且在焊口内部区域容易积存异物。

　　（2）再热器的异物堵塞。与过热器相比，再热器管径较粗。但管排下弯也容易积存异物，使通流面积较少，严重时会堵死。超（超）临界锅炉的再热器管也使用了大量奥氏体不锈钢，由于在启动中再热器管有干烧现象，故奥氏体不锈钢的氧化皮更容易脱落，而在下弯形成堵塞。

（3）水冷壁管的异物堵塞。对比过热器、再热器，水冷壁管孔径很小，其节流圈也更小，再考虑到超（超）临界锅炉的水冷壁由三叉管过渡设计，因此三叉管处容易积存异物。由于与以往锅炉相比改变了水冷壁节流圈的结构，更容易堵塞异物。

3. 异物堵塞爆管监督

鉴于异物堵塞爆管的严重性，要解决异物堵塞的问题，必须从制造、安装、运行、检修等环节进行监督检验与防治，在开展监督之前应仔细了解锅炉结构，掌握汽水流程和部件结构特征，以准确制订监督方案。

（1）在制造阶段，应注意联箱内部清洁度的检查，在封堵前应仔细检查和清理联箱内部，彻底清除"草帽圈"、铁丝、棉纱、工具等杂物，当然更不能残留块状金属杂物；在制造工序上，最好将管孔的加工工序安排在封头焊接工序之前，这样有利于清除"草帽圈"和块状物；加强对受热面管的焊接质量的检查，防止产生焊瘤等超标缺陷，避免因焊口局部通径过小造成氧化皮等杂物堵塞；在受热面管的材料选用上，宜考虑在高温部位适当采用抗氧化性能优异的 HR3C 材料，减少内壁氧化皮的形成和脱落。

（2）在安装阶段，应注意防止杂物落入联箱和管子中，因为此时落入的异物不易清理；在工程中往往发现一些异物是忘记清理而残留的，所以应杜绝焊丝、焊条头、工具等随意乱放的不良习惯；受热面管焊接后的通球检查也是鉴别管内有无异物的一种辅助手段，应确保做到 100% 通球；特别要加强"成品保护"的意识，尤其是地面组合的管排，在组合后、吊装前的这段时间应恢复管口的封堵，避免异物进入管内。

（3）机组运行中，应根据壁温测点反映的实际情况适当调整燃烧，避免温度偏差过大而造成局部管子或管屏的超温，从而有效地控制或降低氧化皮的形成速率；建议适当增加过热器和再热器的壁温测点，有效地掌握管屏的温度分布和是否有超温的情况，为运行控制提供依据；机组启动和非计划检修停运时，应尽量降低温度和负荷的变化速率，防止已生成的氧化皮脱落。在机组计划检修的停炉过程中，可以适当加快冷却速度，使已形成的氧化皮尽可能脱落，便于检修中清除。

（4）电厂的专业人员应熟知汽水流程，对运行后可能出现堵塞的部位要能够预先判断，这样才能在检修中有的放矢地安排对重点位置的检查，从而有效地检出可能存在的隐患并予以消除；检修过程中，一旦需要局部或部分更换受热面，在严格执行施工工艺、保证焊接质量的前提下，应采取简便、有效的措施，防止异物落入管中；对于不锈钢管，应在检修中对下弯头部位加强检查，发现有氧化皮堆积的应采取割管处理，并对该管圈进行彻底的检查和清理；对有节流圈的管子和联箱应采用内窥镜检查和无损检验相配合的方法进行检查，重点检查有无异物堵塞，节流圈有无变形、移位、脱落等。

第七章 汽包失效及其监督

汽包是高压、超高压和亚临界自然循环锅炉中的核心承压设备，它连接上升管与下降管组成循环回路，其作用是接收省煤器锅炉给水并进行汽水分离，向汽水循环回路供水和向过热器提供饱和蒸汽，在机组负荷变化时起到蓄热和蓄水的作用。它是加热、蒸发、过热三个过程的连接点。另外还有除去盐分以获得良好的蒸汽品质的功能。它承受着很大内压力，处于高温条件下，筒壁很厚，筒体上布满各种接管，制造要求高。一般容量愈大，则汽包壁上下侧的温差愈大，材料承受的热应力愈大。因此，了解汽包结构和运行工况，分析汽包的失效形式和失效部位，可以准确地对其进行监督，以提高机组的安全可靠性。

第一节 汽 包 结 构

汽包是由钢板制成的长圆筒形压力容器，它由筒身和两端的半球形封头组成。筒身是钢板卷制焊接而成；封头由钢板模压制成，焊接于筒身。在封头留有椭圆形或圆形人孔门，以备安装和检修时工作人员进出。在汽包上开有很多管孔，并焊上管座以连接给水管、下降管、汽水混合物引入管、蒸汽引出管、连续排污管、加药管和事故防水管等，此外还有一些连接仪表和自动装置的管座。

为了保证汽包能自由膨胀，现代锅炉的汽包都用吊箍悬吊在炉顶大板梁上。汽包横置于炉顶外部，不受热，并给予良好的保温。

汽包的尺寸和材料与锅炉的容量、参数及内部装置的形式等因素有关。汽包的长度应适合锅炉的容量、宽度和连接管子的要求；汽包的内径由锅炉的容量、汽水分离装置的布置要求来决定；汽包的壁厚由锅炉的压力、汽包的直径与结构及钢材的强度来决定。锅炉压力越高及汽包直径越大，汽包壁越厚。汽包壁太厚，会使得制造困难，在变工况运行时还会产生较大的热应力。为了限制汽包的壁厚，一方面，高压以上锅炉的汽包内径一般不超过 1600～1800mm，相应壁厚为 80～220mm；另一方面，使用强度较高的低合金钢，如 15MnMoNi、18MnMoVNb、BHW35 和 SA299 等。另外，汽包内部采用合理的结构布置，可减少锅炉启停和变工况运行时汽包产生的热应力，汽包壁厚可相应减少。

一、封头部分

锅筒封头的形状为球形，它是个不可展开的曲面，封头制造有模压和旋压成型两种方法，模压法用模具在水压机或油压机上压制成型，为普遍采用的方法，每一尺寸的封头需要一副模具。电站锅炉汽包封头直径一般不超过 2m，且壁厚较厚。

二、筒体部分

筒节是汽包的组焊件，制造筒节的技术也是制造汽包的关键技术，它包括特厚板的弯曲或压制技术、焊接技术和校圆工艺，目前国内外普遍采用两种方法：一种是卧式卷板机热卷圆＋一条纵缝焊接＋焊后用卷板机正火校圆；另一种是油压机或水压机热压或温压瓦片＋温校瓦片＋两条纵缝焊接。

弯曲成型是制造筒节的基本方法，厚板弯曲成型方法有两条路线并存，一条是压弯原理的油压机或水压机成型，另一条是卷弯原理的卷板机成型。

世界各国在大型电站锅炉汽包筒体的材料选用上，形成两种模式。欧洲各国采用低碳低合金钢，美国则采用含碳量稍高些的碳锰钢。欧洲的锅炉受压元件强度计算标准对汽包强度计算时，抗拉强度的安全系数取得比美国低，加上低合金钢的强度高，基本许用应力取得高，汽包筒体壁厚明显减薄。国内外各种燃料的自然循环辅助循环炉型，从 200MW 超高压机组锅炉到 600MW 亚临界机组锅炉，不同厂商的锅炉汽包结构参数范围是：内径为 1524～2210mm；采用各类低合金高强度钢的壁厚为 90～155mm，采用各类碳锰钢的壁厚为 130～220mm；筒身最大长度一般在 30m 以内。汽包上各类管接头的大小数量及分布也不尽相同，如有的封头上也布置下降管，有的汽包甚至没有集中下降管，但布置 570 多个管接头。汽包壳体有等厚度和上、下两半不等壁厚两种形状。汽包外形结构示意图见图 7-1。

我国的大型电站锅炉汽包十几年来主要用德国 BHW35 钢板制造，属于欧洲模式。适当放些余量后，超高压锅炉汽包筒体壁厚为 85～100mm，亚临界压力 300MW 机组锅炉汽包筒体壁厚为 145mm。1981 年国内锅炉行业引进美国燃烧工程公司 CE 技术，上海锅炉厂有限公司（简称上锅）制造的 300MW

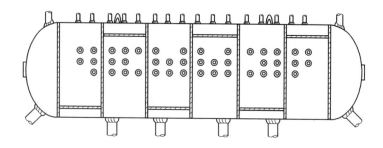

图 7-1　汽包外形结构示意图

机组和哈锅制造的 600MW 机组锅炉汽包用 SA299 钢板制造筒体和封头。按 ASME B&PVC 规范进行强度计算，汽包筒体壁厚上半部为 200mm 左右，下半部为 170mm 左右。制造的 300MW 和 600MW 机组锅炉汽包采用当今国外普遍采用的板制路线是比较经济、合理的。采用板制筒节和封头、大直径下降管和给水管均为锻件，但目前已成功采用衬筒堆焊下降管，不久将取代锻件下降管结构。

三、制造工艺

汽包的制造工序很多，不同设计特性又决定了单台汽包的生产周期较长，汽包的主要制造工艺流程包括：

（1）筒体（节）的压制。

（2）筒体的纵缝坡口加工。

（3）筒体的纵缝焊接。

（4）筒体的环缝坡口加工。

（5）筒体的组焊总装。

（6）筒体的预焊件装焊。

（7）封头的压制。

（8）封头的人孔圈堆焊。

（9）封头与筒体的总装与焊接。

（10）汽包上各类管孔的切割加工与钻孔。

（11）各类管接头的装焊。

（12）汽包的中间热处理与最终热处理。

（13）无损探伤检查。

（14）水压试验。

由于设备制造要求、设计结构和工艺方法的不完全相同，国内外制造厂家生产特厚壁汽包的工艺特点既有相同之处，也有不同之处，主要表现在：

（1）板制厚壁筒节的制造方法不相同，有的卷成圆筒，用一条纵缝制成筒节。有的压成2个半圆瓦片或一大一小瓦片，用2条纵缝制成筒节。

（2）均采用油压制或水压机压制厚壁汽包封头。

（3）特厚壁汽包筒节与封头和筒节之间的环缝焊接大部分厂家皆采用窄间隙埋弧焊自动焊，差别仅在于单丝或双丝及坡口宽窄；纵缝有的采用窄间隙埋强焊，有的采用电渣焊。

（4）管接头的焊接工艺不完全相同，有的采用手工焊、埋弧自动焊、保护气体管状药芯焊丝半自动焊等。

（5）汽包壳体上管孔皆采用切割加工和钻孔，但机械化程度有所不同。

（6）焊接的预热、后热、消氢及最终热处理制度基本相同。

（7）汽包制造过程中，探伤工艺相同，但探伤的先后次序各工厂根据具体情况有所不同。

（8）组装总装工艺不完全相同，各制造厂有自己的制造程序和传统生产习惯。

（9）皆有焊接工艺评定试验和产品试板。

第二节 汽包运行工况和应力分析

汽包的工作条件比较简单，是自然循环和控制循环锅炉蒸发设备中最重要的部件，它具有下列作用：

（1）汽包是加热、蒸发、过热三个过程的连接点。它接受从省煤器来的锅炉给水，向水冷壁输送饱和水，并且给过热器供应饱和蒸汽。

（2）汽包具有一定的储热能力。在锅炉工况变动时，可以延缓汽压的变化速度，有利于锅炉运行的调节。

（3）汽包内安装有汽水分离和连续排污装置，可以净化蒸汽及提高蒸汽品质。

（4）汽包上安装有压力表、水位计、事故放水门、安全阀等附属设备，用来监测汽包压力和汽包水位，以保证锅炉安全运行。

对于自然循环锅炉，在炉外承压部件中，汽包是最重要的部件，而且汽包的体积庞大、壁厚大、造价高，一旦发生损坏，现场难以修复。汽包运行工况也很复杂，不仅要承受内部较高的压力，还要承受冷、热态启停及变负荷时的循环机械应力和热应力，这些交变应力很容易产生疲劳破坏。因此，对锅炉汽包进行应力及疲劳寿命分析是很必要的。

锅炉承压部件都是圆筒形容器，根据力学分析，在运行中处于复杂的载荷工况，概括起来承受的载荷有：①机械应力，包括正常运行条件下的稳定压力、启停过程中的压力升降，以及水压试验中的压力而引起的应力；②热应力，包括在正常运行条件下由部件壁温差产生的稳定热应力、在变工况下由部件壁温的变动温差引起的定期变化的热应力，以及在部件的个别部位由壁温波动引起的频率较大的交变热应力；③附加载荷，包括由部件自身、内部介质等的重力构成的均匀外载，以及因支承、悬吊引起的局部集中外载；④工艺应力，包括焊接残余应力、胀接残余应力、元件不圆度造成的弯曲应力等。

上述的四种载荷中，工艺应力和附加载荷是比较难以定量确定的，它们与材料特性、焊接质量、安装情况等因素有关，因而在实际应用中将它们列入疲劳曲线的安全系数予以考虑。机械应力和热应力是整个应力幅变化的主要因素，对承压部件的应力分析主要针对这两种应力。任一时刻，炉外承压部件实际承受的应力是由内压引起的机械应力和由温差引起的热应力组成的复合交变应力。

汽包外承压部件往往会有一些不同用途的开孔和管接头，通常在管接头和管孔这些几何形状突然变化的地方会造成局部应力集中，形成峰值应力；另外，如焊口部位、焊缝存在缺陷的部位等区域的应力集中系数较高，其峰值应力可能达到屈服强度的两倍以上；尤其是在集中下降管接头附近，其循环应力幅最大，会在该部位的应力集中区首先萌生疲劳裂纹，随后裂纹不断扩展，最终导致部件泄漏或疲劳破坏，因而该处的低周疲劳寿命最低。目前，国内在进行汽包低周疲劳寿命校核时主要是校核该处的寿命，只要能保证该处的寿命，整个汽包的寿命就能保证。

获得下降管接头周围的峰值机械应力和热应力的分布是比较复杂的问题，可以采用三维有限元法来计算求得，但工作量大，而且其计算的正确性与所给定边界条件的正确性有很大的关系。因此，国内外在进行汽包疲劳寿命的计算时，都采用工程简化方法，即按无孔汽包筒体计算得到机械应力和热应力。

亚临界压力以下的锅炉汽包，其内部介质温度不超过360℃，高温蠕变对汽包寿命的影响可略去不计。因此，只要计算出汽包的疲劳寿命损耗，就能确定锅炉汽包目前的安全运行状况。评价汽包低周疲劳寿命的常用方法是：计算或实验测定出汽包上峰值应力区的应力幅，从已知的设计疲劳曲线上找出对应的断裂循环次数，再将各种应力循环引起的寿命损耗量用 Miner 线性迭加原理进行累积计算，从而得到汽包的疲劳寿命损耗。采用这种方法计算汽包的疲劳寿命损耗，最关键的是主应力的选取和疲劳曲线的确定。对此，各主要工业国家都有各自的疲劳校核计算标准方法，如美国的 ASME、英国的 BS5500、德国的 TRD-301 及俄罗斯的 OCT。这些方法的基本原理都大致相同，主要区别在于选用的强度理论和设计疲劳曲线不同。

一、机械应力分析

1. 应力分析

依据弹性力学，对任意一个承受表面力的物体建立平衡微分方程、连续性方程、物性方程。对于锅炉承压部件来说，受轴对称外力（内压）的作用，圆柱坐标 (r, θ, z) 为其主应力方向，微元六面体上剪应力为 0，轴向应力 σ_z 为常数，忽略体积力，可将方程简化为

$$\frac{\mathrm{d}\sigma_r}{\mathrm{d}r} + \frac{\sigma_r - \sigma_\theta}{r} = 0 \tag{7-1}$$

$$\left.\begin{array}{l} \varepsilon_r = \dfrac{\partial s_1}{\partial r} \\[2mm] \varepsilon_\theta = \dfrac{s_1}{r} \\[2mm] \varepsilon_z = \dfrac{\partial s_3}{\partial z} \\[2mm] \gamma_{zr} = \dfrac{\partial s_1}{\partial z} + \dfrac{\partial s_3}{\partial r} \end{array}\right\} \tag{7-2}$$

$$\left.\begin{array}{l} \varepsilon_\theta = \dfrac{1}{E}\left[\sigma_\theta - \mu(\sigma_r + \sigma_z)\right] \\[2mm] \varepsilon_r = \dfrac{1}{E}\left[\sigma_r - \mu(\sigma_\theta + \sigma_z)\right] \\[2mm] \varepsilon_z = \dfrac{1}{E}\left[\sigma_z - \mu(\sigma_\theta + \sigma_r)\right] \end{array}\right\} \tag{7-3}$$

式中　ε_θ、ε_r、ε_z——厚壁圆筒的环向应变、径向应变及轴向应变；

σ_θ、σ_r、σ_z——厚壁圆筒的环向应力、径向应力及轴向应力；

γ_{zr}——剪应变；

s_1、s_3——r、z 方向的位移分量；

E——材料的弹性模量；

μ——材料的泊松比，表示横向应变与纵向应变的比值。

其应力边界条件为：对于内壁，$r = R_1$，$\sigma_r = -p$；对于外壁，$r = R_2$，$\sigma_r = 0$。

由此得厚壁承压部件受内压力为 p 时，各个方向上的应力为

$$
\left.\begin{aligned}
\sigma_\theta &= \frac{p}{\beta^2-1}\left(1+\frac{R_2^2}{r^2}\right) \\
\sigma_r &= \frac{p}{\beta^2-1}\left(1-\frac{R_2^2}{r^2}\right) \\
\sigma_z &= \frac{p}{\beta^2-1}
\end{aligned}\right\}
\tag{7-4}
$$

对于薄壁圆筒，承受的应力可以简化为

$$
\left.\begin{aligned}
\sigma_\theta &= \frac{p(D+s)}{2s} \\
\sigma_r &= 0 \\
\sigma_z &= \frac{p(D+s)}{4s}
\end{aligned}\right\}
\tag{7-5}
$$

式中　D——承压部件内径，mm；

　　　R_1——承压部件内壁半径，mm；

　　　R_2——承压部件外壁半径，mm；

　　　R——承压部件计算半径，mm；

　　　β——承压部件外径与内径之比；

　　　s——承压部件壁厚，mm。

2. 机械应力集中系数

锅炉承压部件在循环应力的作用下，会在应力集中区萌生疲劳裂纹，随后裂纹不断扩展，最终导致部件泄漏或疲劳破坏，对于调峰的锅炉机组，由于启停快速而频繁，部件将承受幅度更大、频率更高的循环应力作用，所以疲劳破坏已成为调峰锅炉机组部件失效的主要原因之一。对于目前的电网运行方式，调峰是必然的。

应力集中的程度取决于部件的受力状态和孔的形状。计算和整理各种形状的孔在不同受力状态下的应力集中系数，采取行之有效且简单易行的措施，可以使部件的应力集中得到缓和（即降低应力集中系数）。

汽包在内压 p 作用下，圆筒的环向应力 $\sigma_\theta = \dfrac{p(D+s)}{2s}$，轴向应力 $\sigma_z = \dfrac{p(D+s)}{4s}$，径向应力 $\sigma_r = 0$。因此，可将汽包视作受两向应力的薄平板，作用的两个主应力是 $\sigma_1 = \sigma_\theta$，$\sigma_2 = \sigma_z =$

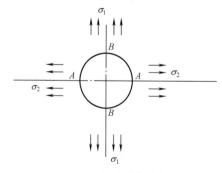

图 7-2　汽包开圆孔示意图

$0.5\sigma_\theta$，如图 7-2 所示。

计算后可以发现，当 $\theta = \pm \pi/2$ 时，孔边环向应力达最大值为

$$\sigma^0_{\theta max} = 2.5\sigma_\theta \tag{7-6}$$

因此，最大的孔边应力集中系数发生在汽包纵向平面内转角 A 点处，其值为

$$\alpha = \frac{\sigma^{\frac{\pi}{2}}_{\theta max}}{\sigma_\theta} \tag{7-7}$$

当 $\theta = 0$ 和 $\theta = \pi$ 时，孔边环向应力达最小值为

$$\sigma^0_{\theta min} = 0.5\sigma_\theta \tag{7-8}$$

因此，汽包横向平面孔边 B 点处的应力集中系数最小。

以上是将汽包视作平板的情况，孔边应力集中系数与孔径 $d(2a)$ 无关。在圆筒体上开孔时，筒体曲率及孔径对孔边应力是有影响的。当 $\dfrac{d}{\sqrt{Ds}} \geqslant 1.0$ 时，汽包上孔边的最大环向应力为

$$\sigma^0_{\theta min} = 2.5\sigma_\theta \left(1 + 1.15 \frac{d^2}{Ds}\right) \tag{7-9}$$

式中　d——汽包孔径；

D、s——汽包的内径和壁厚。

在疲劳设计计算中，所应用的应力集中系数的数值，通常是根据大量实验数据或大量精确计算数据的统计值。目前用作疲劳设计计算的应力集中系数有德国 TRD301—1998《蒸汽锅炉技术规程》和美国 ASME《锅炉和压力容器规范》所推荐的数值。实践表明，这些数据都具有足够的安全裕度。但相比较来看，当考虑到管接头的形式时，美国 ASME 所推荐的应力集中系数，比德国 TRD301—1998 的取值要偏低些，安全裕度不如 TRD301—1998 大。一般可采用德国 TRD301—1998 推荐的数值。

二、热应力分析

锅炉汽包承受的热应力主要包括内外壁温差热应力（径向热应力）和上下壁温差热应力（周向热应力）。汽包在运行过程中，特别是在启停及变负荷等不稳定工况下，由于内外壁温度不同，导致内外壁膨胀量不同，会在汽包壁内部产生热应力，即内外壁温差热应力；另外，汽包上半部金属与蒸汽相接触，下半部金属与水相接触，由于蒸汽和水对汽包内壁的放热系数不同，所以造成汽包上下壁之间温度分布不均匀，从而造成热应力，称为上下壁温差热应力。

下面就分别讨论这两种热应力。

1. 内外壁温差热应力

在锅炉承压部件中,内外壁的壁温往往不相同而存在着一定的温差,在启动及停炉时这种温差更加显著。由传热学知识可知,温度沿圆筒壁厚方向的变化规律为

$$t(r) = t_n + \frac{\ln\left(\dfrac{r}{r_n}\right)}{\ln\left(\dfrac{r_w}{r_n}\right)}\Delta t \tag{7-10}$$

$$\Delta t = t_w - t_n$$

式中　t_n——内壁温度;

r_n、r_w——内、外半径;

　　r——筒壁内任意点的半径;

　Δt——内外壁温差。

当壁厚 $\Delta \delta = r_w - r_n$ 相对于半径 r_n 较小时,式(7-10)可简化为

$$t(r) = t_n + \frac{r - r_n}{r_w + r_n}\Delta t \tag{7-11}$$

即温度沿着壁厚呈线性变化。

下面来分析在温度场 $t = t(r)$ 下厚壁圆筒的热应力。在分析热应力时,静力平衡条件及变形条件仍与分析机械应力相同,只是在物理条件中增添温度所产生的热应力变项,即物性方程应写成

$$\left.\begin{aligned}
\varepsilon_\theta &= \frac{1}{E}\left[\sigma_\theta - \mu(\sigma_r + \sigma_s)\right] + \alpha t \\[2mm]
\varepsilon_r &= \frac{1}{E}\left[\sigma_r - \mu(\sigma_\theta + \sigma_s)\right] + \alpha t \\[2mm]
\varepsilon_s &= \frac{1}{E}\left[\sigma_s - \mu(\sigma_\theta + \sigma_r)\right] + \alpha t
\end{aligned}\right\} \tag{7-12}$$

式中　α——材料的线膨胀系数。

若厚壁圆筒的长度相对于横向尺寸大很多,则除了两端附近的区域外,可以认为中间部分的 $\varepsilon_z = C$(常数),即认为厚壁圆筒处于平面应变状态。当厚壁圆筒不受任何外载作用时,内、外壁处的径向热应力都应为零,故边界条件为 $\sigma_{rn} = \sigma_{rw} = 0$。从而得出应力表达式

$$\sigma_r = \frac{\alpha E}{1-\mu}\left[\frac{1}{r_w^2 - r_n^2}\left(1-\frac{r_n^2}{r^2}\right)t_p(r_w) - \frac{t_p(r)}{r^2}\right]$$

$$\left.\begin{aligned}\sigma_\theta = \frac{\alpha E}{1-\mu}\left[\frac{1}{r_w^2 - r_n^2}\left(1+\frac{r_n^2}{r^2}\right)t_p(r_w) + \frac{t_p(r)}{r^2} - t\right]\end{aligned}\right\} \quad (7\text{-}13)$$

$$\sigma_z = \frac{\alpha E}{1-\mu}\left[\frac{2t_p(r_w)}{r_w^2 - r_n^2} - t\right]$$

$$t_p(r) = \int_{r_n}^{r} tr\,\mathrm{d}r$$

$$t_p(r_w) = \int_{r_n}^{r_w} tr\,\mathrm{d}r$$

从式（7-13）可以看出，在汽包的内、外壁上，环向热应力和轴向热应力相等，而且是径向截面上最大的热应力，因此，对于锅炉疲劳寿命计算来说，汽包内、外壁上的热应力值具有特别重要的意义。

当温度沿壁厚按对数规律式（7-10）分布时，$t_p(r)$ 可求得为

$$t_p(r) = \frac{r^2}{2}\left\{t_n\left(1-\frac{r_n^2}{r^2}\right) + \frac{\Delta t}{2\ln\beta}\left[2\ln\frac{r}{r_n} - \left(1-\frac{r_n^2}{r^2}\right)\right]\right\} \quad (7\text{-}14)$$

将式（7-14）代入式（7-13），可得：

内壁处（$r = r_n$）

$$\left.\begin{aligned}&\sigma_{tr} = 0 \\ &\sigma_{t\theta} = \sigma_{tz} = \frac{\alpha E \Delta t}{1-\mu}\left(\frac{\beta^2}{\beta^2 - 1} - \frac{1}{2\ln\beta}\right)\end{aligned}\right\} \quad (7\text{-}15)$$

外壁处（$r = r_w$）

$$\left.\begin{aligned}&\sigma_{tr} = 0 \\ &\sigma_{t\theta} = \sigma_{tz} = \frac{\alpha E \Delta t}{1-\mu}\left(\frac{1}{\beta^2 - 1} - \frac{1}{2\ln\beta}\right)\end{aligned}\right\} \quad (7\text{-}16)$$

对于 β 较小的圆筒，可以采用线性温度分布式（7-11）来进行计算。此时 $t_p(r)$ 可求得为

$$t_p(r) = (r^2 - r_n^2)\frac{t_n}{2} + (2r^3 - 3r^2 r_n + r_n^3)\frac{\Delta t}{6(r_w - r_n)} \quad (7\text{-}17)$$

从而求得内外壁上的应力值为：

内壁处（$r = r_n$）

$$\left.\begin{aligned}&\sigma_{tr} = 0 \\ &\sigma_{t\theta} = \sigma_{tz} = \frac{1}{3}\times\frac{2\beta+1}{\beta+1}\times\frac{\alpha E \Delta t}{1-\mu}\end{aligned}\right\} \quad (7\text{-}18)$$

外壁处（$r = r_w$）

$$\left.\begin{array}{l} \sigma_{tr} = 0 \\[2mm] \sigma_{t\theta} = \sigma_{tz} = -\dfrac{1}{3} \times \dfrac{\beta+2}{\beta+1} \times \dfrac{\alpha E \Delta t}{1-\mu} \end{array}\right\}$$ (7-19)

从式（7-15）和式（7-16）可以看出，在内、外壁处，由内外壁温差引起的热应力的大小与线膨胀系数 α、弹性模量 E、泊松比 μ、外径与内径的比值 β 和温差 Δt 有关。其中，前三项均为材料物性参数，β 也是已知的设计参数，因此在内、外壁处，由内外壁温差引起的热应力将只与内外壁温差 Δt 有关，成为 Δt 的单值函数。

2. 上下壁温差热应力

锅炉在启动过程中，汽包内汽侧的介质温度为相应压力下的饱和温度，而水侧的介质温度低于饱和温度。此时，汽包上半部空间内的饱和蒸汽遇到较冷的汽包壁时将发生凝结放热，汽包下半部空间内的水与汽包壁的换热以自然对流为主。因为凝结放热系数比自然对流换热系数大得多，所以汽包上半部金属的温升速度比下半部快，这就使得启动过程中上半部金属温度高于下半部金属温度。

在停炉过程中，水侧介质的温度接近饱和温度，汽侧介质将发生过热而高于饱和温度。而且，水的对流放热系数比汽侧蒸汽的放热系数大得多，从而汽包上半部金属温度比下半部金属温度降得慢。这样，在停炉时也是汽包上半部的壁温高于其下半部的壁温。

不一样的壁温导致各纵向纤维之间膨胀的不均匀性，进而产生热应力，即上下壁温差热应力（周向热应力）。

若汽包两端是固定支承的，即汽包的伸长和弯曲都是被完全阻止的，则在汽包壁内将产生的轴向热应力为

$$\sigma'_z = -\alpha E t(\theta)$$ (7-20)

若汽包的两端是自由的，在温度分布 $t = t(\theta)$ 作用下，将会由于膨胀的不均匀性而产生轴向热应力

$$\sigma^t_z = \alpha E[-t(\theta) + c_0 + c_1 \cos\theta]$$ (7-21)

式中 c_0、c_1——待定常数，可由汽包结构的边界条件确定。

由于实际汽包为悬吊结构，轴向伸长可以看作是自由的，但汽包上连接有各种管子，汽包的弯曲被这些管子部分地阻止了。因此，式（7-21）中的第三项应该乘上一个小于 1 的系数 γ，即

$$\sigma_s^t = \alpha E\left[-t(\theta) + c_0 + c_1\gamma\cos\theta\right] \tag{7-22}$$

当 $\gamma=0$ 时，弯曲被完全阻止，式（7-22）中的第三项为 0；当 $\gamma=1$ 时，弯曲完全自由，式（7-22）转化为式（7-21）的形式；当 $0<\gamma<1$ 时，弯曲被部分阻止。

若令

$$K = \frac{1}{\Delta t}\left[-t(\theta) + c_0 + \gamma c_1\cos\theta\right] \tag{7-23}$$

则式（7-22）改写为

$$\sigma_z^t = \alpha E\Delta t K \tag{7-24}$$

式中　Δt——汽包上下壁之间的最大温差。

K 值在数值上等于汽包中实际热应力与汽包两端受约束时其壁内所产生的热应力的比值，其值永远小于 1。根据实测的温度分布曲线 $t = t(\theta)$ 的计算表明，K 值不会大于 0.4，通常取 $K=0.3$。

通常状态下，上下壁温差造成的轴向热应力值很小，一般为 20～30MPa。而内压造成的机械应力及变化范围达 200～400MPa。内外壁温差造成的应力及变化也相当可观，对于厚壁汽包内外壁温差热应力可达到与机械应力相同的数量级。在应力构成中，机械应力和内外壁温差热应力占去绝大部分，上下壁温差造成的影响相比之下很微弱。某些国家（如德国）在疲劳计算方法中干脆不考虑上下壁温差影响，也忽略了上下壁温差热应力。

3. 热应力计算

锅炉在启停或变负荷运行过程中，由于汽包壁温度分布的不均匀性较大，其热应力也较大。此时若已求得汽包壁温度分布函数 $t(r,\tau)$，则按热弹性理论可知，无孔汽包径向温差引起的内壁环向热应力为

$$\sigma_{t\theta} = \frac{\alpha_1 E}{1-\mu}\left[T_{ip}(R_2,\tau) - T_{ip}(R_1,\tau)\right] \tag{7-25}$$

式中　α_1——材料的线膨胀系数；

　　　E——弹性模量；

　　　μ——泊松比；

R_1、R_2——圆筒内半径和外半径；

　　　T_{ip}——时刻 τ 的圆筒壁体积平均温度。

T_{ip} 可由梯形公式进行数值积分，即

$$T_{ip} = \frac{2}{R_2^2 - R_1^2}\int_{R_1}^{R_2} rt(r,\tau)\mathrm{d}r \tag{7-26}$$

$$T_{ip} = \frac{2R_1^2}{R_2^2 - R_1^2} \int_0^{\ln \frac{R_2}{R_1}} t(x,\tau) e^{2x} dx \tag{7-27}$$

$$T_{ip} = \frac{2R_1^2}{R_2^2 - R_1^2} h \left\{ 0.5 [t(0,j) + e^{2nh} t(n,j)] + \sum_{k-1}^{n-1} e^{2kh} t(k,j) \right\} \tag{7-28}$$

三、主应力

汽包壁的机械应力及热应力确定后，应将这些应力进行迭加。对于疲劳计算来说，应力迭加的原则是将汽包上最危险点处各种循环应力分量迭加，即汽包集中下降管孔的纵向截面（通常称肩部）和横向截面（通常称腹部）两处。并且对于各种应力，应先考虑各自的应力集中系数，再按上述原则迭加。

因此，汽包内压和径向温差引起的总应力为

$$\sigma = \sigma_m \frac{p(D+s)}{2s} + \sigma_t \sigma_{t\theta} \tag{7-29}$$

式中　p——工作压力；

　　　D——汽包内径；

　　　s——壁厚；

　　　$\sigma_{t\theta}$——无孔汽包径向温差引起的环向热应力；

　　　σ_m——机械应力集中系数；

　　　σ_t——径向温差引起的热应力系数，$\sigma_t = 2$。

1. 汽包疲劳寿命损耗计算

金属材料在远低于其抗拉强度的交变（循环）应力作用下，经过一定的循环次数之后，材料会发生断裂，这种现象称为疲劳破坏现象。

根据机械零件所受应力的大小、循环应力频率的高低，通常将金属材料的疲劳分为高周疲劳和低周疲劳两类。高周疲劳是应力较小，一般小于材料的屈服极限，而应力循环的频率较高，金属材料的寿命长达 10^7 次应力循环；低周疲劳应力较大，一般大于材料的屈服极限，而应力循环的频率较低，断裂时的应力循环次数一般少于 $10^2 \sim 10^5$ 次。

按发生疲劳时的工作温度，金属材料的疲劳分为低温疲劳、中温疲劳和高温疲劳。低温疲劳通常是指室温下发生的疲劳现象。高温疲劳通常指的是温度高于 $(0.5 \sim 0.6) T_m$（材料熔点，K），或温度高于再结晶温度时发生的疲劳现象。把温度介于室温和 $0.5 T_m$ 之间发生的疲劳称为中温疲劳。中温时，材料的疲劳强度比室温时的疲劳强度低得不多，蠕变也不起作用。因此，将中温疲劳又称亚蠕变范围内的疲劳现象。在温度高于 $0.5 T_m$ 的情况下，疲劳强度往往会急剧下降，而且往往是疲劳和蠕变同时起作用。因此，高温疲劳又称蠕变范围内的疲劳现象。

对于锅炉高温承压元件，蠕变变形本身并不影响锅炉工作，只要保证元件在使用期内不发生破裂即可，故在强度计算中，通常以钢材的持久强度作为设计的依据。

目前评价汽包材料低周疲劳寿命的传统方法有两种，即安全寿命计算法和损伤容限计算法。安全寿命计算法是首先通过实验方法获得应力与寿命的关系曲线（$\sigma \sim N$ 曲线）或应变与寿命的关系曲线（$\varepsilon \sim N$ 曲线）。在进行寿命计算时，只需计算或实验测定出汽包上峰值应力区的应力幅（或应变幅），然后在已知的设计疲劳曲线上找出对应的断裂循环次数 N。损伤容限计算法是利用断裂力学的方法研究裂纹在循环应力作用下的扩展速度 da/dN，从而可以求得裂纹由原始尺寸扩展到临界尺寸所经历的循环次数。

比较起来，损伤容限计算法在计算带裂纹部件的剩余寿命时是相当有效的，但由于该方法需要原始裂纹详细的几何参数、材料的断裂韧性等数据，而要精确地测量这些数据目前还很困难，因此，锅炉汽包疲劳寿命的校核计算通常都采用安全寿命计算法。

主要工业国家都有各自的疲劳校核计算标准方法，这些标准也都是采用安全寿命计算法，如美国的 ASME 标准、英国的 BS5500—2006《非直接火焊接压力容器规范》、德国的 TRD301—1998 以及俄罗斯的 OCT 标准。这些标准的原理基本相同，主要区别是选用的强度理论不同及各自的设计疲劳曲线不同，如美国和英国采用的是最大剪应力的第三强度理论，而德国采用的是第一强度理论。

2. 应力循环范围的确定

在疲劳寿命计算过程中，涉及材料的物理性质及力学性能，均决定于应力循环中定性温度，定性温度由下式确定

$$t = 0.75t_{max} + 0.25t_{min} \tag{7-30}$$

式中　t_{max}——应力循环中的最高温度，℃；

　　　t_{min}——应力循环中的最低温度，℃。

根据内压引起的机械应力和径向温差引起的热应力确定应力循环范围。汽包内压和温差引起的总应力为

$$\sigma = \sigma_m \frac{p(D+s)}{2s} + 2\sigma_{t\theta} \tag{7-31}$$

在锅炉的启停过程中，内压 p 及 $\sigma_{t\theta}$ 都是随时间而变化的，因此按式（7-31）计算的孔边总应力（组合应力）值也是随时间而变化的。在每一个由启停或升温、降温所组成的应力循环中，可以找出最大的孔边总应力 σ_{max} 和最小的孔边总应力 σ_{min}，循环应力范围为

$$\Delta\sigma = \sigma_{max} - \sigma_{min} \tag{7-32}$$

但是，由式（7-32）所计算的循环应力范围还不能直接用来查疲劳曲线，必须对它进行修正，转换到设计疲劳曲线相应的状态。修正的方法包括：①平均应力修正；②应力—应变非线性关系的修正；③表面状态修正。需要特别提出的就是表面状态修正。

TRD301—1998 设计疲劳曲线是在实验室里，采用表面磨光的试件实验得到的。对于实际的锅炉部件，如汽包或容器，它们的表面通常是板材或管材的自然状态，焊缝表面也是未经打磨的状态。因此，在这些部件的表面上通常存在种种允许的小缺陷，而这些小缺陷往往就有可能成为疲劳裂纹的策源地，随后导致疲劳裂纹的扩展直至破坏。对于表面为自然状态的部件，其疲劳寿命要比光滑试件的疲劳寿命低，而 TRD301—1998 设计疲劳曲线中并未考虑表面粗糙度的影响，所以在进行疲劳计算时，应进行表面状态的修正，即

$$2\sigma_a = \Delta\sigma^* f_3 \tag{7-33}$$

式中 $2\sigma_a$——设计疲劳曲线纵坐标的循环应力范围，MPa；

$\Delta\sigma^*$——经平均应力修正或应力与应变非线性关系修正的循环应力范围，MPa；

f_3——表面修正系数，与材料的屈服极限 $R_{P0.2}$ 有关，可由表 7-1 查取。

由表 7-1 的数据可知，对于强度较低的材料，由于裂纹沿表面扩展速度较慢，即材料对缺口不敏感，故 f_3 值较小。对于缺口敏感的高强度材料，裂纹沿表面扩展速度较快，表面修正系数 f_3 值较大。

表 7-1   表面修正系数 f_3

$R_{P0.2}$（MPa）	$\leqslant 360$	$360\sim 600$	>600
f_3	1.0	1.2	1.4

将实际部件中的循环应力范围 $\Delta\sigma$，经上述修正而转化为疲劳曲线上的循环应力范围 $2\sigma_a$ 后，就可以在疲劳曲线上直接查到相应的出现裂纹的允许循环次数 N。

3. 锅炉汽包的疲劳寿命计算

德国 TRD301—1998 设计疲劳曲线如图 7-3 所示。它是由光滑的试件在控制应变的疲劳试验机上获得的。曲线的应力安全系数为 2，没有考虑平均应力和表面粗糙度的影响。疲劳曲线的纵坐标表示循环应力范围 $\Delta\sigma = 2\sigma_a = 2E\varepsilon_a$（MPa），其中 $2\sigma_a$ 表示无缺口杆的循环应力波动范围，E 表示材料的弹性模量；横坐标表示无缺口试件出现裂纹的循环次数 N。疲劳曲线具有20～600℃的 7 种不同温度下的曲线，其他温度时可用线性内插获得。

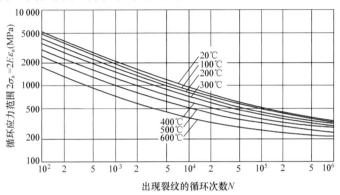

图 7-3　TRD301—1998 设计疲劳曲线

TRD301—1998 设计疲劳曲线指明了材料失效的原因是出现了裂纹，故从曲线中所求出的寿命是裂纹形成的寿命，而没有包括裂纹扩展的寿命。因此，曲线上求出的寿命低于材料的总寿命。

若只有冷态启停这一种循环应力作用时，则应满足

$$n \leqslant \frac{N}{5} \tag{7-34}$$

式中　n——冷态启停实际的循环次数；

　　　N——冷态启停允许的循环次数，即由图 7-3 查得的出现裂纹的循环次数。

若部件除承受冷态启停的循环应力外，还承受其他各种初终参数的热态启停和变负荷运行的循环应力，则它们对部件疲劳寿命的累积损伤应满足

$$\frac{n_1}{N_1} + \frac{n_2}{N_2} + \cdots + \frac{n_n}{N_n} \leqslant 0.5 \tag{7-35}$$

式中　n_1，n_2，$\cdots$，n_n——各种循环应力给定的循环次数（设计寿命）；

　　　N_1，N_2，$\cdots N_n$——相应的各种循环应力允许的循环次数，由图 7-3 查得。

汽包完成一次应力循环引起的疲劳寿命损耗为

$$D = \frac{1}{N} \tag{7-36}$$

式中　N——相应循环应力允许的循环次数，可根据有效循环应力范围和疲劳
　　　　设计曲线确定。

当寿命损耗累积达到 0.5 时，视为疲劳寿命终止。

第三节　汽　包　材　料

一、常用材料

锅炉汽包由钢板焊接而成，汽包钢板处于中温（360℃）高压状态下工作，它除承受较高的内压外，还会受到冲击、疲劳载荷及水和蒸汽介质的腐蚀作用。其工作条件要比一般的机械设备恶劣得多。随着锅炉设计参数的提高，汽包的工作压力和温度也不断提高。锅炉启停时，汽包上下部分和内外壁温差会产生很大的热应力，特别是管孔周围等部位，由于温度的交变造成的低周疲劳和应力集中的作用，容易造成事故。根据汽包的工作条件和工作环境，汽包材料应在工作温度下具有足够高的力学性能、优良的抗疲劳性能、良好的耐蚀性能。此外，由于汽包产生裂纹性缺陷后，修复难度较大，材料还应具备一定的焊接性能。

对于低、中压锅炉汽包，通常采用屈服强度等级为 $250\sim350$MPa 的钢种；而对于高压、超高压及亚临界锅炉汽包，通常采用屈服强度为 400MPa 或更高强度级别的钢种。对于启停频繁，特别是承担调峰任务的锅炉，为防止产生低周疲劳损伤，应选用屈强比不太高（σ_s/σ_b 约为 0.7）、缺口敏感性低、抗疲劳性能良好的钢种。为防止发生低应力脆性破坏，要求钢材应具有良好的冲击韧性、高的断裂韧性和较低的时效敏感性，且脆性转变温度较低。一般要求钢材经 250℃、1h 人工时效后的冲击韧性下降率不大于 50%，室温最低冲击韧性值不低于 $30\sim35$J/cm^2。应具有一定的抗汽水腐蚀破坏的能力。

汽包（锅筒）常用的钢号包括：

（1）20g、22g。20g、22g 是过去中、高压锅炉常用的钢板，其塑性、韧性和焊接性能均较好，但对应变时效较为敏感，它们的强度不高，屈服极限约为 $245\sim265$MPa，用这种钢制造的汽包壁厚较厚。该钢板以热轧状态交货，必要时可以进行 $890\sim920$℃ 正火处理。类似的钢号有 20K、22K（ГОСТ）、SB42、SB46、SB49（JIS）、HII（DIN）和 11 474.1（ČSN）。

（2）12Mng。12Mng 是屈服极限为 294MPa 级的普通低合金钢板，用它代替 20g 钢，可减少汽包壁厚 15％以上。该钢在热轧状态或正火状态的各种性能均能满足低、中压锅炉的要求，焊接性能良好，厚度小于 16mm 的钢板，一般情况下，钢板以热轧状态交货，必要时可进行 900～920℃正火处理，焊接前可不预热。类似的钢号有 10Г（ГОСТ）、13Mn6（DIN）、SM21（JIS）和 12MF4（NF）。

（3）16Mng。16Mng 是屈服极限为 343MPa 级的普通低合金钢板，是应用最早最广的钢种，用它代替 20g 钢，可减少汽包壁厚 25％～30％。该钢具有良好的综合力学性能、工艺性能和焊接性能，但该钢的缺口敏感性比碳钢大，疲劳强度较低。一般情况下，钢板以热轧状态交货，必要时可进行 900～920℃正火处理。经正火处理后可显著提高韧性，并降低脆性转变温度 FATT。类似的钢号有 19Mn5、19Mn6（DIN）、SPV36（JIS）、16ГС（ГОСТ）、17Mn4（DIN）和 SA299（ASME）。

（4）19Mn5。19Mn5 是德国钢号，用于中、高压锅炉汽包，属屈服强度为 300MPa 级别的碳锰钢，冶炼、热加工性能及焊接性能均良好，断裂韧性和低周疲劳性能也较好，有利于降低低应力脆断的危险性。钢板的正火温度为 890～950℃，消除应力退火温度为 520～580℃。类似的钢号有 19Mn6（GB）、SA299（ASME）和 A299（ASTM）。

（5）SA299。SA299 是美国钢号，用于高压、超高压、亚临界锅炉汽包。由美国引进的 300MW 和 600MW 机组锅炉汽包均使用该种钢。该钢的化学成分和屈服强度级别与 16Mng 和 19Mn5 钢相似，但钢中含碳量更高，其低周疲劳性能略低于 19Mn5 钢。该钢的力学性能比较稳定。厚度方向的力学性能较均匀，高温抗拉强度较高，冲击韧性较好，如不含有太多的 MnS 夹杂，层状撕裂敏感性亦不高，脆性转变温度低于－30℃，无塑性转变温度 NDT 约为－15℃。焊接工艺较简单，焊前预热温度低（150℃），焊接接头性能好。

（6）15MnVg。15MnVg 属屈服强度为 392MPa 级别的普通低合金钢。该钢在热轧状态下具有良好的综合力学性能及焊接性能，但缺口敏感性和时效敏感性较大。与 16Mng 钢相比，冷脆倾向稍大。为改善钢的韧性、降低脆性转变温度，应进行 940～980℃正火、600～650℃消除应力退火。类似的钢号有 A255（ASTM）。

（7）14MnMoVg。14MnMoVg 是屈服极限为 490MPa 普通低合金钢板，钢中加入了约 0.5Mo 及少量的 V 提高了屈服极限，具有良好的综合力学性能，特别适合生产厚度在 60mm 以上的厚钢板，作高压、超高压锅炉汽包用钢。例如一台 200MW 锅炉汽包（工作压力约 15.5MPa），采用屈服极限为 500MPa 的 14MnMoVg 钢，其厚度约需 80mm，重达 100t（不包括汽包内其他装置）。类似的钢号有 A302（ASTM）和 BHW38（DIN）。

（8）18MnMoNbg。18MnMoNbg 属屈服强度为 490MPa 级别的低合金钢。该钢的热强性能较好，屈服强度比较高，可焊性好。但正火加回火状态下的力学性能不够稳定，与 14MnMoVg 钢相比，常出现强度、塑性、韧性不能同时满足技术条件要求的情况。钢板经调质处理后屈服强度将显著提高，更能发挥材料潜力。大锻件及特厚钢板有白点倾向，故钢坯应缓冷。大锻件塑性和韧性由表面向中心逐渐降低。有一定的淬硬倾向，焊前须经 200～250℃ 预热，焊后应采取后热去氢措施。

（9）13MnNiMo54（BHW35）。13MnNiMo54（BHW35）为德国钢号，用于高压、超高压及亚临界锅炉汽包。属屈服强度为 392MPa 级别，强韧性配合良好的低合金钢。由于合金元素设计合理、钢的组织稳定，并具有良好的综合力学性能和工艺性能。一般该钢在正火加高温回火状态下使用，正火温度为 890～950℃，回火温度为 580～690℃。正火组织为贝氏体加铁素体，回火组织为回火贝氏体加铁素体，故该钢又可称为低合金贝氏体钢。与 BHW35 相应的国产钢号为 13MnNiMoNb，是在调整 BHW35 钢中镍、铌含量的基础上研制成功的，其各项性能指标均已达到 BHW35 钢水平。

二、汽包材料的组织

汽包用锅炉钢一般均为低碳钢或低合金钢，均属于珠光体钢或贝氏体钢。这是由汽包的工作温度所决定的。这些钢有一个共同点：它们的含碳量都很低，一般均不超过 0.26%。这一点是由汽包钢板所要求的焊接性能所决定的。钢中含碳量愈高，则钢的强度愈高，但含碳量的增高会带来焊接性能的变坏。当含碳量超过 0.25% 时，会给焊接工艺带来一定的困难。因此，为了少增加汽包钢板的厚度，以适应高参数机炉的发展要求，需相应提高强度。可以在低碳钢的基础上加入少量的合金元素，如 Mn、V、Mo、B、Nb、Re 等，成为低合金珠光体锅炉钢，而不是以提高钢中含碳量的方法来提高钢的强度，因为这些少量的合金元素不会对钢的工艺性能如焊接性能等带来不良的影响。这些钢一般都是在热轧或热处理后使用，其组织为铁素体加珠光体或索氏体组织。

第四节　汽　包　失　效

随着电网容量的不断增大，几乎所有的发电机组均需要调峰运行。为适应负荷的变化，调峰机组启停频繁，经常处于急剧的变负荷工况，这对锅炉、汽轮机等热力设备的寿命和机组的经济性都有着较大的影响，锅炉汽包直径和壁厚都比较大，由于在启停的过程中，较快的升压、降压速度会使汽包材料所承受的机械应力发生很大的变化；同时，较快的升温、降温速度又会使汽包内外壁面、上下壁面产生较大的温度差异，导致金属材料产生很大的热应力，而且应力变化幅度也较大；频繁交变的机械应力和热应力将使金属材料产生的疲劳损伤增大，缩短锅炉汽包的使用寿命。

就汽包的工况而言，在启停过程中控制锅炉的升温、降温速度和升压、降压速度，使汽包的机械应力和热应力控制在允许的范围内，成为减少金属疲劳损伤的有效手段。在启动过程中，升温速度愈快，锅炉汽包的使用寿命就愈短；但是，如果升温速度太慢，则不仅使整个启动过程的能耗增加，也使得锅炉的负荷响应能力降低，因而电厂的经济性下降。

下面简述汽包失效的几种形式和失效的特征、原因和防止措施。

一、苛性脆化

1. 苛性脆化的特征

苛性脆化主要发生在中低压锅炉汽包，汽水品质较低；产生裂纹的部位有铆钉和管子胀口处、铆钉孔和胀口的汽包钢板上；腐蚀具有缝隙腐蚀的特征，为阳极溶解型的应力腐蚀。初始裂纹从缝隙处产生，从表面不能看到；初始裂纹具有沿晶和分叉的特点，裂纹的缝隙处没有坚固的腐蚀产物；金属组织未发生变化；断口具有冰糖状花样，为脆断，见图7-4。

图 7-4　苛性脆化裂纹宏观形貌（横截面）

2. 苛性脆化的原因

局部的应力超过材料的屈服点，其中有胀管和铆接产生的残余应力、开孔处的边缘应力和热应力；炉水的碱性大，缝隙部位由于炉水杂质的浓缩作用，NaOH 的浓度高。

3. 苛性脆化的防止措施

改进汽包结构，把铆接和胀管改为焊接结构，消除缝隙；改善锅炉启停和运行工况，减少热应力；提高汽水品质。

二、脆性开裂

1. 脆性开裂的特征

断裂速度极快，断裂源为老裂纹，例如焊接裂纹、应力腐蚀裂纹和疲劳裂纹，且老裂纹尺寸往往较大；开裂时的汽包温度较低，往往在水压试验时发生，属于低应力脆断；宏观断口具有放射纹和人字形纹路特征，断口的宏观变形小；断口的微观形貌为解理花样。

2. 脆性开裂的原因

汽包的老裂纹尺寸超过临界裂纹尺寸，发生低应力下的脆断，断裂部位的应力集中和形变约束严重。

3. 脆性开裂的防止措施

防止汽包在运行中产生裂纹；加强汽包的无损探伤，及时发现裂纹并处理；提高汽包材料的质量，使脆性转变温度（FATT）低于室温；改善汽包结构，防止严重的应力集中；改善汽包焊接工艺，消除焊接裂纹，降低焊接后的残余应力。

例如：某厂超高压 125MW 机组，一台 400t/h 锅炉汽包在某锅炉制造厂进行水压试验时泄漏。汽包材料为 BHW38，内径为 1600mm。汽包的设计压力为 15.5MPa，设计温度为 350℃。汽包水压试验压力为 20.2MPa、试验水温为 0。产生泄漏的原因是由于 BHW38 钢热处理后产生了再热裂纹。

事故后检查了 5 个主下降管与汽包筒体焊缝，发现在下降管焊缝热影响区存在许多裂纹。下降管结构见图 7-5，裂纹情况见图 7-6。

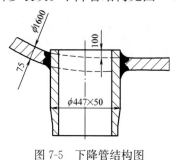

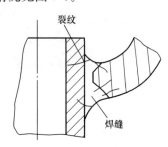

图 7-5 下降管结构图   图 7-6 裂纹情况示意图

事故造成裂纹最深为 20mm，单条裂纹最长为 100mm。用 J607 焊条补焊（预热、缓冷、打磨）后进行了磁粉探伤，无裂纹。但经一次消除应力热处理后（610℃，5h），在热影响区又产生了再热裂纹。

又例如：某自备电厂的一台 220t/h 锅炉于 1999 年 7 月制造，2001 年投运，至 2002 年 3 月下旬，在汽包第 2 道环焊缝（汽包底部）发现垂直于环焊缝的穿透性裂纹（见图 7-7）。期间锅炉运行仅 1 年多时间，启停 10 多次。汽包工作压力和温度为 10.9MPa 和 320℃。汽包材料为 BHW35，用 J607 氩弧焊打底，打底焊完成后用 H08Mn2Mo 进行埋弧自动焊。焊接完成后，汽包在 556～585℃下进行整体热处理。汽包开裂的主要原因是汽包焊接过程中焊接质量控制不佳所致。

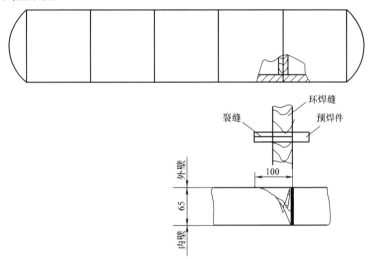

图 7-7　焊缝开裂部位及裂纹示意图

三、低周疲劳

1. 低周疲劳的特征

在启停频繁和工况经常变动的锅炉汽包中易产生疲劳裂纹；容易在给水管孔、下降管孔处产生，且与最大应力方向垂直；在纵焊缝、环焊缝及人孔焊缝处也可能产生；断口宏观形貌具有一般疲劳断口的特征；腐蚀对裂纹的产生和扩展起很大作用。

2. 低周疲劳的原因

汽包的温差造成的热应力是主要原因，启动停炉的温度变化越快，热应力越大，越容易造成疲劳裂纹；汽包局部区域的应力集中；焊接的缺陷和裂纹往往是低周疲劳裂纹的源点。

3. 低周疲劳的防止措施

降低热冲击，正常启停；锅炉运行平稳，避免温度和压力大幅度地波动；降低启动次数；改进汽包结构，降低应力集中；采用抗低周疲劳的材料；提高焊接质量。

例如：某电厂 3、4 号炉分别于 1976 和 1977 投运。运行 13.4 万 h 和 12.9 万 h 后汽包下降管内壁开裂，裂纹深 6mm。汽包材料为 BHW38。

开裂处为汽包的应力危险点处，开裂主要是由频繁的启停炉（锅炉灭火一年最多达 80 次）和变负荷调峰引起的热疲劳所致。

汽包下降管处温差应力较大。省煤器来的给水引入汽包后，分为水量各为 50% 的两路，一路引入汽包汽空间作为清洗蒸汽用水，一路引入汽包水空间下降管口附近。设计工况下，汽包内饱和水温度为 343℃，省煤器出口到汽包的给水温度为 288℃，相差 55℃。在低于额定负荷或高压加热器未投时，两者温差更大。这样引起下降管口处温度场分布不均，加大了此处的热应力。

采取的措施为：锅炉运行中尽量保持参数的平稳，增减负荷应平稳，并控制增减负荷速度；启停时适当降低启停炉速度，严格控制汽包上下壁温差；停炉熄火后，应适当延迟锅炉通风、放水时间；最大限度减少锅炉灭火次数；力争高压加热器投入率 100%；尽量减少调峰次数；对 50% 的给水注入下降管附近的方式作适当的改进。

四、应力氧化腐蚀裂纹

1. 特征

在汽包水汽波动区的应力集中部位产生裂纹，如人孔门焊缝；断口不具备疲劳特征；裂纹缝隙处充满坚硬的氧化物，楔形的氧化物附加应力对裂纹扩展起很大作用；在裂纹边缘有脱碳、晶粒细化、晶界孔洞等特征；裂纹尖端和周围有沿晶的氧化裂纹；裂纹发源于焊接缺陷和腐蚀坑处。

2. 原因

由高压水引起的应力腐蚀断裂；局部的综合应力超过屈服点；使表面的 Fe_3O_4 膜破裂，发生了 $Fe + 4H_2O \longrightarrow Fe_3O_4 + 8H$ 和 $C + 4H \longrightarrow CH_4$ 反应；内表面的缺陷，在水汽界面波动区，易造成缝隙处的炉水杂质的浓缩。

3. 防止措施

提高焊接质量；降低焊接处的残余应力；控制启停时的温度变化速度；保证汽包中的汽水品质；保证焊缝表面的平滑，发现焊缝处有尖角腐蚀坑，可修磨成圆滑过渡。

五、内壁腐蚀

1. 内壁腐蚀的特征

内壁腐蚀主要发生于汽包下部内表面，与水接触的部位；点蚀易发生在焊缝和下降管的内壁上。腐蚀区没有过热现象，基本上没有结垢覆盖；在应力集中区域，腐蚀坑沿管轴方向变长，可能产生腐蚀裂纹；单独的点腐蚀发展会引起穿透而泄漏，点蚀的进一步发展可能诱导出应力腐蚀裂纹或疲劳裂纹。

2. 内壁腐蚀的原因

管内的水由于氧的极化作用，发生电化学腐蚀，在管内的钝化膜破裂处发生氧腐蚀；从制造到安装、运行都可能发生氧腐蚀；应力集中区域会促使点蚀的产生；受到热冲击时，会使内壁中性区域产生疲劳裂纹；在停炉时存在积水也会产生内壁腐蚀。

3. 内壁腐蚀的防止措施

加强炉管使用前的保护；新炉启动前，应进行化学清洗，去除铁锈和脏物；新炉启动前，管内壁应形成一层均匀的保护膜；运行中，保持水质的纯洁，严格控制 pH 值和含氧量；注意停炉保护。

六、下降管缺陷

据 20 世纪 80 年代中期调查，当时国内电站锅炉汽包 70%～80% 存在着各种超标缺陷。从制造年代上看以 1972～1977 年期间制造的汽包缺陷最多。

缺陷的类型主要有：焊缝裂纹、夹渣、气孔、未焊透及焊缝严重的咬边等；有的汽包筒节和封头母材存在着夹层缺陷。缺陷部位以下降管处角焊缝最多，其次为筒体的纵、环焊缝和汽包内预焊件角焊缝（如人孔门铰链和旋风子等）。

在发现缺陷的下降管中，以插入式下降管中 K 型坡口出现缺陷最多（见图 7-8）。这种结构下降管处刚性大，焊接拘束应力高，其应力集中系数 $K_t =$ 3，故热处理时易在焊缝热影响区产生裂纹。

与插入式下降管相比，内平式接管座可减少下降管处的刚性，降低应力集中系数，但其抗疲劳性能较差。

马鞍式下降管应力集中系数较小，但强度略显不足。

冲压翻边式下降管应力集中系数较小，但由于制造中翻边处减薄较严重及变形量较大，故运行中在翻边内壁易出现表面龟裂。

在发现超标缺陷汽包的材料中，以 BHW38、19Mn5、BHW35、22K、

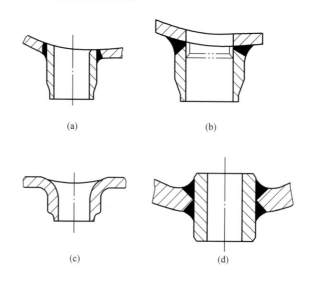

图 7-8　汽包下降管连接形式示意图

（a）内平式；（b）马鞍式；（c）冲压翻边式；（d）插入式

20g 较多（主要是这几种材料制造的汽包较多）。另外，在 18MnMoNb、16MnNiMo、15MnMoCu 钢制汽包中亦发现焊缝超标缺陷。

汽包下降管内壁开裂的主要原因是由于在汽包下降管处存在较大的应力集中，锅炉频繁的变负荷调峰造成疲劳载荷加剧，同时该锅炉平均年灭火次数达 80 次。

第五节　汽　包　监　督

前面章节分析了汽包的结构因素、运行工况、受力形式和失效原因，应该说汽包失效的原因相对简单，但一旦汽包发生事故，其影响程度是致命的。因此，金属监督成了避免汽包事故的主要手段。

一、汽包钢材的检验项目及相关标准

汽包从坯料到产品是经过一系列的检验和试验的，锅炉汽包用碳素钢和低合金钢钢板的技术要求和质量检验应符合 GB 713—2008《锅炉和压力容器用钢板》的规定。制造汽包时，应按 JB/T 3375—2002 的要求对入厂原材料进行抽验。进口锅炉汽包钢板的技术要求及质量检验应符合供货国标准或订货合同要求。按照 GB 713—2008、JB/T 3375—2002 的要求，对钢材的检验项目、取样数量、试验方法和取样部位都作了规定。具体要求见表 7-2。

表 7-2　　　　　　　　　　　　锅炉汽包钢板的材质检验

项目名称	试样数量	取样方法	试验方法	试验项目	
				GB 713—2008	JB/T 3375—2002
表面质量与尺寸偏差	2 张（按批）		宏观和量具		√
化学成分分析	1（按炉、罐号）	GB/T 222—2006	GB/T 223	√	√
室温拉伸试验	1		GB/T 228—2002	√	√
冷弯	1		GB/T 232—1999	√	√
室温冲击（U 形缺口试样）	3		GB/T 229—2007	√	
室温冲击（V 形缺口试样）	3	GB/T 2975—1998	GB/T 229—2007		√
时效冲击	2		GB/T 4160—2004	√	√
高温拉伸试验	1（按炉、罐号）		GB/T 4338—2006	√	√
超声波探伤	逐张		GB/T 2970—2004		逐张或抽查（15%）
厚度方向性能试验	3		GB 5313—1985	√	

理论上讲，汽包的材料质量是经过严格检验的，但是取样是以抽检的形式进行的，难免会有意外情况出现。尤其汽包投入使用以后，工况是很复杂的，仍会出现各种各样的失效现象。

二、汽包的监督

汽包安装前，应检查制造商的质量保证书是否齐全。汽包安装前应进行下列检验：

（1）对母材和焊缝内外表面进行 100% 宏观检验，重点检验焊缝的外观质量。

（2）对合金钢制汽包的每块钢板、每个管接头进行光谱检验。

（3）纵、环焊缝和集中下降管管座角焊缝进行表面探伤和超声波探伤，检验中应包括纵、环焊缝的"T"形接头；分散下降管、给水管、饱和蒸汽引出管等管座角焊缝进行表面探伤；安全阀及向空排汽阀管座角焊缝进行表面探伤。

（4）对筒体、纵环焊缝及热影响区进行硬度抽查；一旦发现硬度异常，应进行金相组织检验。

机组大修中，汽包的监督检验应参照 DL 612—1996、DL 647—2004 和 DL/T 440—2004《在役电站锅炉汽包的检验及评定规程》中相关条款执行。应对汽包运行后的状况进行全面的检查，并作好记录，以备对比和分析之用。检查的重要手段是宏观检查。同时采用无损探伤的方法进行抽查。检查中应包括以下内容：

锅炉运行 $5×10^4$ h 时对汽包进行第一次检验，检验内容如下：

（1）对筒体和封头内表面（尤其是水线附近和底部）和焊缝的可见部位进行宏观检验，特别注意管孔和预埋件角焊缝是否有咬边、裂纹、凹坑、未熔合和未焊满等缺陷。

（2）对纵、环焊缝和集中下降管管座角焊缝相对较严重的缺陷进行无损探伤复查；分散下降管、给水管、饱和蒸汽引出管等管座角焊缝进行抽查。

（3）机组每次大修，应对汽包焊缝上相对较严重的缺陷进行复查；对偏离硬度正常值的区域和焊缝进行跟踪检验。

根据检验结果采取如下处理措施：

（1）若发现筒体或焊缝有表面裂纹，首先应分析裂纹性质、产生原因及时期，根据裂纹的性质和产生原因及时采取相应的措施；表面裂纹和其他表面缺陷原则上可磨除，磨除后对该部位壁厚进行测量，必要时进行壁厚校核，依据校核结果决定是否进行补焊或监督运行。

（2）汽包的补焊按 DL/T 734—2000《火力发电厂锅炉汽包焊接修复技术导则》执行。

（3）对超标缺陷较多、超标幅度较大、暂时又不具备处理条件的，或采用一般方法难以确定裂纹等超标缺陷严重程度和发展趋势时，应按 GB/T 19624—2004《在用含缺陷压力容器安全评定》的规定进行安全性和剩余寿命评估；如评定结果为不可接受的缺陷，则必须进行补焊，或降参数运行和加强运行监督等措施。

（4）对碳钢或低合金高强度钢制造的汽包，安装和检修中严禁焊接拉钩及其他附件。

（5）锅炉水压试验时，为防止锅炉脆性破坏，水温不应低于锅炉制造厂所规定的试验水压温度，一般以 30～70℃为宜。

（6）在启动、运行、停炉过程中，要严格控制汽包壁温度上升和下降的速度。

对按基本负荷设计的频繁启停的机组，应按 GB/T 9222—2008 的要求，对汽包的低周疲劳寿命进行校核。国外引进的汽包可按生产国规定的疲劳寿命计算方法进行。对已投入运行的含较严重超标缺陷的汽包，应尽量降低锅炉启停过程中的温升、温降速度，尽量减少启停次数，必要时可视具体情况，缩短检查的间隔时间或降参数运行。

　　直流锅炉汽水分离器、储水罐的检验监督，可参照汽包的技术监督有关规定进行。

第八章 联箱失效及其监督

联箱、蒸汽管道和汽包是锅炉设备中三大厚壁压力容器部件。过去国内对蒸汽管道和汽包的开裂和寿命研究较为重视，但对联箱的研究还没有给予应有的注意。事实上国内外的电站中，锅炉联箱的泄漏事故常有发生，这些事故大致可归纳为联箱焊接接头部位的脆性破裂、韧性泄漏，以及出现大量裂纹等现象。

图 8-1　高温过热器集汽集箱

锅炉联箱是输送蒸汽和水的承压设备，见图 8-1。其中绝大多数高压联箱的支承及受载条件比较复杂，主要载荷为内压应力与热应力。在全部锅炉厚壁受压部件中，过热器、再热器出口联箱承受着最高的工作温度，省煤器和水冷壁联箱承受着最高的工作压力，因此对于按照基本负荷设计进行调峰运行的锅炉，各类联箱安全性应引起高度的重视。

限于在役高压联箱的使用状况，不可能对所有超标缺陷高压联箱进行更换或返修，因此，针对高压联箱的结构及受载特点，建立对高压联箱完整的金属监督方法，有重要的理论意义和实用价值。

第一节　高、低温联箱

高温联箱的服役条件分为高温和高压，其中高温：450℃（435℃）→510℃→540℃→568℃→600℃；高压：10MPa →（14～16）MPa（超高压）→（17～21）MPa（亚临界）→（25～34）MPa ［超（超）临界］。

过热器、再热器出口联箱的运行工况不同于省煤器和水冷壁联箱。省煤器和水冷壁联箱属于锅炉低温部件，仅有发生由于周期温度变化造成的疲劳损伤，以及均匀腐蚀或应力腐蚀的倾向；而过热器、再热器出口联箱属于高温受压部件，根据联箱在锅炉设备中部位和工作条件，高温联箱可由蠕变损伤、高温疲劳和热疲劳或蠕变疲劳交互作用下损伤而引起破裂。锅炉联箱失效事故统计表明焊接接头表面裂纹占联箱事故中的多数。高温联箱最容易产生危险裂纹的部位有过热器出口联箱管座焊缝和热影响区、联箱管孔内表面处、管子或管接头到联箱的焊缝处、管子内侧或联箱表面部位等。

锅炉设备在正常运行情况下，高温联箱的损坏主要是由蠕变损伤所引起的。但必须指出的是锅炉设备在运行过程中，运行的不稳定性或机组频繁的调峰，都将产生疲劳损坏。另外，联箱、支吊架和连接杆之间相对运动都会引起疲劳应力。在这种情况下，高温联箱由疲劳因素引起的焊接接头处裂纹现象将日益增加。事实上，在这种情况下，往往是蠕变—疲劳交互作用下的损坏形式居多。因此，高温联箱上裂纹的形成和扩展是由蠕变、疲劳及蠕变—疲劳交互作用下三种不同损伤过程所造成的，哪种形式占优势，需视高温联箱该部位的运行工况条件而定。

低温联箱损坏主要是由应力腐蚀或腐蚀疲劳所引起的。联箱损坏形式大致可归纳为脆性破裂和韧性泄漏两种。联箱上可能发生损坏的部位有联箱连接焊缝、管座焊缝、环向焊缝、纵向焊缝及管孔带。

联箱一般布置在炉外，相对于受热面管工作环境而言并不恶劣，但它要承受极高的温度和压力，同时还要承受高压给水和高温蒸汽的腐蚀。锅炉运行过程中，锅炉的启停、负荷的升降、化学水质的偏离，以及设备特性的改变等都会使联箱的运行参数发生复杂的变化，加速其寿命的损耗。

首先，过热器和再热器联箱内蒸汽的工作温度都在350℃以上，有的甚至会达到500℃以上，而钢材的蠕变温度一般都在400℃以上。另外，这些管子的内部承受着巨大的工质压力，在管子金属内部造成很大的应力，因此高温蠕变损伤是联箱寿命损耗的一个重要因素。

其次，在过热器和再热器联箱内部流动的高温蒸汽会在管道的内表面上产生蒸汽腐蚀现象。蒸汽腐蚀实际上也是一种氧化过程，氧是由蒸汽在高温下分解而产生的。在铁触媒的作用下，蒸汽在400℃左右就会发生分解，分解后的氧原子会与铁原子结合，在内壁产生均匀的氧化层，造成联箱壁的减薄。

此外，在机组启停或调峰运行时，联箱内水和蒸汽压力的变化和波动，在联箱金属内部产生不同程度的交变应力，造成联箱金属的疲劳寿命损耗。

综上所述，一般认为在锅炉启停过程及紧急停炉过程中，联箱应力变化幅度较大，疲劳寿命损耗加剧，此时疲劳寿命损耗占据主导地位；当锅炉处于正常运行时，联箱内过热蒸汽温度很高，其蠕变损耗占的比重较大；当负荷发生剧烈波动，由于其承受交变应力的作用，此时过热器和再热器联箱寿命损耗主要是这两者相互作用的结果。

第二节　联箱运行工况和应力分析

一、运行状态

联箱的工作条件比管道和汽包要复杂得多。联箱除了承受内压力所产生的应力外，还承受着严重的热应力。沿着联箱整个长度存在着温度梯度，同时沿锅炉宽度方向也有温度偏差，而且由于锅炉启停及在运行过程中负荷变化时，联箱内部流体温度的变化，故在材料内部产生温差，所有这些因素都是产生热应力的起源。对于调峰机组，联箱的疲劳损坏显著地增加。另外，中间联箱和再热器联箱在锅炉多次启动和停炉工况下，也可能经受严重的热交变。

由于部分联箱工作环境较为恶劣，同时联箱较多部位为焊接结构，这些焊接部位出现损坏和裂纹的几率较多，影响电厂的正常发电。

二、膨胀

在设备运行的工作状态下，联箱除承受正常的内压外，还需承受来自连接管道的系统载荷，随着锅炉整体和炉墙膨胀，连接管道使得联箱端向炉下及炉前后方向产生位移；同时，连接管道本身在两个水平和垂直方向也有热膨胀，因其柔性较小，在联箱导汽管连接焊缝根部产生较大的弯矩，会使得集汽联箱产生转体趋势。

现在运行的机组经常参与调峰，锅炉的频繁启停导致锅炉本体和联箱等连接管道的膨胀量经常性变化，在联箱支座和接管根部形成交变应力。正常情况下，该弯矩由联箱支座承受，如果支座断裂或者移位，使得联箱整体产生位移，同时弯矩还会作用在联箱上的安全阀和对空排汽阀接管，也可能造成接管连接焊缝开裂。

由于联箱较长，联箱上的接管分布不均，对于锅炉的实际运行情况，由于燃烧不均，会使各管屏出口温度产生偏差，导致部分管子超温不同，不均匀的热负荷会引起一定的变形。

有实验显示，过热器入口联箱引入管壁温会出现较大的波动，温度波动大多发生在锅炉负荷变动时，最高温度与沿联箱轴线方向最大温差（同一时刻）同时出现。此时，测得过热器入口联箱引入管的最高温度峰值达543℃，而沿联箱轴线方向温差为198℃，达最大偏差值。

由于炉膛燃烧不理想导致水冷壁出口管的热偏差，使进入过热器入口联箱的引入管的工质产生了较大的温差，这种热偏差在过热器入口联箱形成了轴向壁温差，使过热器入口联箱引出管座承受了附加的超过其工作温度下许用应力的热膨胀载荷，从而使刚度较大的联箱上层接管产生了较大的附加弯曲应力，最终导致了上层接管根部的永久性变形和角焊缝裂纹。

在某些特定的运行工况下，如锅炉负荷变化较快时，锅炉各部位（前后左右）水冷壁的出口介质温度产生较大偏差，过热器入口联箱中来自前部水冷壁的引入管几乎都存在超温。受过热器入口联箱引入管介质温度偏差和超温影响，过热器入口联箱引出管（整个顶棚）上，产生了沿联箱轴线方向的壁温差和部分管子的超温。沿联箱轴线方向的壁温差引起的热膨胀差，使过热器入口联箱引出管接头承受了附加的热膨胀载荷。另外，由于过热器入口联箱引出管设计结构对该载荷情况考虑不够，联箱引出管三层管子的刚度差别较大，上层管子刚度最大，膨胀载荷主要由上层管子承受。上层管子产生的应力为中层的3～4倍。

某联箱管系应力计算表明，联箱引出管上层管子除受轴向力作用外，在接管根部附近存在很大的弯曲应力。在试验测得的工况中，接管根部的最大应力达217MPa，其中轴向力产生的应力为24.6MPa，弯矩产生的应力为192.0MPa。在工作温度下，20G钢管的屈服限为102～180MPa。由上述结果可以得出，导致联箱引出管接头开裂是瞬间沿联箱轴线壁温差产生的附加热膨胀载荷，在该附加载荷作用下，刚度较大的联箱上层接管产生了较大的附加弯曲应力，该弯曲应力使上层接管根部产生永久性弯曲变形，直至根部角焊缝产生裂纹而泄漏。

为了防止联箱的不正常膨胀，必须确定联箱支座等结构状况，确保运行时热膨胀位移不受阻；同时，为防止联箱可能出现的变形、扭转、位移和受力不均等情况的发生，对管座结构也应进行相应的调整。

水循环系统和过热器系统结构复杂，对于锅炉系统而言，无论是低温联箱，还是高温联箱，从启动开始到运行，从带低负荷到带满负荷，随着负荷的波动，膨胀是不可避免的；等到机组停机，随着负荷降低，收缩也是必然的。如果与各种联箱相连管道的膨胀设计、安装欠妥，会引起管系柔性不足或未考虑热膨胀补偿，导致拘束应力向联箱上管座转移，提高了管座根部应力幅度，导致管座过早失效开裂。

电站锅炉有一个膨胀中心，各个部件的膨胀与收缩是随着整体锅炉的运行状况在变化；但是，相对于一个单独的部件而言，它的相对膨胀与收缩取决于其相连的部件材质、结构和约束条件。在这里需要指出的是：

（1）联箱的刚度远大于与其相连的管子，管子位移大小取决于联箱的位移值。

（2）联箱上的弹簧支吊架对联箱膨胀一般没有约束，可恒力吊架的影响是明显的，尤其是两者的材质存在较大的差异时。

（3）联箱上部的连接管道与下部管束之间有着不同的约束和刚度，在运行中的位移是完全不同的。

三、联箱结构与应力状态

1. 结构

锅炉设备中联箱种类繁多，高温联箱有过热器出口联箱、再热器出口联箱和汽轮机进汽联箱等，低温联箱有省煤器入口联箱、水冷壁联箱等。

联箱是锅炉设备中三大厚壁压力容器部件之一，数量和类型较多，其尺寸也各不相同，最长的达十多米，直径为 1000mm 以上，厚度可达 140mm，联箱不仅数量多、尺寸大，而且结构也较为复杂，属于焊接结构的厚壁压力容器，上面有许多管孔与管座的焊接接头。集箱的工作条件比管道和汽包要复杂得多。联箱除了承受内压力所产生的应力外还承受着严重的热应力。沿着联箱，整个长度存在着温度梯度，同时沿宽度方向也有温度偏差，而且联箱的工作温度比介质出口温度要高 10~20℃，锅炉启停及在运行过程中负荷变化时，都要引起联箱内部流体温度的变化，从而在材料内部产生温差，所有这些因素都是产生热应力的根源。如果机组为调峰机组，则联箱的疲劳损坏将会显著地增加。由于联箱工作环境较为恶劣，而且较多部位为焊接结构，这些焊接部位出现损坏和裂纹的几率较高，影响着电厂的正常发电。国内外的电站中，联箱的破裂事故常有发生，主要是联箱焊接接头部位的脆性破裂、韧性泄漏，以及出现大量裂纹等现象。现在，国外已将联箱列为锅炉设备中重点监测和检查的部件。

高压联箱焊缝多为周向对接焊缝，其缺陷也多以周向表面裂纹缺陷为主，此种高压联箱，称为周向面型缺陷高压联箱，亦简称含缺陷高压联箱。另外，联箱材料一般为碳钢或合金钢，韧性较好，而且受管壁厚度的限制，其缺陷

（裂纹）沿厚度方向的尺寸不会很大，因而，高压联箱的失效模式是以塑性极限载荷控制为主。因高压联箱使用材质的不同，含缺陷高压联箱的母材和焊缝潜在的失效模式有三种，即脆性断裂失效、弹塑性断裂（韧性撕裂）失效及塑性极限载荷（塑性垮塌载荷）失效。集汽

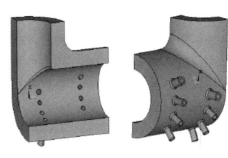

图 8-2 联箱的几何模型

联箱的接头部位是正交的三通，两端是对称焊接的圆筒，其几何上有两个对称面，载荷也具有对称的特点，故可取 1/4 三通进行有限元分析，集汽联箱上有很多管子连接，也是对称分布的。联箱的几何模型如图 8-2 所示。

2. 应力分析

（1）应力计算。联箱工作时的载荷是复杂的。除联箱内蒸汽的压力（即内压）外，还有自重、温度应力等。内压是应力计算时要考虑的主要因素。

另外，联箱内外壁的腐蚀会使管壁厚度减小，管壁承受的应力增大，也应该予以考虑。

在材料力学中，产生应力的根本原因通常是只考虑外力的作用。然而锅炉联箱是在一定的温度条件下工作的，联箱的变形不仅仅是因为外力的作用，而且也可能是温度的变化或温度分布不均匀引起的。所以，联箱内部，除了有由于外载力荷引起的机械应力外，还有由于温度分布不均或膨胀和收缩不均匀引起的热应力。

联箱的有限元计算分析由热分析和结构分析两部分组成。热分析是为了求出联箱结构内壁与外壁之间的温度分布，结构分析则是为了求出由温度沿联箱壁厚分布不均引起的热应力和由内压引起的结构应力。

联箱在正常工作时，内外壁温差仅在 3～5℃ 范围内波动，基本处于稳定状态。联箱在启动过程的某一瞬间下内外壁温差通常不大于 20～30℃。为了考虑联箱的安全使用问题，计算分析时按以上两种工况考虑。

联箱内壁的对流系数通过经验公式计算

$$\alpha = B \frac{(\gamma \omega)^{0.8}}{d^{0.2}} \tag{8-1}$$

式中 B——流体物性参数有关的系数，可由表查出；

$\gamma \omega$——流体的重量流速，可由厂家提供的相关手册查出；

d——内径。

由于联箱在正常工况下运行时，现场实测数据显示联箱温度基本上稳定于某一数值，可以认为处于热稳态，所以热分析选用稳态传热分析。联箱运行时承受的主要结构荷载为内压，在正常工况下，压力是稳定的，所以结构采用静态结构分析。

（2）应力集中。集箱总要开许多不同排列形式的孔，这种孔排肯定要使孔间的应力增大，即产生应力集中，从而使集箱的强度下降。筒体上孔边缘应力集中的影响，可依据 GB/T 9222—2008 的要求，根据不同开孔位置计算纵向孔桥减弱系数、两倍横向孔桥减弱系数和斜向孔桥当量减弱系数，然后取其中最小值作为衡量孔边缘的应力集中影响的因数。

除孔排外，焊缝也是一种减弱形式，这种减弱在进行应力计算时可用焊缝减弱系数来表示。焊缝减弱系数表示对焊缝强度的不信任程度，等于焊缝保证强度与母材强度的比值。它与焊接方法、坡口形式、检验手段、残余应力消除程度、焊接工艺掌握程度和材质类别等因素有关。

（3）热应力。一般的物体具有热胀冷缩的现象，但是当物体自由膨胀或收缩时，其内部是不会产生热应力的。当物体由于温度变化所引起的膨胀受到外部的约束或限制时，即使没有外力的作用，在物体内部也产生热应力。另外，由于外力的作用，在物体内已产生初始应力时，则物体温度的变化也会使这种初始应力的大小发生变化。具有不同膨胀系数的几种材料组合的构件被加热时，由于膨胀受到相互的约束还会产生热应力。

以上是物体整体膨胀或收缩受到约束的情况，然而在同一个物体中出现不均匀温度分布时，若取物体的一部分来考虑，则因温度不同的邻接部分的影响，使膨胀和收缩部分地受到约束也会产生热应力。

对于锅炉联箱，在启停及变负荷运行等不稳定工况下，由于内外壁温不同，会在管壁内部产生热应力。如锅炉启停时，管壁（如联箱）内壁温度高于外壁温度，内壁膨胀量大，外壁膨胀量小，内壁膨胀受到外壁的限制，因而产生热应力（称为径向温差热应力）。

对于锅炉联箱和管子都是圆筒形的，它们金属壁内的温度分布是不均匀的，尤其是在锅炉启停等不稳定工况下，温度分布的不均匀程度变大，并且随时间而变化。因此，这些受热的圆筒形部件不仅会产生热变形，而且还会由于相邻金属的约束而产生热应力。如果物体所产生的热应力仍在材料的弹性范围内，则热应力与其引起的热应变仍服从虎克定律。对于锅炉的圆筒形承压部件，同时受到外力（内压）及温度变化的作用，对于这类热弹性力学问题，则可按迭加原理把热应力的解与通常弹性力学的解迭加起来。

采用有限元分析或简化分析，也可确定联箱在不同工况下的应力状态和分布。

（4）热应力计算。

1）联箱温度场计算。联箱温度场计算时把联箱作为厚壁圆筒，其内半径为 R_1、外半径为 R_2。并认为每一时刻圆筒壁内的温度只沿径向变化，那么启停过程中联箱内壁的温度分布可简化为一个一维非稳态导热问题。由此可见，准稳态时内外壁温差为常数。它取决于联箱壁的几何尺寸和温升速度。

2）热应力循环分析。德国 TRD 301—1998 指出：在承受内压和热应力的部件上最大局部高峰值应力发生在圆筒体开孔的内侧边缘。管接头纵向截面内转角见图 8-3 中 A 点。因此，对联箱的疲劳寿命计算就归结为对 A 点进行疲劳分析。在计算热应力时，德国 TRD 301—1998 方法对热应力作了如下假设：筒壁温度分布与圆筒体的周向和轴向都无关，只与径向有关，热应力只与径向温差有关。

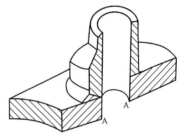

图 8-3　联箱应力计算剖面图

联箱工作温度和压力相当高，高温产生蠕变，引起寿命损耗。同时机组在启停和调峰时，由于介质温度及压力的变化使联箱所受到的应力发生变化，产生疲劳寿命损耗；当负荷发生剧烈的波动时，产生交变应力，疲劳寿命损耗情况更加严重。疲劳和蠕变的相互作用使得寿命损耗情况更加复杂化。另外，在一般的计算中认为拉应力和压应力对寿命损耗的作用是一样的，但是实验证明压应力有"愈合"作用，在相同的条件下，压应力要比拉应力对寿命损耗的作用小。

联箱的应力和应变不仅是由于内压引起的，而且还是由温度场引起的热应力造成的。应力的计算方法应集中在联箱应力集中点的应力值，并且根据表面状况，以及应力和应变非线性关系进行修正。由于设备运行情况的复杂性不可避免地会出现一些偏差，因此根据失效后联箱破口的形状判定是短期还是长期超温，是管内腐蚀还是负荷变化频繁使损耗加速。在寿命预测的基础上再加上故障诊断的分析可以更好地管理联箱。寿命预测可以在故障之前发出指示，而故障诊断在联箱失效后分析原因，对运行中出现的问题给予纠正。通俗地说，寿命预测是防止故障发生，故障诊断是事后吸取教训，减少故障的发生。

（5）热应力的影响。高温段过热器出口联箱管接头处损坏事故较多。这与其工况条件恶劣密切和结构复杂有关，联箱结构示意图见图 8-4。过热器出口管束某些段，将蒸汽传送给出口联箱时，联箱温度比过热器管出口温度升高 $10\sim20℃$，由于不适当的运行，其汽温将会升至超过 $40\sim50℃$。在锅炉启动、负荷变化和扰动时，每个支管的局部汽温有很大差别。美国燃烧工程公司曾报道：过热器出口联箱承受着最高温度及严重的热应力瞬态工况，中间和再热联箱在机组启动和停机期间也会受到严重的热应力瞬态工况。

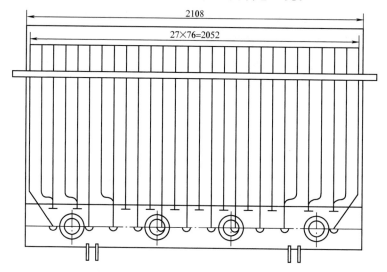

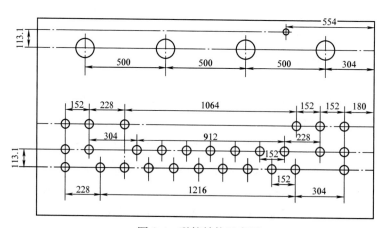

图 8-4   联箱结构示意图

ASME 规程设计规范表明，当联箱承载内压应力时，热应力能使局部应力增加到设计压力应力的 2～3 倍。在对某联箱进行应力核算时发现：局部的受热导致局部的热膨胀和热应力，其联箱中的应力集中区的应力超过 103.5MPa，而按 ASME 规程规定的这种受压联箱的设计应力只有 41.1MPa。

直流锅炉启动过程中投入较大减温水量，引起很大温差，导致管接头根部裂纹，这种未被完全雾化的水进入集箱时，必将引起联箱上下壁的温差，增大热应力。实测到某二级减温器上下温差达到 142.5℃，如此大的温度波动，使得减温器内衬套的固定螺栓密封焊缝开裂。

在主蒸汽流量较小的启动期间，减温器过量喷水是造成高温过热器进口联箱接管裂纹的主要原因。除已泄漏的管子以外，其他未发生泄漏的管子亦存在隐患。减温器内衬套的固定螺栓密封焊缝泄漏也是相应的后果之一，如不采取有效措施，将危及减温器管道和高温过热器进口联箱的安全。

在主蒸汽流量较小时，减温器中的蒸汽流速较低，减温水不易有效雾化，极易造成汽水分层，Ⅱ级喷水减温器距高温过热器进口联箱很近，未雾化的水很快带入联箱，并聚集于底部，引起很大的上下壁温差。因此，在启动期间或低负荷运行时应不启动或谨慎使用Ⅱ级喷水减温，尽可能采用调整燃烧率来控制主蒸汽温度，正常运行时主蒸汽温度控制应用煤/水比粗调，Ⅰ级喷水作细调为主，在高负荷或满负荷运行时，Ⅱ级喷水减温较灵敏。

第三节　联　箱　材　料

联箱所用材料也由其工作条件决定。联箱用钢基本上与同参数蒸汽管道一致，联箱构造较为复杂，上面有许多的接管座。由于联箱和蒸汽管道一旦发生泄漏事故将对人身及设备带来严重危害，因此，对于同一钢号，用于蒸汽管道或联箱的允许的最高金属温度比过热器管低 30～50℃。

联箱使用的钢材和使用温度范围与同参数蒸汽管道相同，为了避免重复，可参考锅炉蒸汽管道用钢一节。

第四节　联　箱　失　效

对电站实际运行的联箱失效形式的普查分析结果表明，蠕变、疲劳、腐蚀是联箱失效的主要机理。表 8-1 为锅炉联箱的主要失效机理。

表 8-1　　　　　　　　　　　　联箱的主要失效机理

部　件		失效机理		
		蠕　变	疲　劳	腐　蚀
高温联箱	过热器联箱	√	√	√
	再热器联箱	√	√	√
低温联箱	水冷壁联箱		√	√
	省煤器联箱		√	√

从表 8-1 可以看出，锅炉联箱的主要失效机理为蠕变、疲劳、腐蚀。当金属温度低于金属蠕变温度时，对于钢来说，一般高于 350℃ 才会出现蠕变现象，在低于这个温度的时候，则可不考虑材料的蠕变。

联箱的工作条件较为恶劣，在运行过程中容易发生事故，具体表现在以下几个方面：

（1）承受压力及温度。联箱承受大小不同的压力载荷和其他载荷，有些联箱还在高温或高压条件下运行。联箱内的压力可能因操作失误或运行工况的变化而迅速升高，从而导致联箱部件产生宏观裂纹，甚至开裂。

（2）接触腐蚀性介质。联箱的工作介质常常具有一定的腐蚀性，会导致氧腐蚀、氢腐蚀等。

（3）局部应力比较复杂。联箱通常都有开孔接管或其他形状的不连续结构，在这些局部区域内存在较高的应力，在不利的使用环境或载荷条件下，会导致联箱开裂。

（4）连续运行不易检验。联箱大多是钢制焊接结构，在焊缝部位常隐含漏检缺陷或标准允许缺陷。在使用中，很多联箱必须连续运行，不便停炉检查，常因缺陷扩展而导致破裂。

在上述因素共同影响下，即使是设计、制造质量符合标准的联箱，也常发生各种事故，更不要说带有设计、制造缺陷的设备了。

联箱应用广泛，工作条件恶劣，容易损坏并发生事故，事故后果严重，因而对联箱的安全不能等闲视之。

联箱事故发生后，对事故进行迅速而有效的失效分析至关重要的。失效分析靠技术人员进行分析、判断、试验、研究，找出发生事故的原因，提出改进措施和方案。在短时间内初步判断出联箱的失效原因，并给出处理方法及预防措施，具有重大的现实意义。

失效的分类方法多种多样，为了便于失效的研究、分析和事后处理，一般可以将失效按以下三种方法分类，即从技术的观点、质量管理的观点和经济法的观点进行分类。按技术观点进行分类便于对失效进行机理研究、分析诊断和采取预防对策；按质量管理的观点进行分类便于管理和反馈；按经济法的观点进行分类便于事后处理。

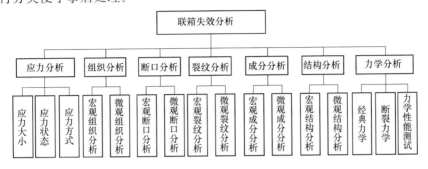

图 8-5 联箱失效分析的思路及目标轮廓图

从失效分析的技术观点进行分类主要是按失效模式和失效机理分类。失效模式指外在宏观表现形式和规律。失效机理则是指引起失效的微观的物理化学变化过程和本质。按失效模式和失效机理相结合对失效进行分类就是宏观与微观相结合，由表及里地揭示失效的物理本质和过程。

联箱失效从技术观点可以分为破裂或爆破失效、泄漏失效、腐蚀失效和变形失效等。对于任一给定的联箱的失效分析，首先可以判断其失效模式进而分析其失效原因，最后提出预防处理措施，总体思路如图 8-5 所示。

一、失效机理

联箱破裂或爆破失效包括高温蠕变失效、疲劳失效、脆性失效、韧性失效等。

1. 高温蠕变失效

金属材料在高温高应力的长期作用下发生缓慢塑性变形的现象称为金属高温蠕变。由金属蠕变导致破裂称为蠕变破裂失效。失效原因为材料长期高温运行，运行温度高于材料蠕变温度，材质老化，如石墨化、珠光体球化、晶界碳化物析出等。焊缝及热影响区是高温蠕变易发区域，见图 8-6。其失效特征表现为：

（1）存在高温高应力和长时间运行的工作条件，永久变形速度缓慢。

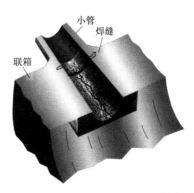

图 8-6 联箱焊缝及热影响区蠕变裂纹示意图

（2）宏观断口有明显氧化色或黑色，有时还能见到蠕变孔洞。

（3）微观断口多为沿晶断裂，没有疲劳条痕特征。

（4）蠕变区显微组织发生强化相溶解、珠光体球化、晶界碳化物聚集等过热现象。

只有满足上述条件，才能判断为金属蠕变破裂失效。为了防止产生高温蠕变破裂，必须合理选材，防止超温运行和局部过热，加强材质性能的定期监督检验等。

2. 疲劳破裂失效

金属材料或部件在变动载荷和应变长期作用下，由于累积损伤而引起的断裂现象称为疲劳破裂失效。疲劳破裂失效是一个由疲劳裂缝萌生、疲劳裂缝亚临界扩展、疲劳裂缝扩展失稳过程，即发生突然破坏的典型低应力破断过程。疲劳破裂失效又包括高周疲劳、低周疲劳等。其失效原因是压力或温度交变载荷引起应力集中区域疲劳裂纹扩展至失稳破裂；交变载荷和腐蚀介质共同作用引起腐蚀疲劳破裂等。其失效特征表现为：

（1）在变动载荷作用下服役，经过一定循环周次所发生的断裂现象，疲劳破裂是低应力脆断过程，具有突发性。

（2）疲劳失效是一个裂缝萌生、裂缝稳定扩展和最后裂缝临界扩展瞬断过程，具有高度的局部性和选择性。

（3）在变动载荷作用下服役，失效件断口附近无宏观塑性变形特征，断口具有明显的贝壳花纹样特征。

（4）失效断口宏观形貌具有光滑程度及形貌不同的裂缝源位置，裂缝扩展区和瞬时区特征，或在断口上见到光亮程度不同的两个区域。

（5）失效断口微观形貌具有疲劳条痕特征。

在疲劳破裂失效实际性质判断中，只要具备（1）、（3）、（4）三个条件之一，就可以判断为疲劳破裂失效。为了防止产生疲劳，设计中尽量减少应力集中，运行中避免不必要的频繁的交变载荷，加强定期检验；选择抗蚀能力高的材料，消除残余应力，采取表面防腐措施等。

例如：某电厂几台中温中压机组的主蒸汽管道上的旁路管、过热器联箱上的管座（压力表管、排汽管、空气管等）角焊缝根部，在运行中均发生开裂（接近100%）。运行温度为450℃，压力为3.2MPa。运行时间最长的为26万h，最短的为15万h。

开裂主要是由于机组启停过程中主管与支管的瞬间温度差产生的热应力引

起的热疲劳损伤。

图 8-7 为一个锅炉联箱接管座出现疲劳裂纹的宏观形貌照片。

3. 脆性失效

脆性破裂失效是指裂缝在稳定扩展和失稳扩展中，无明显的塑性变形过程而导致的断裂失效。脆性破裂在工程结构中是一种非常危险的断裂。这是由于脆性破裂之前通常无预警信号而突然发

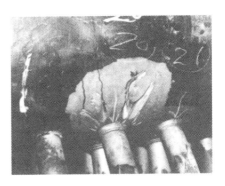

图 8-7　联箱接管座疲劳裂纹

生，往往酿成严重的事故和损失。人们在设计、选材、制造、维护和使用过程中总是力图避免脆性破裂的发生。其失效原因是某些钢材长时间停留在 $400\sim550℃$ 区间，在冷却到室温后，其冲击值显著下降的现象称为热脆性。呈现热脆性的钢在高温下冲击值并不低，只有在室温时才出现脆性。热脆性发生后，微观组织变化并不明显，强度等性能变化不大，但冲击韧性急剧下降。通常认为珠光体钢的热脆性和第二类回火脆性有共同点，热脆性的产生与钢中晶界或晶内析出脆化元素（如 P）或析出碳化物、氮化物等有关。热脆性和第二类回火脆性均为可逆的组织变化过程。

差不多所有的钢都有产生热脆性的趋势，但较易产生热脆性的钢有低合金铬镍钢、锰钢和含铜钢（Cu≥0.04%）。珠光体钢和奥氏体钢热的脆性表现不同，珠光体钢仅表现为冲击韧性的下降，强度和塑性基本不变；而奥氏体钢则同时存在强度和塑性的下降。

其失效特征为：在断裂前没有可以觉察到的塑性变形，断口一般与正应力垂直，断口表面平齐，断口边缘没有剪切"唇口"，或唇口很小。断口的颜色有时比较光亮，有时灰暗。光亮的脆性断口的宏观浮雕有时呈现裂纹急速扩展时形成的放射状的线条（或人字花纹样），当转动断口时，断口上呈现闪闪反光的小平面。较灰暗的脆性断口的宏观状态则呈现无定型的粗糙的表面，有时也呈现出晶粒的外形。

热脆性发展的速度取决于钢的化学成分和原始热处理状态，即决定于组织特性和它的稳定性。它的影响因素有：

（1）化学成分。含有 Cr、Mn、Ni 等元素的钢易有热脆性，当加入 Mo、W、V 等元素时可使热脆性倾向降低。P 的存在使热脆性倾向加大。当在晶界或晶内析出脆化元素 P 或碳化物、氮化物时，会促进热脆性的发生。

（2）运行时间。运行时间越长，热脆性发展的影响也越大。

（3）蠕变的塑性变形和新相的产生。在很多情况下，蠕变的塑性变形促进热脆性的发展，特别是当固溶体在运行时析出强化相，如金属间化合物（σ 相等）、氮化物及碳化物时，就更促进热脆性的发展。

（4）钢的组织特征和稳定性。热脆性的发展程度和速度及其发生的温度范围也取决于钢的组织特征和稳定性。组织稳定的钢对热脆性的敏感性小，相反，随温度和时间的作用，组织不太稳定的钢对热脆性的敏感性就较高。例如，珠光体钢热脆性温度范围就要比奥氏体钢低一些，而在同一温度下，奥氏体钢出现热脆性所需时间要比珠光体钢长得多。每一种钢都有自己特定的热脆性温度范围（即热脆性敏感温度）。在此温度范围内长期加热会出现热脆性，而在此温度范围以外长期加热，并不出现热脆性现象。即使在此特定的热脆性温度范围内的各温度，热脆性的发展程度也不一样。当处于热脆性温度范围内的愈高温度处，且时间愈长，热脆性发展的影响愈大。

例如：某电厂 200MW 机组的 3 号炉对流过热器出口联箱管座爆裂，破口边缘粗糙，外壁有较多的纵向裂纹，呈长时过热的破裂特征。对流过热器出口联箱规格为 $\phi 323.9 \times 50mm$，材料为 12Cr1MoV；管座规格为 $\phi 42 \times 5mm$，材料为 12Cr1MoV。蒸汽压力和温度为 13.82MPa 和 540℃。该锅炉已累计运行 47 682h。

管座爆裂的原因主要是制造厂进行联箱的整体热处理时是按照规格为 $\phi 323.9 \times 50mm$ 的联箱本体进行的，这对于规格为 $\phi 42 \times 5mm$ 的管座来说，保温时间过长，引起管座材料的珠光体的球化，强度降低。

4. 韧性失效

在断裂之前发生明显的宏观塑性变形的断裂称为韧性破裂。韧性破裂是金属材料破坏的方式之一。当韧性较好的材料所承受的载荷超过了该材料的强度极限 R_m 时，就会发生韧性破坏。其失效原因一般为违章操作、安全附件失灵、强度不足、材质裂化等。其失效特征表现为：断口附近有明显的宏观塑性变形；拉伸断口外貌一般呈杯锥状，杯锥底垂直于主应力，锥面平行于最大切应力，与主应力大致成 45°角，有时整个宏观断口为平行于最大切应力、与主应力成 45°角的剪切断口，断口的表面呈纤维状，断口的颜色呈灰暗色。所以必须严格管理，按规程装设安全泄压装置，严格按运行操作规程操作。

例如：某电厂 300MW 机组的 2 号炉顶棚过热器出口联箱管座爆裂，破口边缘粗糙，外壁有较多的纵向裂纹；管座严重胀粗，呈灯笼状。顶棚过热器出

口联箱规格为 $\phi273\times36mm$，材料为 10CrMo910，运行温度为 375℃。管座规格为 $\phi38\times5mm$，材料为 20 号钢。该锅炉累计运行 5.4 万 h。

管座爆裂胀粗的原因主要是制造厂进行联箱的整体热处理时是按照 10CrMo910 钢制联箱筒体进行的，这对于 20 号钢管座来说，等于进行了一次球化退火，加速了管座的球化，降低了强度。

又例如：某电厂 125MW 机组的 13 号炉两个集汽联箱大修时发现接管座角焊缝开裂和孔桥胀粗，立即予以更换。集汽联箱规格为 $\phi318\times20mm$，材料为 13CrMo44；孔桥接管规格为 $\phi133\times8mm$。座孔蒸汽压力和温度为 7.25MPa 和 500℃。该锅炉已累计运行 47 682h，启停炉 868 次。

集汽联箱接管座角焊缝开裂和孔桥胀粗的原因主要是联箱结构不合理，开孔接管处未进行补强，致使孔桥间强度不足，导致接管座角焊缝开裂和孔桥胀粗。

5. 腐蚀失效

腐蚀的分类方法很多，如按机理分为化学腐蚀和电化学腐蚀；按破坏形式分为均匀腐蚀和局部腐蚀两大类；按腐蚀环境分为高温腐蚀、低温腐蚀等。

由于按破坏形式的分类方法最能体现破坏后形貌间的差异，所以在这里依据破坏形貌的不同将其划归不同的失效破坏模式。

（1）均匀腐蚀失效。在整个金属表面均匀地发生腐蚀作用称为均匀腐蚀失效。

被腐蚀金属具有均匀的化学成分和显微组织的表面，同时腐蚀环境包围金属表面是均匀而且不受限制与障碍的；均匀腐蚀可认为是在整个金属表面上产生的局部电解腐蚀；均匀腐蚀的表面形貌可能色泽微暗，但仍较光滑，也可能被耗蚀一大片金属而使表面稍微变粗。

例如：某厂额定蒸发量为 670t/h 的锅炉，机组已累计运行近 1.2 万 h 时，高温再热器出口联箱疏水孔处发生泄漏，联箱侧裂纹长约 30mm，管座侧裂纹长约 15mm，裂纹由管内壁向外壁穿透。更换后投运约一个月，同一部位再次发生类似的泄漏，检查发现联箱下部距疏水管座（出口侧）约 80mm 处有一长约 75mm 的周向裂纹（已穿透管壁）。联箱材质为 12Cr1MoV，规格为 $\phi508\times25mm$，疏水管座规格为 $\phi42\times11mm$。

割下该联箱段对内壁检查发现，下部疏水孔附近有许多腐蚀坑，且已形成网状裂纹，裂纹内部呈黑褐色。平时该高再联箱疏水一次门处于常开状态，二次门存在泄漏，联箱下部长时间处于潮湿状态或有液体聚集，导致电化学腐蚀，在内壁形成腐蚀坑，疏水孔附近（往出口处）尤为严重。低温水倒灌到联箱管壁上会引起温度剧烈变化而导致较大的交变热应力。由于蒸汽走向的原因，该交变热应力方向沿联箱轴向，温度交变区偏向疏水孔出气侧，使此处产生热疲劳裂纹。

疏水孔边缘为应力集中区，因此联箱两次泄漏均在此处产生裂纹。材料表面的缺陷如腐蚀坑、孔洞等均能引起应力集中，呈棱角状的缺陷处应力集中程度更甚，区域腐蚀速度更大，更易出现疲劳裂纹。两次泄漏，该部位的腐蚀坑均成为裂纹源，最终形成网状裂纹。有棱角的缺陷，由于应力集中，加速了裂纹的形成和发展，以致在较短时间内造成泄漏。导致联箱第二次泄漏的穿透性裂纹，则起源于表面棱角状缺陷。

分别取裂纹断口作金相分析。断口横截面：主裂纹穿晶分岔，断口边缘有灰白色腐蚀物。金相组织为珠光体＋铁素体。珠光体呈带状分布，并与断面垂直。除主裂纹外，尚可看到多条短而粗的小裂纹起源于腐蚀坑。这些穿晶小裂纹垂直于表面，内含腐蚀物。孔边裂纹断面：裂纹起源于孔边，形状曲折，有分岔。裂纹走向为穿晶—沿晶型，内含黑色腐蚀物，金相组织为珠光体＋铁素体。珠光体排列有部分呈带状，综合金相分析结果，裂纹具有典型的腐蚀性热疲劳特征。

（2）点腐蚀。点腐蚀失效是指金属材料与环境中的游离物质（例如氯化物离子）之间电化学作用而导致的失效。材料金属与环境介质的组合不当，温度不适造成氧化膜受损、材料金属表面状态不匀等。

腐蚀较集中于局部，呈尖锐小孔，进而向深部扩成孔穴，甚至穿透（孔蚀）；点腐蚀常发生于环境潮湿或者大气中表面局部凝聚水膜的金属表面，以及特殊介质条件下；金属点蚀坑直观放大边沿比较平滑，且常因腐蚀产物覆盖，坑底呈深灰色；垂直于蚀坑磨片观察，蚀坑多呈半圆形或多边形，腐蚀观察，显示点蚀并不择优沿晶界扩展；菊花形点蚀坑往往外小内大，犹如蚁穴。

改善介质环境，减少 Cl⁻和氧化阳离子，在不锈钢中加入适当元素，提高耐孔蚀性能，改进设计，避免容易停滞；保持表面清洁，避免任何天然的或外加保护层的破裂等。

（3）应力腐蚀。金属材料在静载拉应力和特定的腐蚀环境共同作用下产生的局部分离导致的破裂称为应力腐蚀失效。发生应力腐蚀失效的原因或影响因素主要有环境因素（温度、湿度、介质）、力学因素和冶金因素等。通常温度愈高，愈易产生应力腐蚀失效；腐蚀介质对应力腐蚀失效更存在一个浓度的临界值。低于该临界浓度值时，不产生应力腐蚀失效；高于该临界浓度时，随着介质浓度的提高，应力腐蚀速度加快；溶液 pH 值对金属的应力腐蚀也有很大的影响。当 pH 值增加时，应力腐蚀加速；应力腐蚀是一定的应力（施加的拉应力或残余应力）和一定的腐蚀介质同时作用的结果；非耐氢钢制容器在高温高压的氢气等还原介质作用下引起氢脆；钢在热碱溶液和拉伸压力共同作用下产生碱脆；卤素离子引起奥氏体不锈钢容器的应力腐蚀；低碳钢在浓硝酸盐中引起应力腐蚀开裂等。

失效特征如下：

1）存在应力（主要是拉应力）和敏感的腐蚀介质。

2）宏观断口由应力腐蚀破裂区和瞬断区两部分组成。应力腐蚀破裂区（源区和应力腐蚀裂缝扩展区）一般呈暗灰色，断口组织粗糙，伴有腐蚀产物覆盖；瞬断区新鲜断口呈纤维状，并伴有辐射棱线（有时由于环境污染呈腐蚀性灰色）及剪切唇。

3）应力腐蚀裂缝形貌呈树枝状，分叉裂缝是腐蚀产物体积效应造成的结果。

4）微观断口形貌有腐蚀产物，能谱分析可显示出腐蚀产物的元素成分。若属沿晶应力腐蚀破裂，微观晶粒外形轮廓因腐蚀面模糊不清，晶界加宽，晶界面上常有细小腐蚀坑或核桃纹；若属穿晶应力腐蚀破裂，微观断口形貌多呈解理河流花样。

5）微观断口有泥纹花样。

在应力腐蚀失效实际性质判断中，只要具备 1）、3）或 4）条件就可判断为应力腐蚀失效。

例如：某电厂 2 号炉水冷壁联箱管接头大小头部位发生开裂泄漏。高温再热器集汽联箱大修时发现疏水管管座接头角焊缝开裂泄漏，裂纹长 55mm，轴向穿透开裂。把管接头锯下后进一步检查发现，泄漏管段横截面沿四周分布有许多径向微裂纹，靠近破口处较多。

2 号炉型号为××220/100。联箱和管接头材料均为 20G，规格分别为 $\phi219\times25mm$ 和 $\phi60\times5mm$。该炉已累计运行 29 483h，启停 326 次。

试验分析表明，该管接头属典型的应力腐蚀开裂。

（4）腐蚀疲劳。金属材料在交变应力和腐蚀介质共同作用下导致的破裂失效称为腐蚀疲劳失效。选材不合理，材料抗蚀性不强；设计不合理或制造中存在缺陷，引起应力集中；环境腐蚀性造成腐蚀疲劳失效。其失效特征表现为：

1）存在交变载荷和腐蚀介质，裂缝扩展深度与应变应力服役时间和环境相对应。

2）腐蚀疲劳裂缝源于表面或点蚀坑，随后向基体内部扩展。

3）宏观断口附近无塑性变形，疲劳区因腐蚀介质作用及产物在该区留存，而失去金属光泽。

4）失效断口由于腐蚀介质作用，疲劳条痕模糊不清。

5）断口表面腐蚀产物成分与工作环境介质成分相对应。

6）工作环境具有液态、气态腐蚀介质或潮湿空气。

7）属多源疲劳。

但是，由于实际工作条件的复杂性和多种因素对材料失效行为的影响，一般具有以上1）、4）条件即可判别为腐蚀疲劳失效。

例如：某厂额定蒸发量为410t/h的锅炉自投运以来，多次在水冷壁悬吊管上联箱管座焊趾处产生裂纹，甚至发生泄漏事故，联箱材质为20G，规格为$\phi273\times30mm$；联箱管座的材质为20G，规格为$\phi65\times7mm$；管座与联箱之间的连接是插入式焊接结构；联箱的设计压力是11.4MPa，设计温度为321℃。机组已累计运行近1.5×10^5h。

从产生裂纹和泄漏的历史情况看，出现裂纹的管座均位于该联箱的两侧，虽经多次管座更换和补焊，但在这2个部位的管座焊趾处仍不断地出现裂纹，为此，在大修时对联箱及其连接部件进行了详细检查，发现机组在安装时将该联箱与旁边的水冷壁联箱焊在了一起，使得该联箱在运行过程中膨胀收缩受阻。

对联箱不同部位的管座进行了取样分析，观察其裂纹形态与分布位置。将联箱甲侧一根泄漏管座取样，发现裂纹长度已发展至1/3圆周，外壁的裂纹比内壁的长，金相组织为铁素体＋珠光体，组织基本正常；对联箱乙侧一根管座取样检查发现，管座的外壁焊趾处有一条长10mm的裂纹，经打磨处理，在3mm左右深处裂纹消失。值得注意的是，打磨上述两个管座的内壁，发现内壁存在大量的环形裂纹。从裂纹的分布来看，在联箱轴线方向，管座两侧产生的裂纹比较严重，张口较大；而在与联箱轴线相垂直的管座两侧裂纹的程度较轻，甚至没有。为进一步验证联箱管座的受力情况，在联箱的中部，又割取了两个管座进行检查，外壁检查其焊趾处没发现裂纹，内壁检查也没发现裂纹，但在内壁上有许多腐蚀坑存在。

根据甲侧管子的裂纹形态及乙侧管座裂纹的情况，表明裂纹是从管子外壁向内壁扩展，可以判断，除了管子的内压应力外，还有一个附加应力加在管座上。当机组在启停和调峰时，随着联箱的温度变化，联箱会膨胀或收缩，此时与水冷壁管焊在一起的顶棚也会膨胀或收缩，而当联箱与顶棚的膨胀或收缩不协调时，就会在管子上产生附加作用力，这种力在位于联箱两侧的管子上要大于在联箱中部的管子上。根据力的传递方向，在角焊缝的焊趾处会存在较大的应力集中，当在联箱两侧管座处的应力因应力集中超过了该处材料自身的屈服强度时就会萌生微裂纹，裂纹产生后，外加应力继续反复施加，导致裂纹扩展，致使管座最终泄漏。

从管座内壁裂纹的宏观形态来看，属于典型的热疲劳裂纹特征，采用光学显微镜观察裂纹的走向进一步验证了内壁裂纹的扩展具有明显的疲劳特征。那就是机组在调峰或启停时，因内壁介质的温度变化，使管座产生了热应力，热应力的反复作用引起热疲劳裂纹的产生和扩展。根据联箱中间所取的两个管座观察，在管座内壁没有热疲劳裂纹产生，因而管座内壁介质温度变化引起的应力，不是引起内壁产生热疲劳裂纹的主要原因。从中间所取的两个管座的内壁，可以看到许多分布不规则的腐蚀麻点，由此可以断定，在管座内壁还受到一定程度的腐蚀，这是由管内介质中的杂质引起的，当管座存在一定程度的交变应力时，介质中的杂质就会起作用，引起应力腐蚀裂纹的产生。可见，管内壁裂纹的产生是由多方面原因引起的，它们的共同作用造成内壁形成具有方向性的环向裂纹，而这种裂纹基本上可以定性为热疲劳腐蚀裂纹。

例如：某电厂高温再热器集汽联箱大修时发现疏水管管座接头角焊缝开裂泄漏，把管接头从角焊缝根部锯下后进一步检查发现，联箱管孔周围存在多条放射状宏观裂纹（见图 8-8），其中三条已穿透联箱壁厚，此外，在角焊缝熔合线处还有一条断续的周向裂纹。取样检查发现管孔处联箱内壁有大面积的泥状龟裂（见图 8-9）。

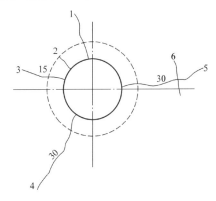

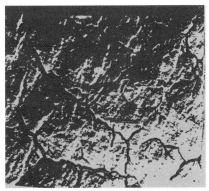

图 8-8　疏水管孔外表面裂纹分布　　　图 8-9　管孔处联箱内壁的泥状龟裂

该炉蒸发量为 420t/h，再热蒸汽压力和温度为 2.26MPa 和 540℃。联箱和疏水管材料均为 12Cr1MoV，联箱和疏水管的规格分别为 $\phi426\times22$mm 和 $\phi32\times6$mm。联箱已累计运行 2.2 万 h，启停 75 次。

试验分析表明，该联箱开裂属于典型的腐蚀性热疲劳。

二、低温联箱的失效

省煤器和水冷壁联箱除了要承受额定工作压力下的机械应力作用外，还要承受在冷态启停、热态启停及负荷改变时，金属壁的循环机械应力和热应力的作用。锅炉在启停及变负荷运行过程中，集汽联箱的金属壁的机械应力和热应力是随时间变化的，启停一次或升降负荷一次为完成一次应力循环。它们的主要损伤机理为低周疲劳和介质腐蚀。疲劳是指在反复交变载荷作用下材料的逐渐失效行为。锅炉承压部件在运行期间受到的反复交变行为，在启停和变负荷运行中产生的热疲劳多属于低周疲劳。

1. 疲劳破坏的机理

疲劳变化一般具有如下的特征：

（1）疲劳破坏常发生在最高应力低于强度极限的情况下，有时甚至低于屈服极限，故属于低应力破坏。

（2）净载下，材料的断裂可表现韧性或脆性断裂，但在交变载荷作用下的疲劳破坏，宏观上均表现为无明显塑性变形的脆性断裂。

（3）与一次性断裂不同，疲劳断裂均在应力（或应变）反复一定次数以后才被发现，即它有一定的疲劳寿命。但是，即使在同样材料和相同的试验条件下，其破坏周次也可能相差很大，因此材料的疲劳寿命具有统计性质。

按发生疲劳时的工作温度，可将金属材料的疲劳分为低温疲劳、中温疲劳和高温疲劳。

低温疲劳通常是指室温下发生的疲劳现象。由于材料的性能取决于材料的试验温度和该材料的熔点之比，这个值越大，温度对材料的作用越大。对于某些低熔点的合金如铅，在室温下就有疲劳现象发生。因此，通常将温度高于 $(0.5\sim0.6)$ T_m（材料的熔点，K），或温度高于再结晶温度时发生的疲劳现象称为高温疲劳，把温度介于室温和 $0.5T_m$ 之间发生的疲劳现象称为中温疲劳。在中温时，材料的疲劳强度比室温时的疲劳强度低得不多，蠕变也不起作用。因此，将中温疲劳称为亚蠕变范围内的疲劳现象。在温度高于 $0.5T_m$ 的情况下，疲劳强度往往是疲劳和蠕变同时起作用。因此，高温疲劳又称蠕变范围内的疲劳现象。

低温联箱的寿命损耗属于中温低周疲劳问题，蠕变对疲劳影响较小。

2. 影响材料疲劳寿命的因素

疲劳断裂常常从部件最薄弱的部位，或部件内部、外部缺陷所造成的应力集中处开始，因此疲劳失效对许多因素敏感。影响材料疲劳寿命的因素有试验温度、加载速度、平均应力、应力循环频率、应力集中、表面状态、环境介质、冶炼方法，以及冷热加工工艺和热处理等。

（1）温度。一般说来，随着运行温度的升高，材料的疲劳极限有下降的趋势，温度愈接近于材料的熔点，降低趋势愈明显。相反，运行温度降低，疲劳极限升高。

（2）应力循环频率。一般说来，应力循环频率在 1~200Hz 范围内，在室温和无腐蚀环境条件下，材料的疲劳强度随频率的变化很小，随温度的提高而稍有增加。当频率较高时，疲劳强度随频率不断提高，直到频率达到 2000Hz 为止。超过此频率以后，疲劳强度随频率的增加而降低。

在高温下，频率变化对疲劳裂纹的产生和扩展影响很大，频率降低时对寿命的影响同温度升高的影响类似。这是因为在高温下发生疲劳时，存在蠕变作用的缘故。频率低，应力作用时间长，使蠕变成分增加，因而裂纹的扩展速度提高。

（3）应力集中。对于联箱，需要考虑它的几何因素（表面粗糙度、表面缺口、部件的尺寸等）对疲劳寿命的影响。如联箱的断面尺寸总会有某些变化，特别是在接管焊缝部位和相邻接管的韧带部位，如图 8-10 所示，而且存在着诸如圆角、圆孔等类似沟槽统称为表面缺口。实践证明，在许多情况下，承受循环载荷的部件破坏的原因是，在缺口边界上某处产生了疲劳裂纹。在该处形成裂纹的原因是，由于缺口边界上的循环应力远大于远离缺口处的名义循环应力。因此，在缺口根部存在着较大的应力集中现象。据统计，构件表面的应力集中效应是导致疲劳破坏的各种因素中最主要的因素。

（4）表面状态。通常，疲劳裂纹在表面成核，对于承受弯曲和扭转应力的部件，其表面工作应力最大。对于锅炉联箱一类承受内压作用的圆筒形部件，在它们的内表面上也作用着最大的工作应力和热应力。因此，表面就成了疲劳寿命的

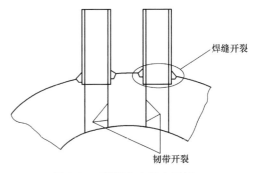

图 8-10　联箱应力集中区域

关键部位，表面状态对部件的疲劳寿命有很大的影响。粗糙表面相当于有很多微缺口分布在表面，该处引起应力集中，因而是疲劳裂纹核心的所在地，并继续扩展成一定尺寸的扩展裂纹直至部件破裂。同一强度的材料粗糙度愈低，其疲劳极限也愈高。

例如：某厂亚临界机组，投运后不到半年就出现省煤器多次泄漏，而且主要泄漏部位在高温省煤器出口联箱管根部，靠烟道后部炉墙侧，并集中表现为蛇形管不同程度裂纹或断裂。进行堵管后，旁边紧邻的管子又发生连续断裂。同时在接管座上的裂纹已经裂到了出口联箱母材上。

省煤器泄漏不仅造成大量能耗浪费，影响正常生产，严重时更会直接威胁安全运行。通过分析和计算发现省煤器泄漏和联箱产生裂纹的主要因素是省煤器沸腾率超标，实际由于排烟温度偏低更可能大大超过设计值，这形成了对安全生产的极大威胁；由于沸腾率过高，高温省煤器局部蛇形管发生膜态沸腾，即高温省煤器部分因沸腾率超标，局部管子蒸汽汽泡生成过快形成连片汽膜，隔离给水和管壁，恶化了传热过程，使该处管子处于过热状态；并且由于给水负荷频繁波动，所以高温省煤器某一部分时而充满过热蒸汽，时而又是给水，工作温度频繁剧烈变化，使管子和联箱处于热疲劳状态，运行到一定时候就必然在管子和联箱上萌生裂纹，裂纹在疲劳载荷的作用下扩展导致管子断裂，联箱由于管壁较厚，应力幅度较小裂纹仅存在于表面。

三、高温联箱的失效

高温联箱（尤其是过热器、再热器出口联箱）工作温度接近甚至超过540℃，在运行过程中，由于蒸汽氧化明显、箱体局部温度的不均匀、结构造成的应力等原因，相比蒸气管道更容易发生严重损伤。其失效形式首先是应力作用下的高温蠕变变形，随运行时间的延长而不断积累。同时，由于循环负荷（启停、调峰等）可产生联箱内壁的氧化皮开裂和疲劳损伤，也会加速蠕变损伤的积累。当高温联箱由于蠕变/疲劳或氧化萌生裂纹之后，裂纹将在蠕变和疲劳作用下继续扩展，严重地降低了联箱的正常使用寿命。

据美国 B&W（Babcock&Wilcox）对 62 家电力企业的 376 个联箱检查表明，高温联箱损伤和失效的主要形式有：焊缝及热影响区的蠕变空洞发展，74例；联箱接管孔间韧带的蠕变/疲劳开裂，21例。

1. 高温蠕变

蠕变是金属在高温下，承受持续作用的应力而产生的连续增长的永久变形。对于钢而言，一般要高于350℃才会出现蠕变现象。目前对蠕变机理的通俗解释为：蠕变是金属再结晶和塑性变形综合作用的结果。根据蠕变过程的物理性质来划分，可把蠕变分为三类：一类是对数蠕变，既泛指蠕变过程中加工硬化未能消除或未能完全消除的情况，其蠕变速度愈来愈慢，这一般是温度较低的情况。第二类是回复蠕变，此时温度较高，故回复过程得以进行，蠕变速度不变或下降很少，这包括蠕变过程的第Ⅰ阶段和第Ⅱ阶段，并把第Ⅰ阶段看作是加工硬化和回复（软化）逐渐趋于平衡的过程。第三类是扩散蠕变，它在温度很高时出现，蠕变直接由扩散引起。锅炉部件大多处于回复蠕变。联箱是处于既有蠕变、又有疲劳的条件下工作的。

联箱损伤还可分为可修复或不可复两大类。例如联箱外表面接管座处的焊缝开裂易于发现，可通过打磨或补焊加以消除，这类缺陷一般不会导致联箱报废。研究表明，最常见的导致联箱报废的损伤形式是接管孔间韧带的开裂。对实际开裂联箱的检查表明，韧带开裂一般首先在插管孔内壁出现一条或多条裂纹，逐渐向插管孔间韧带扩展，见图

图 8-11　联箱韧带开裂形貌

8-11，并与相邻管孔类似裂纹相连接，这时的裂纹将不仅沿管孔之间扩展，同时由联箱的内壁向外壁扩展，直到产生蒸汽泄漏或灾难性破坏。因此韧带开裂是最危险的损伤形式。图 8-12 为某过热器联箱不同位置蠕变/疲劳裂纹扩展曲线。从图中可以清楚地看出，轴向裂纹沿韧带扩展的速率大大地高于周向裂纹扩展。开裂由于管孔内壁部位的特殊性，目前尚没有有效的早期发现损伤的无损检测方法。

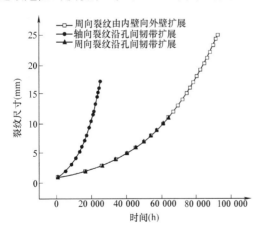

图 8-12　某过热器联箱不同位置蠕变/疲劳
裂纹扩展曲线

蠕变裂纹扩展率按式（8-1）计算，即

$$da/dt = Q C_t^m \qquad (8-2)$$

式中　Q、m——材料常数，由蠕变裂纹扩展试验确定；

C_t——蠕变裂纹扩展驱动力。

2. 金属材料的蠕变现象

(1) 蠕变的概念。蠕变是金属材料在高温条件下，在持续应力的作用下而产生连续增长的塑性变形的现象。蠕变一般表现为一定温度及应力作用下，应变随时间增加而增加。

(2) 蠕变机理。晶体受力发生变形的过程，简单地说就是应力迫使位错源启动，放出的位错沿着滑移平面运动的过程。如果位错逸出晶体表面或被界面吸收，则晶体就产生了塑性变形。如果在运动中受到各种阻碍，位错将停止或塞积起来，只有施加更大的外力，才能引起位错重新运动和晶体继续变形。由此可见，如果作用在晶体上的是等值应力，则变形在极短的时间内就会完全停顿下来。如没有别的因素刺激位错源重新启动，那么变形就不再随时间而发展。当原子的热运动和应力、联合作用不断克服变形的障碍时，就可能使蠕变发生。由于原子热运动是随时间变化的过程，所以变形也是随时间而不断发展的。

实验证明，就是试样在蠕变过程中的不同阶段，对变形起主要作用的机理也是不同的。可以这样设想，在蠕变的初期，最容易激活的位错首先运动产生蠕变，后来这些易动位错消耗尽了，要继续变形就需要比较高的激活能，因而蠕变对激活能的要求越来越高。若是低温蠕变，则变形过程会逐渐衰竭。在高温下，蠕变可能靠回复作用不断取得进展。当回复速度与应变硬化速度达到平衡时，就进入等速蠕变阶段。

在蠕变过程中，强化和软化是同时发生的。位错的运动、受阻和解脱的行为，就是晶体变形、强化和软化的过程。位错的增殖和运动产生了变形，但位错的交截和塞积阻碍了这种变形，使材料产生强化，而位错从障碍中甩脱出来重新运动，造成了软化和继续变形。温度在这里的作用是提供热激活能量和促进原子扩散，帮助位错摆脱障碍使晶体进一步变形。

蠕变到达第三阶段后，除了蠕变速度逐渐加快外，晶体内部还产生一些复杂的过程，在晶体内或晶界上可能产生空洞，形成裂纹和发生相变等，有时也会产生颈缩，加速蠕变的最终破断。

3. 疲劳与蠕变交互作用

当锅炉处于调峰或交变负荷运行时，其高温承压部件不仅存在蠕变损伤，而且还同时存在疲劳损伤。疲劳与蠕变有交互作用，一般认为，材料的高温蠕变与疲劳性能是材质、金相组织、杂质、试验和加载条件、环境的函数。由于影响的因素太多，现有的许多试验结果都是在某种具体条件下得到的，往往是一种局部的认识。疲劳和蠕变同时作用时，材料的破坏模式一般可以归纳为以下三种情况：

（1）疲劳控制的穿晶断裂。

（2）疲劳和蠕变共同作用的穿晶—沿晶混合断裂。

（3）蠕变控制的沿晶断裂。

第五节　联　箱　监　督

前面章节分析了联箱的结构因素、运行工况、受力形式和失效原因，应该说联箱失效的原因是复杂的，因此，金属监督成了避免联箱事故的主要手段。

一、联箱钢材的检验项目及相关标准

联箱从坯料到产品经过一系列的检验和试验，联箱均是采用无缝钢管进行加工和制造的。国产低、中压锅炉用无缝钢管的技术要求及质量检验应符合 GB 3087—2008《低中压锅炉用无缝钢管》的规定，国产高压锅炉用无缝钢管的技术要求及质量检验应符合 GB 5310—2008《高压锅炉用无缝钢管》的规定，进口锅炉钢管的技术要求及质量检验应符合供货国标准或订货合同要求。制造锅炉用管材或在役机组更换管材时，必须按 JB/T 3375—2002 的要求对入厂原材料进行抽检。具体检验标准可参照对钢管的检验项目、取样数量、试验方法和取样部位。

二、联箱的监督

机组大修中，应对重点联箱的损伤情况进行全面的检查，并作好记录，以备对比和分析之用。检查的重要手段是宏观检查、表面探伤和组织检验。检查中应包括以下内容：

（1）收集该台锅炉、联箱的设计、安装和制造资料。

（2）该台锅炉自投运以来的运行资料包括运行方式，联箱的实际运行压力、温度及压力波动，锅炉的总运行小时，不同工况下的启停次数等。

（3）该台联箱自投运以来历次检验记录。

（4）锅炉、联箱的事故工况及记录。

（5）联箱的修复及部件更换记录。

（6）机组未来的运行计划。

（7）筒体焊缝的超声波探伤。

（8）焊缝和筒体的复型金相和硬度检查。

（9）筒体的壁厚测量。

（10）管座角焊缝表面探伤抽查。

（11）高温联箱的蠕变剩余寿命估算。

（12）依据高温联箱的状态检查结果，对联箱的材质状态作出评估。

（13）依据机组的运行工况，对联箱管座处进行内压应力和热应力分析计算。

（14）提出今后高温联箱的监督运行措施。

对运行时间达到 10^5 h 的联箱，应进行全面检查，以后检查周期为 5×10^4 h。检查的内容包括：

（1）集汽联箱箱体进行宏观、硬度、壁厚和金相检查；安全门接管座100％的探伤检查；变径管焊缝进行100％的宏观和探伤检查。

（2）高温过热器和高温再热器出口联箱应进行箱体宏观、硬度和复膜金相检验，壁厚进行测量；封头焊缝进行100％的宏观和探伤检查；排管管座及管孔间进行宏观和探伤抽查。

（3）减温器联箱应进行封头焊缝宏观和无损探伤抽查；内套管、喷头和内壁进行内窥镜检查，对紧固螺帽角焊缝进行100％的宏观和探伤检查；必要时对箱体进行超声波探伤。

（4）水冷壁、省煤器联箱封头焊缝应进行宏观和无损探伤抽查。

（5）根据检查结果采取如下处理措施：

1）较浅的表面缺陷应磨除。

2）磨除缺陷后，如剩余壁厚小于强度计算壁厚，应采取修补措施。

3）发现蠕变裂纹时，应采取更换措施。

4）套筒、喷头发现裂纹时，应更换。

（6）高温联箱的箱体蠕变监督，按 DL/T 441—2004《火力发电厂高温高压蒸汽管道蠕变监督规程》的规定进行。

（7）联箱等膨胀指示器装置完好，有定期检查膨胀量的记录；冷态指示零位，各部件膨胀通畅，没有影响正常膨胀的阻碍物。

（8）水冷壁上下联箱、UP 型锅炉分段进出口联箱及混合器、强制循环锅炉环形联箱、抽查联箱内外壁腐蚀情况，记录内部堆积物的数量和成分，必要时进行测厚。

（9）对管座角焊缝进行外观检查，应无裂纹，必要时进行表面探伤。

（10）联箱支座接触良好，无杂物堵塞。对吊耳与联箱焊缝进行外观检查时，应无裂纹。

（11）省煤器进出口联箱必要时用内窥镜抽检内壁，应无腐蚀及杂物存在。对进出口联箱短管角焊缝作外观和表面探伤抽查。

运行 10^5 h 后，对联箱封头焊缝、环形联箱人孔角焊缝、环形联箱连接角焊缝或弯头对接焊缝进行外观检查和 100% 无损探伤检查。

（1）高温过热器、再热器出口联箱、炉顶集汽联箱。

1）与联箱连接的大直径管三通焊缝应进行外观检查和表面探伤。必要时应作超声波探伤。

2）吊耳与联箱的焊缝进行外观检查和表面探伤。必要时用超声波探伤。检查联箱支座应接触良好，无杂物堵塞。

3）检查筒体外壁氧化、腐蚀、胀粗情况，以后每隔 5×10^4 h 检查一次。10^5 h 后增加硬度、壁厚、金相检查。

4）环缝及封头焊缝首次检验时作 100% 外观检查和表面探伤，以后每隔 5×10^4 h 检查一次。10^5 h 后增加超声波探伤复验。

5）检查封头手孔盖应无氧化、腐蚀、胀粗情况；焊缝外观检查应无裂纹等超标缺陷，10^5 h 后增加无损探伤检验。

6）顶棚过热器管发生下陷时，应检查下陷部位联箱的弯曲度及其连接管道的位移情况。

7）管座角焊缝作外观检查，必要时增加表面探伤，应无裂纹及大于 0.5mm 的咬边等缺陷。

8）安全阀、排汽阀、导汽管管座角焊缝首次检验时作 100% 外观检查，必要时进行磁粉探伤。以后每隔 5×10^4 h 检查一次。

9）疏水管、空气管的管座角焊缝首次检验时作 100% 外观检查。以后每隔 5×10^4 h 检查一次。

10）对充氮及温度、压力信号等小口径管的管座角焊缝进行首次检验时，在 100% 外观检查后，每隔 5×10^4 h 检查一次。

（2）减温器、汽—汽热交换器。

1）用内窥镜检查混合式减温器内壁、内衬套、喷嘴，应无裂纹磨损、腐蚀等情况。吊耳与联箱间的焊缝作外观检查和表面探伤。管座角焊缝作外观检查，必要时作表面探伤。对内套筒定位螺栓封口焊缝进行磁粉探伤。

2）面式减温器运行 $2\times10^4\sim3\times10^4$ h 后进行抽芯，检查管板变形、内壁裂纹、腐蚀情况及芯管水压泄漏情况。以后每隔 $5×10^4$ h 检查一次。

3) 套管式汽—汽热交换器每组抽 1 只检查外壁腐蚀、氧化情况，观察 U 型弯头背弧处有无裂纹，并测量壁厚。进出管角焊缝外观检查，必要时表面探伤。

第九章　管道失效及其监督

火力发电厂所涉及的各类蒸汽管道，主要包括主蒸汽管道、高温再热蒸汽管道（热段）、低温再热蒸汽管道（冷段）和高压给水管道、导汽管和蒸汽联络管道等。蒸汽管道长期运行在高温、高压的工作条件下，必然会发生损伤累积，涉及高温蠕变、应力疲劳、高温腐蚀和冲蚀等复杂的损伤问题。损伤累积和应力迭加到一定程度的结果会导致蒸汽管道泄漏和爆破，严重威胁电站的安全运行。所以，炉外蒸汽管道的失效长期以来一直是导致电站机组被迫停机和人身伤害的主要原因之一。因此，了解管道结构和运行工况，分析管道的失效形式和失效部位，可以准确地对其进行监督，以提高机组的安全可靠性。

第一节　管　道　结　构

管道是由管道组成件和管道支承件组成的，用以输送、分配、混合、分离、排放、计量、控制或制止流体流动的管子、管件、法兰、螺栓连接、垫片、阀门和其他组件或受压部件的装配总成。

发电厂管道由主蒸汽管道、高温再热蒸汽管道、低温再热蒸汽管道、主给水管道、高低压旁路管道与各种导气（汽）管组成。主蒸汽管道分段图如图9-1所示。

构成管道系统的零部件通称管件（pipe fittings），包括弯管、弯头、三通、异径管、接管座、法兰、堵头、封头等。

弯管（pipe bends）是指轴线发生弯曲的管子，用钢管经热弯（通常用中频加热弯制）或冷弯制作的带有直段的管件。

弯头（elbows）是指弯曲半径小于或等于2倍名义直径且直段小于直径的管件，通常通过锻造、热挤压、热推制或铸造制作。

电厂管道可按设计压力 p 为主要参数分级，见表9-1。

表 9-1   管 道 分 级

管道级别	主 要 参 数
高压管道	$p > 8\text{MPa}$
中压管道	$8\text{MPa} \geqslant p > 1.6\text{MPa}$
低压管道	$p \leqslant 1.6\text{MPa}$

注 再热冷段和热段管道视为高压管道。

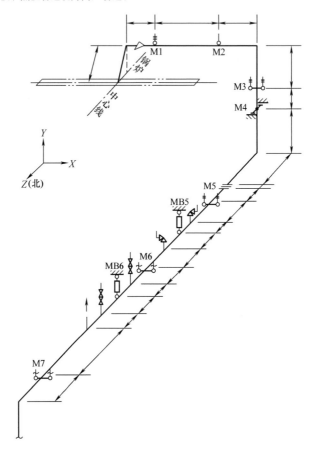

图 9-1 主蒸汽管道分段图

第二节 管道运行工况和应力分析

管道的工作条件较复杂，主要包括三个方面：应力状态、环境介质和工作温度。管道的应力状态很复杂。管道应力主要来自管道在内压、持续荷载（包括自重）作用下的应力和热胀、冷缩及其他位移受约束而产生的应力。由于管系处在多向应力作用的复杂状态，故采用应力分类方法校核计算，对不同性质的应力分别给予不同的限定值。

管道上的应力一般分为一次应力、二次应力和峰值应力三类。由内压和持续外载产生的应力属于一次应力，采用极限分析法校核；管道热胀、冷缩等变形受约束而产生的应力属于二次应力，采用验算许用应力范围和控制一定的交变循环次数进行限定；峰值应力是指管系结构在不连续处由于局部应力集中而发生的一次应力和二次应力的增量，对于它的限定采用疲劳分析。

一、管道的一次应力

根据美国动力管道规范 ANSI/ASME B31.1—2007《动力管道》，管道在工作状态下，由内压产生的折算应力，不得超过钢材在设计温度下的许用应力；同时，由内压、自重和其他持续载荷所产生的纵向应力的总和不大于热态许用应力。

内压产生的折算应力用计算式表示为

$$\sigma_{eq} = \frac{p\left[0.5D_o - Y(s - \alpha)\right]}{s - \alpha} \leqslant [\sigma]^t \tag{9-1}$$

式中　σ_{eq}——内压折算应力，MPa；

D_o——管子外径，mm；

p——内压力，MPa；

s——管子实测最小壁厚，mm；

Y——温度对计算管子壁厚公式的修正系数；

α——考虑腐蚀、磨损或机械强度的附加厚度，mm；

$[\sigma]^t$——钢材在设计温度下的许用应力，MPa。

当运行中有压力或（和）温度的波动，而短时间超过设计压力或设计温度时，还必须验算瞬态变化的安全性，即任何 24h 连续运行时间内，超温或超压时间少于 10%时，计算管道在超压或（和）超温下的最大应力，此应力不得超过钢材在相应温度下许用应力的 1.15 倍。

任何 24h 连续运行时间内，超温或超压时间少于 1%时，计算管道在超压或（和）超温下的最大应力，此应力不得超过钢材在相应温度下许用应力的 1.2 倍。

管道的内压力与许用应力成正比。当压力达到额定压力的 120%，而任何 24h 连续运行时间内没有超过 14min 时，可认为是安全的。

管道超温时，钢材在该温度下的许用应力值将降低。现以 100MW 机组的主蒸汽管道为例：采用 10CrMo910 钢材（$\phi 273 \times 28\text{mm}$），设计压力为 9.81MPa，设计温度为 545℃，许用应力 $[\sigma]^{545}=48.5\text{MPa}$。当管道在任何 24h 连续运行时间内，超温达到 15℃，但超温时间不超过 14min，亦可认为是安全的。

当超温达到 15℃，$[\sigma]^{555}=41.5\text{MPa}$ 时计算示例如下

$$41.5 \times 1.2 = 49.8(\text{MPa}) > \frac{9.81(0.5 \times 273 - 0.7 \times 0.875 \times 28)}{0.875 \times 28}$$
$$= 47.79(\text{MPa})$$

管道由于安全阀或释放阀的反座推力，或管道内流量和压力的瞬态力、风荷载和地震等偶然荷载所产生的应力，亦属于一次应力。但它们作用的时间很短，验算应力时可以适当提高许用应力。

二、管道二次应力

管道热胀、冷缩等变形受约束而产生的应力属于二次应力。管材在热态和冷态所能维持的应力水平，可以根据材料强度或疲劳强度来确定，取二者的较小值。对于一般热力管道所采用的钢材，在冷态时往往应以疲劳强度作为控制条件；在热态时往往应以高温强度作为控制条件。因此，一次应力加二次应力在冷、热态的最大应力范围可以采用

$$0.5\sigma_b + \sigma_s' \quad (\text{或} \ \sigma_D') \tag{9-2}$$

疲劳强度的计算式是根据美国管道事业公司（Tube Turns）20 世纪 50 年代的试验成果确定的。当时选用普通碳钢 A106B 钢管进行弯曲疲劳试验，从而得出平均疲劳强度与交变次数的关系式

$$\sigma_e^l = 245\,000N^{-0.2} \tag{9-3}$$

式中　σ_e^l——平均疲劳强度，lbf/in^2，$1\text{MPa} = 145\text{lbf/in}^2$；

　　　N——交变次数。

假定疲劳强度 $\sigma_e = \sigma_e^l / 1.7$，而 A106B 的抗拉强度 $\sigma_b = 60\,000\text{lbf/in}^2$，代入式（9-3）可得

$$\sigma_e = 2.4\sigma_b N^{-0.2} \tag{9-4}$$

并得出交变次数与疲劳强度的关系见表 9-2。

表 9-2　　　　　　　　　交变次数与疲劳强度的关系

交变次数	应力降低系数	疲劳强度
$N \leqslant 2500$	$f = 1$	$\sigma_e = 0.5\sigma_b$
$N = 4000$	$f = 0.9$	$\sigma_e = 0.45\sigma_b$

续表

交变次数	应力降低系数	疲 劳 强 度
$N=7500$	$f=0.8$	$\sigma_e=0.4\sigma_b$
$N=15\,000$	$f=0.7$	$\sigma_e=0.35\sigma_b$

管道设计规定适用于火力发电厂带基本负荷为主的交变次数 $N=2500$ 次，故疲劳强度 σ_e 取用 $0.5\sigma_b$。由于钢材在 20℃ 时的许用应力 $[\sigma]^{20}=\sigma_b/3$，而在设计温度下的许用应力 $[\sigma]^t=\sigma'_s/1.5$ 或 $\sigma_D/1.5$，因此冷、热态最大应力范围可以写成 $1.5([\sigma]^{20}+[\sigma]^t)$。考虑一定的安全裕度，一次应力加二次应力的许用应力范围限定为 $1.2([\sigma]^{20}+[\sigma]^t)$。

管系由于内压、自重和其他持续外载所产生的一次应力不得大于管材在设计温度下的许用应力 $[\sigma]^t$，因此计算热胀应力的许用范围为 $1.2([\sigma]^{20}+[\sigma]^t)$。

管道由自重所产生的弯曲应力一般不得超过 20MPa，可以将一次应力的许用值没有用足的部分并入二次应力的许用范围。

如果要求设计的电厂在 40 年使用寿命期间，前 20 年带基本负荷，而后 20 年有可能带变动负荷或二班制运行，那么设计的交变次数 N 应按 7000 次考虑，热胀许用应力范围应乘上应力降低系数 f，这样热胀许用应力范围值就与 ANSI/ASME B31.1—2007 的许用值相等。

美国和日本等国家设计的机组，交变次数以 $N=7000$ 次为依据，疲劳强度 σ_e 取用 $0.4\sigma_b$，许用应力为 $[\sigma]^{20}=\sigma_b/4$、$[\sigma]^t=\sigma'_s/1.6$ 或 $\sigma_D/1.6$，因此冷、热态最大应力范围可以写成 $1.6([\sigma]^{20}+[\sigma]^t)$。考虑一定的安全裕度，一次应力加二次应力的许用应力范围限定为 $1.25([\sigma]^{20}+[\sigma]^t)$。热胀应力许用范围为 $1.25[\sigma]^{20}+0.25[\sigma]^t$。

第三节　管　道　材　料

一、常用材料

蒸汽管道部件材料的选择主要取决于部件工质的温度、压力和服役环境。应具有足够高的蠕变强度、持久强度、持久塑性和抗氧化性能。所选材料在其相应服役温度和环境下应具备以下基本性能：

高的强度和良好的持久塑性：即高的拉伸、蠕变、持久强度及疲劳性能，良好的持久塑性；蒸汽管道通常以 1×10^5h 或 2×10^5h 的高温持久强度作为强度设计的主要依据，再用蠕变极限进行校核。一般要求钢材在工作温度下的持久强度平均值不低于 50～70MPa；对于低合金耐热钢，在整个运行期内累积的相对蠕变变形量不应超过 2%；持久强度和蠕变极限的分散范围不超过±20%；持久塑性的延伸率不小于 3%～5%。

（1）良好的导热性能和低的线膨胀系数。

（2）高的组织稳定性：在高温下、长期运行过程中，组织性能稳定性好。

（3）高的抗氧化及抗腐蚀性能。

（4）良好的工艺性能：热、冷加工性能，特别是焊接性能要好。

火电机组汽水管道主要指主蒸汽管道、高温再热蒸汽管道（热段）、低温再热蒸汽管道（冷段）和高压给水管道，锅炉高温部件则包括集汽联箱、高温过热器联箱和高温再热器联箱，以及高温过热器管、高温再热器管。选材时，应根据工作温度，优先考虑钢材的热强性和组织稳定性。对于同一钢号钢材，用于蒸汽管道时所允许的最高使用温度应比用于过热器管的耐热温度低一些。

1. 主蒸汽、再热热段管道的选材

与主蒸汽管道有近似服役条件的部件包括高温再热蒸汽管道等，这类部件的服役温度通常高于 540℃，超超临界机组的高温部件的服役可高于 600℃，其损伤主要为蠕变损伤。所以材料必须有高的蠕变强度和高的组织稳定性，同时还应有优异的抗氧化性和抗腐蚀性、高的组织稳定性及良好的焊接性能。

对亚临界机组来说，有相当数量机组的主蒸汽、高温再热蒸汽管道选用 $2Cr\%$ 的 10CrMo910（P22）、12Cr1MoV、15Cr1Mo1V 和 9Cr-1Mo 系列的 P91；对超临界机组来说，目前主蒸汽管道多选用 P91，而高温再热蒸汽管道选用 P22、15Cr1Mo1V 和 P91；对超超临界机组，目前主蒸汽管道多选用 9Cr-2W 系列 P92、P122 和 9Cr-1Mo-1W 的 E911，高温再热蒸汽管道选材与超临界机组相同。

除上述材料外，此类高温部件也可选 12Cr 系列的 F12（X20CrMoV121）、F11（X20CrMoWV121）（德国）。

（1）12Cr1MoVG。该钢属珠光体热强钢，主要用于壁温小于或等于 555℃蒸汽管道等。由于钢中加入了少量的钒，可以降低合金元素（如钼、铬）由铁素体向碳化物中转移的速度，弥散分布的钒的碳化物可以强化铁素体基体。该钢在 580℃时仍具有高的热强性和抗氧化性能，并具有高的持久塑性。工艺性能和焊接性能较好，但对热处理规范的敏感性较大，常出现冲击韧性不均匀现象。在 $500\sim700℃$ 回火时，具有回火脆性现象；其热处理规范：$980\sim1020℃$ 正火，空冷，保温时间按壁厚每毫米/分钟计算，但不少于 $20min$；回火 $720\sim760℃$，保温 $3h$。长期在高温下运行，会出现珠光体球化及合金元素向碳化物转移，使热强性能下降。类似的钢号有 $12XIM\Phi$（ГОСТ）、$13CrMoV42$（DIN）、$16CrMoV42$（DIN）和 15225（ČSN）。应该指出，各国的这些钢号的成分虽然与我国的 $12Cr1MoVG$ 钢相近，但热处理工艺不尽相同。

（2）$15Cr1Mo1VG$。该钢为苏联钢号，该钢属珠光体热强钢，主要用于壁温小于或等于 $580℃$ 蒸汽管道等。与 $12Cr1MoV$ 钢相比，含钼量有所提高，故热强性能稍高，在 $450\sim550℃$，其持久强度比 $12Cr1MoV$ 钢高 $19.6MPa$，$570℃$ 时高 $9.8MPa$，但持久塑性稍低于 $12Cr1MoV$ 钢。该钢在 $570℃$ 以下长期使用时，组织稳定，且具有良好的抗氧化性能。焊接性能与 $12Cr1MoV$ 钢相当。存在的问题是有些炉号的冲击值低于标准要求，且钢中含有 $0.013\%\sim0.08\%$ 的残铝对钢的热强性能会有不利影响。类似的钢号有 $A405-61T$（ASTM）。

（3）$12Cr2MoG$。该钢属贝氏体热强钢，主要用于壁温小于或等于 $570℃$ 蒸汽管道等。该钢正火后的组织为贝氏体加少量的马氏体，有时有少量铁素体。其热处理规范：$900\sim960℃$ 正火，空冷或油淬，回火 $680\sim780℃$，空冷。长期在高温下运行，将会出现碳化物从铁素体基体中析出并聚集长大现象。$500℃$ 的蠕变试验结果表明，在蠕变第一阶段结束时，总伸长率约为 0.2%；$550℃$ 及其以上温度，总伸长率约为 $1\%\sim2\%$；钢的持久塑性比较好。类似的钢号有 $10CrMo910$（BQB、DIN）和 $P22$（ASME、ASTM）。

（4）$X20CrMoWV121$（F11）和 $X20CrMoV121$（F12）。该钢属 12% 铬型马氏体热强钢，主要用于壁温 $540\sim570℃$ 蒸汽管道等，具有良好的耐热性能，在空气和蒸汽中抗氧化能力可达 $700℃$，但工艺性能较差，在锻造轧制和焊接时易产生裂纹。F11 钢以调质状态交货，热处理规范：$1020\sim1070℃$ 正火，空冷或油冷，回火 $730\sim780℃$，空冷，回火温度不可超过 $800℃$，以防止重新淬硬，也应避免在 $450\sim500℃$ 回火，以防止碳化物弥散析出，使钢的耐腐蚀性能和冲击韧性降低。

（5）$P91$（$10Cr9Mo1VNb$）。该钢是美国在 $9Cr-1Mo$ 钢基础上添加微量 V、Nb，调整 Si、Ni 和 Al 添加量后形成的超 $9Cr$ 钢，主要用于壁温小于或等于 $600℃$ 蒸汽管道等。该钢的高温强度优异，在 $550℃$ 以上，其设计许用应力为 T9 和 $2.25Cr-1Mo$ 钢的 2 倍。与 $1Cr19Ni9$ 钢相比，其等强（持久强度）温度为 625℃，抗氧化和抗蒸汽腐蚀性能与 9Cr-1Mo 钢相当。类似的钢号有 X10CrMoVNb91（DIN）。

（6）P92、P122、E911 钢。20 世纪 90 年代初日本在大量推广 P91 钢的基础上发现当使用温度超过 600℃时，P91 钢不能满足长期安全运行的要求。另外调峰任务重的机组，管材的疲劳失效也是一个大问题。P92 钢是在 P91 钢的基础上加入 1.5%～2% 的 W，降低了 Mo 含量，从而大大增强了固溶强化的效果，具有更高的许用应力，使用温度则可达到 620℃。E911 钢是一个欧洲牌号的钢种，其化学成分与 P92 相似，力学性能也基本接近。P122 是在德国牌号 X20CrMoV121 的基础上改进的 12Cr 钢，添加了 2%W、0.07%Nb 和 1%Cu，固溶强化和析出强化的效果都有很大的增加，具有更高的热强性和耐腐蚀性。尤其是由于含 C 量的减少，使得焊接冷裂敏感性有了改善。

对于大容量超超临界机组的主蒸汽和高温再热蒸汽管道，将比常规超临界机组面临更高压力和更高温度的考验。首先，管道材料的高温蠕变强度必须满足由于管道热膨胀而引起的热应力的要求。一般来说，适合于作为高温蒸汽管道的材料，其在工作温度下的 10 万 h 蠕变应力值应达到 90～100MPa。同时，还要求管道材料的热膨胀系数比较小且导热率较大，从而能够降低管道内的热应力水平。对于以上要求，同时考虑到运行可靠性和经济因素，使主蒸汽和高温再热蒸汽管道的材料的选择范围很小。

2. 低温再热蒸汽管道

对于低温再热蒸汽管道，虽然主蒸汽压力提高，但是受到低压缸排汽湿度的限制，高压缸的排汽压力变化不大，因此其正常工作最大排汽温度也不会超过 400℃。如果机组没有特殊要求，低温再热蒸汽管道可采用最高允许使用温度为 427℃的 A672B70CL32 电熔焊接钢管。

但对系统有特殊要求，如外高桥电厂二期超临界（2×900MW）机组旁路阀有安全阀作用，汽轮机高压缸排汽在某些状况会出现温度高达 515℃，故低温再热蒸汽管道采用 A691Cr1-1/4CL22 焊接钢管，华能玉环电厂也因汽轮机有同样要求，低温再热蒸汽管道采用 A691Cr1-1/4CL22 电熔焊接钢管。

另外，亚临界机组低温再热蒸汽管道也可选用 P11、15SiMn、SA515Gr.60 和 SA106B。

3. 主给水管道

对于给水管道，由于受到烟气露点的限制，空气预热器出口的排烟温度很难做到低于 120℃，因此尽管超超临界机组的蒸汽参数提高得较多，给水温度

仍将维持在 300℃ 左右，而目前建设的超超临界机组给水管道压力只是略高于
600MW 超临界机组，就目前国内外高压给水管道普遍采用的 15NiCuMoNb5-
6-4 无缝钢管来说仍然适用。亚临界、超临界机组低温再热蒸汽管道目前多采
用 15NiCuMoNb5-6-4 （WB36），也 可 选 SA106B、SA106C、15SiMn 和
St45.8/Ⅲ。

15NiCuMoNb5-6-4（WB36）为德国梯生钢厂、曼内斯曼钢厂和日本住友
金属株式会社生产的 Ni-Cu-Mo 低合金钢，主要用于壁温小于或等于 500℃ 汽
水管道等。由于钢中含有 Cu，因此提高了钢的抗腐蚀性能。该钢具有较高的
强度，室温抗拉强度可达 610MPa 以上，屈服强度小于或等于 440MPa，比 20
号钢高 40%，用于锅炉给水管道，可使管壁厚度减薄，从而有利于加工、制
造、安装和运行。通常含 Cu 钢具有红脆性，但由于该钢中加入了较多的 Ni，
从而消除了红脆性。该钢的焊接性能良好，但不适合冷成形加工。

表 9-3 列出了火电机组汽水管道的常用材料。

表 9-3　　　　　　　　　　火电机组汽水管道选材推荐

机组类别	主蒸汽管道	高温再热蒸汽管道	低温再热蒸汽管道	主给水管道
高温高压机组	12Cr1MoVG 10CrMo910（P22）			20G
超高压机组	12Cr1MoVG 10CrMo910（P22） X20CrMoV121	10CrMo910（P22） 12Cr1MoVG	20G P11 15SiMn	20G St45.8/Ⅲ SA106B STB42
亚临界机组	12Cr1MoVG 10CrMo910（P22） 15Cr1Mo1V X20CrMoV121 （F12）	10CrMo910（P22） 12Cr1MoVG 15Cr1Mo1V	15MoG 20G P11 15SiMn SA515Gr.60 SA106B	20G St45.8/Ⅲ SA106B STB42
超临界机组	10CrMo910（P22） 15Cr1Mo1V P91 X20CrMoV121（F12）	10CrMo910（P22） 12Cr1MoVG 15Cr1Mo1V P91 SA387-22	P11 15SiMn SA515Gr.60 15Mo3 SA106B	St45.8/Ⅲ 15SiMn SA106C 15NiCuMoNb5-6-4 （WB36）SA106B

续表

机组类别	主蒸汽管道	高温再热蒸汽管道	低温再热蒸汽管道	主给水管道
超超临界机组	P92 P122 E911	10CrMo910（P22） 15Cr1Mo1V P91	A672B70CL32 A691Cr1-11/4CL22 SA106B	15NiCuMoNb5-6-4 （WB36） SA106B SA106C

二、运行后管道组织变化

在室温时，钢的组织性能是稳定的，但管道都是长期在高温及应力的条件下运行，由于原子扩散过程的加剧，钢的组织将逐渐发生变化，从而引起钢的性能发生改变，特别是对钢的高温强度和塑性产生不利的影响。高温下组织表现出以下四种变化：①石墨化；②珠光体的球化和碳化物聚集；③合金元素在固溶体和碳化物之间重新分配；④时效和新相的形成。

1. 石墨化概念

石墨化是指钢中渗碳体分解成为游离态的碳，并逐渐以石墨形式析出的现象。石墨化使钢中形成了石墨夹杂，导致钢的脆性急剧增大。

火力发电厂用低碳钢和不含铬的低碳钼钢（如 0.5％Mo 钢）等珠光体耐热钢，在高温长期运行过程中，均会产生石墨化现象，20G 的石墨化金相组织见图 9-2。石墨化现象可用下列反应式表示

$$Fe_3C \longrightarrow 3Fe + C（石墨）$$

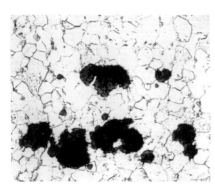

图 9-2 为中温中压机组管道 20G 的石墨化照片，图中黑色的团絮状物即为析出的石墨。石墨化过程是以原子扩散的方式进行的，钢在高温下长期运行中，由于原子活动能力的增加，在渗碳体分解的同时产生了一些石墨的核，然后在渗碳体不断的分解下，这些石墨核心不断长大，形成了大的石墨球。

图 9-2　20G 的石墨化金相组织（500 倍）

石墨化来自于钢中渗碳体的分解，渗碳体的减少会使钢强度下降。析出的石墨通常呈球状和团絮状，石墨本身的强度极小，在钢中可以把它看成是孔洞和裂缝。石墨的存在，一方面，破坏了金属基体的连续性，缩小了真正的承担载荷的有效面积；另一方面，产生缺口作用，导致应力集中。特别危险的是石

墨呈链状分布时，在它的周围形成复杂的应力状态，使金属处于脆性状态。

石墨化过程是以原子扩散方式进行的，因此，影响原子扩散的因素均是影响石墨化的因素：温度、时间、合金元素及钢中的缺陷状况等。

2. 石墨化和球化的关系

对于珠光体耐热钢，在长期的高温下运行均会产生珠光体球化现象，它是珠光体中片层状碳化物向粒状碳化物改变的过程，是以扩散作基础的。但在所有珠光体耐热钢中，只有不含铬的珠光体耐热钢，如碳钢、0.5％Mo钢，还会在高温下长期运行过程中发生石墨化，石墨化是渗碳体变为石墨的过程，也是以扩散为基础的。

由于共有的影响因素，如温度、时间、晶粒大小和冷变形等，均对球化和石墨化有相同的影响，因此，对于具有石墨化倾向的钢，二者通常会共同存在。但是，由于炼钢时加铝量的影响，并非同钢号的每炉钢都有石墨化的倾向，对于采用非 Al 脱氧或 Al 量控制在 0.25kg/t 以下的钢，则不会发生石墨化。因此，并不是完全球化的钢都会同时出现石墨化，但球化总会伴随高温运行发生。

3. 石墨化检验与监督

依据 DL/T 438—2009 和 DL/T 786—2001《碳钢石墨化检验及评级标准》：对于工作温度大于或等于 450℃的碳钢、钼钢蒸汽管道和受热面管，当运行时间达到或超过 10^5 h 时，应进行石墨化普查，以后的检查周期为 5×10^4 h。焊接接头的熔合线和热影响区部位、弯管及变截面管的内壁、外壁附近，及温度较高、对应力较大部位，石墨化程度较严重，是检验的重点部位。允许选择温度较高，对应力较大部位（不少于焊缝、弯头总数的 1/3）进行重点检查，发现问题应扩大检验范围甚至割管检验。普查方法以复膜金相、硬度为主，必要时进行超声检验。

对于运行时间超过 2×10^5 h 的管道，在石墨化普查基础上，如需要可割管进行鉴定，割管部位应包括焊接接头和母材（直管或弯管）。割管检验项目包括金相、力学性能和游离碳含量测定等。金相检验部位包括母材、弯头及焊缝熔合线、热影响区等部位（在 500 倍下观察）。力学性能试验包括纵向拉伸、冲击、弯曲等检验项目。冲击试样的 V 形缺口开在外壁，弯曲试样的弯曲面为外壁表面。

石墨化程度分为四级，各级的金相组织特征见表 9-4。评级时应综合考虑石墨面积百分比、石墨链长度、石墨形态等结果。对于石墨化达 4 级的管子应及时予以更换。

表 9-4　　　　　　　　　　　　石墨化组织特征表

级别	面积百分比（%）	石墨链长（μm）	组 织 特 征	名 称
1	<3	<20	石墨球小，间距大，无石墨链	轻度石墨化
2	≥3～7	≥20～30	石墨球大，比较分散，石墨链短	明显石墨化
3	>7～15	>30～60	石墨球呈链状，石墨链较长，或石墨聚集呈块状，石墨块较大，具有连续性	显著石墨化
4	>15～30	>60	石墨化呈聚集链状或块状，石墨链长，具有连续性	严重石墨化

4. 珠光体球化

（1）珠光体的球化和碳化物的聚集。这是所有珠光体耐热钢（如 20、15CrMo、12CrMo 和 12Cr1MoV 等）最常见的组织变化。珠光体球化是指钢中原来的珠光体中的片层状渗碳体（在合金钢中称合金渗碳体或碳化物）在高温长期应力作用下，随时间的延长逐步改变自己的形状和尺寸而成为球状的现象。球化后的碳化物继续增大自己的尺寸，使小直径的球变成大直径的球，这就是碳化物的聚集。在某一温度下，达到某种球化程度所需的时间 t 符合如下关系

$$t = Ae^{b/T} \tag{9-5}$$

式中　T——金属的热力学温度；

　　　A——与钢的化学成分和组织状态相关的常数；

　　　b——常数。

珠光体晶粒中的铁素体及渗碳体是呈薄片状相互间夹的。片状珠光体是一种不稳定的组织，其中的片状渗碳体有自行转变成球状并聚集成球团的趋势。当珠光体钢在高温下长期使用时，由于温度较高时原子活动力强，扩散速度增加，珠光体中的片状渗碳体会逐渐变成球状渗碳体，并缓慢聚集长大成球团。由珠光体球化机理可以看出，珠光体球化过程不是瞬间完成的，而是要经过一个珠光体中的碳化物分散、聚集、成球的过程。珠光体球化的过程如图 9-3 所示。图 9-3（a）为钢的原始组织，由铁素体和片层状珠光体组成。在高温环境中运行一段时间后，片层状的珠光体中的碳化物会慢慢分散，如图 9-3（b）所示。随着时间的推移，珠光体中分散的碳化物变成球状物，片层状的珠光体逐渐消失，如图 9-3（c）所示。

然后小的球状物会慢慢变大，片层状珠光体明显消失，最终变成球化组织如图 9-3（d）所示。

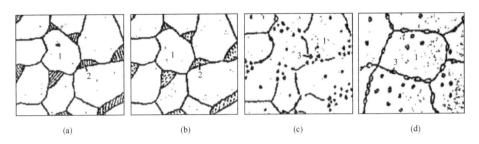

图 9-3　珠光体球化过程示意图

（a）原始组织；（b）珠光体分散；（c）成球；（d）球化组织

1—铁素体；2—珠光体；3—渗碳体

珠光体球化的结果使材料的常温强度及高温强度显著降低，包括材料的屈服点、抗拉强度、冲击韧性、蠕变极限和持久极限各指标全面下降，塑性、韧性变差，材质老化。

温度的增高将加快珠光体球化转变过程。珠光体球化转变要通过碳原子扩散来实现。因此，凡是影响碳原子扩散的因素都将影响珠光体球化和碳化物聚集。低碳钢的珠光体球化趋势比低合金钢显著。有些合金元素对珠光体球化起着阻滞作用。例如，钼能溶于渗碳体中，形成复合碳化物(Fe，Mo)C_3，提高渗碳体的稳定性，从而使珠光体球化和碳化物聚集过程得到延缓。因此，钼是低合金耐热钢中最常用的合金元素。铬、钒、钨和钛也具有与钼类似的作用。

（2）20 号钢球化评级（DL/T 674—1999《火电厂用 20 号钢珠光体球化评级标准》）。碳素钢系列在电力工业中有着广泛的应用，而该系列中的 20 号钢更是电站锅炉许多重要部件的主要用材。按 GB 5310—2008 供货的 20G 无缝钢管用于制造高压和更高蒸汽参数的锅炉管件。一般来说，20G 钢管主要用于壁温不超过 450℃ 的集箱。国外锅炉管件材料中，与按 GB 5310—2008 供货的 20G 钢管相类似的主要有德国的 St45.8/Ⅲ 和日本的 STB42 钢管。美国用 SA106B 作锅炉联箱和管道。

球化级别评定方法采用与标准图谱对比的方法，在金相显微镜 250 倍或 500 倍的倍率下进行球化级别的评定；必要时，亦可在更高倍率下观察珠光体的细节。

球化级别从原始状态至完全球化共分为 5 个级别，组织特征列于表 9-5。

表 9-5 20 号钢珠光体球化组织特征

球化名称	球化级别	组 织 特 征
未球化（原始态）	1 级	球光体区域中的碳化物呈片状
倾向性球化	2 级	珠光体区域中的碳化物开始分散，珠光体形态明显
轻度球化	3 级	珠光体区域中的碳化物已分散，并逐渐向晶界扩散，珠光体形态尚明显
中度球化	4 级	珠光体区域中的碳化物已明显分散，并向晶界聚集，珠光体形态尚保留
完全球化	5 级	珠光体形态消失，晶界及铁素体基体上的球状碳化物已逐渐长大

（3）12Cr1MoV 钢球化评级。12Cr1MoV 钢是国内电站锅炉部件广泛采用的钢种，主要用作蒸汽参数不超过 540℃ 的集箱、蒸汽管道，相对应的苏联材料牌号为 12ХIМФ。12Cr1MoV 钢的供货状态一般为正火加回火，其正常金相组织为铁素体加贝氏体。

12Cr1MoV 钢在高温长期使用过程中，组织中的珠光体（贝氏体）将发生球化现象，即珠光体（贝氏体）中的渗碳体（碳化物）的形态逐渐转变成为粒状碳化物。伴随球化现象的发生，其材料的力学性能也发生变化。碳化物的形态发生球化现象是部件材料老化的重要特征，是评判部件使用状态的重要依据之一。

球化级别从原始状态到严重球化，球化级别分为 5 级，各级的组织特征见表 9-6。

表 9-6 12Cr1MoV 钢球化组织特征图

球化程度	球化级别	组 织 特 征	图号
未球化（原始态）	1	聚集形态的珠光体（贝氏体），珠光体（贝氏体）中的碳化物并非全部为片层状，有灰色块状区域存在	图 9-4
轻度球化	2	聚集形态的珠光体（贝氏体）区域已开始分散，其组成仍然较为致密，珠光体（贝氏体）保持原有的区域形态	图 9-5
中度球化	3	珠光体（贝氏体）区域内的碳化物已显著分散，碳化物已全部成小球状，但仍保持原有的区域形态	图 9-6

续表

球化程度	球化级别	组　织　特　征	图号
完全球化	4	大部分碳化物已分布在铁素体晶界上， 仅有极少量的珠光体（贝氏体）区域的痕迹	图 9-7
严重球化	5	珠光体（贝氏体）区域形态已完全消失， 碳化物粒子在铁素体晶界上分布，出现双晶界现象	图 9-8

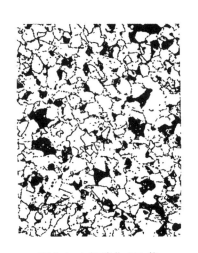

图 9-4　1 级球化 200 倍

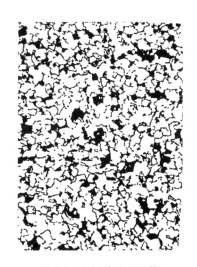

图 9-5　2 级球化 200 倍

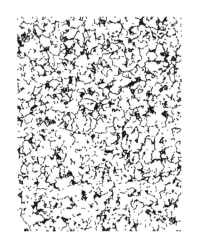

图 9-6　3 级球化 200 倍

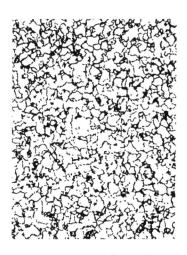

图 9-7　4 级球化 200 倍

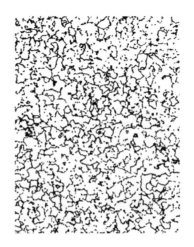

图 9-8　5 级球化 200 倍

三、非珠光体钢的组织老化评定

对非珠光体钢材料，晶内和晶界碳化物分布形态在长期高温服役后逐渐发生着变化，可采用综合考虑晶粒和晶界区域不同变化状况的方法进行老化评级，其变化也分为 5 级，如图 9-9 所示。

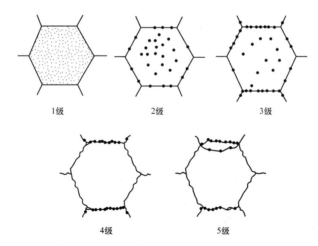

图 9-9　非珠光体钢综合考虑晶内和晶界变化的老化评级示意图

对非珠光体钢材料，其老化程度的评定更为复杂，图 9-9 定义了分别考虑晶粒和晶界区域的不同变化状况，进行更为细致准确的老化评级的一种普遍方法。其详细叙述如下。

晶内和晶界碳化物分布形态在长期高温运行下逐渐发生着的变化。其变化可分为 5 个阶段，也称为 5 级。

第 1 级：晶内析出大量细小弥散碳化物粒子，运行初期逐渐增多，晶界则较干净，贝氏体形态或马氏体位向完整清晰。

第 2 级：晶内碳化物粒子数量减少，且开始逐渐长大，晶界出现单个细小碳化物，贝氏体形态或马氏体位向开始分散。

第 3 级：晶内碳化物粒子数量进一步减少，尺寸粗化，晶界碳化物粒子增多，沿与应力垂直方向有方向性分布倾向，尺寸粗化、贝氏体形态或马氏体位向明显分散。

第 4 级：晶内碳化物粒子数量减少，尺寸粗化，晶界碳化物沿与应力垂直方向呈链状分布，贝氏体形态或马氏体位向已严重分散，出现大于 $0.5\mu m$ 的孔洞。

第 5 级：贝氏体形态或马氏体位向严重分散，晶界变粗出现双晶界现象，晶粒破碎出现再结晶现象，出现链状孔洞，见图 9-10。

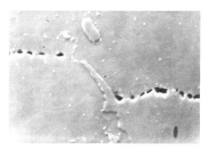

图 9-10　非珠光体钢老化第 5 级形态
（出现链状孔洞）

四、合金元素的重新分配

合金元素在固溶体和碳化物之间的重新分配：耐热钢在高温和应力条件下长期服役时，固溶体中的合金元素都会由于碳化物或金属间化合物的析出而导致固溶体的贫化，一般固溶体中合金元素的贫化主要是指 Cr 和 Mo 的贫化。这样重新分配的结果，必然引起组织的不稳定，影响钢的高温力学性能，使钢的蠕变极限和持久强度下降，对主蒸汽管道的安全运行构成威胁。

合金元素再分配的构成随温度的升高和时间的增长而加强。钢中含碳量的升高也会加速这一过程。特别是当运行温度接近钢材的使用温度上限时，合金迁移的速度更快。

五、时效和新相的形成

1. 时效的概念

当耐热钢和耐热合金中的固溶体由于热处理时从高温冷却较快或别的原因，使固溶于其中的合金元素来不及析出，则就成为不稳定的过饱和固溶体，在今后的运行中就会发生时效。

时效是指耐热钢或耐热合金在高温长期运行过程中，随着运行时间的推移而从组织中过饱和固溶体内析出一些强化相质点而使金属的性能发生变化的现象。时效过程本质上也就是新相形成的过程，析出的分散相一般是碳化物、氮化物或金属间化合物。在新型的 9%～12%Cr 钢中，时效中析出的新相为 Cr_2N、Fe_2（Mo、W）。

时效前期强化相细小而分散，钢的强度、硬度升高，塑性、韧性降低，亦即出现弥散沉积强化；随着时间的延续，新相颗粒聚集长大，强化效果渐渐消失，钢的室温、高温强度都会显著下降。

钢在时效过程中析出的新相主要是碳化物，另有一些氮化物和金属间化合物。从热力学上讲，过饱和固溶体是不稳定组织，在钢的热处理及随后的高温和应力长期作用下必然会析出各类碳化物相，在一定的温度与时间内是稳定的，而当温度升高，应力增大或服役期增长时，都会引起碳化物的转变聚积，从而出现增长的不稳定性，降低热强性。几乎所有的耐热钢中碳化物都首先沿晶界析出，由此使晶界性质发生了变化。众所周知，当在晶界上形成连续的网状碳化物时，弱化了晶界，从而促使晶界裂纹的生成，使钢的热强性明显下降，呈现出脆性破坏。不稳定碳化物沿晶界析出和聚集是造成耐热钢蠕变脆性的重要原因之一。

在含有 Cu、B、V、Ti、Nb 等合金元素的奥氏体钢中，时效现象比较明显，而在珠光体耐热钢中，时效现象是不明显的。

影响时效过程的主要因素是温度，如图 9-11 所示，温度越高，时效过程进行的时间越短。

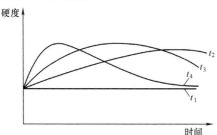

图 9-11　淬火钢的硬度随时效温度的变化
（示意图）$t_1 < t_2 < t_3 < t_4$

2. 时效对性能的影响

时效可分成三个阶段，第一阶段是时效过程在金属晶格中的准备阶段，它仅有一些物理性能如电阻等的变化，强度和硬度几乎不发生变化。第二阶段在组织上析出了分散的强化相质点，使钢的强度、硬度和蠕变极限升高，并使塑性、韧性降低，这就是图 9-11 中 t_2、t_3、t_4 曲线上硬度随时间升高的部分。

在时效的第三阶段，即时效的最后阶段，是这些析出的分散相的聚集。由于这些细小的、分散的质点聚集成为大的质点，因而强化作用消失，钢和合金的强度、硬度降低。表现在 t_3、t_4 曲线上硬度随时间下降的部分。由于这一阶段的软化作用，致使钢和合金的蠕变极限和持久强度也显著降低，对耐热钢和耐热合金的运行是不利的。

在研究新相的形成问题时要特别注意 σ 相的形成。σ 相是铁素体高铬钢、奥氏体—铁素体钢和镍铬奥氏体不锈钢在某一温度下长期加热过程中产生的新相。σ 相是铁和铬的金属化合物，性质硬脆，可以 FeCr 表示。σ 相可使钢的蠕变极限和持久强度降低，并且在所有情况下都使钢的室温和高温的冲击韧性及塑性降低。σ 相的形成对某些耐热钢（如超高温超高压的镍铬奥氏体钢过热器或蒸汽管道）的运行起不良的影响。应当尽量避免 σ 相在运行过程中产生。

在 NiCr 奥氏体不锈钢中加入铁素体形成元素如 Cr、Si、Al、Nb、Ti、Mo、W 等会加速 σ 相的形成；而加入奥氏体形成元素如 Ni、N、C 则会减慢 σ 相析出过程的速度。

第四节 管 道 失 效

管道在高温、高压条件下运行，给管道的安全运行带来一定的威胁。蒸汽管道破坏事故原因大致有以下几类：因超压造成的过度变形；因存在原始缺陷而造成的应力脆断；因交变载荷而导致发生的疲劳破坏；因高温高压环境造成的蠕变破坏等。

美国杜邦公司将机械失效分为工况载荷决定、材料不良、工艺后遗症、腐蚀破坏及其他 5 大类，30 种形式；日本则将机械失效划分为机械破坏和腐蚀破坏两大类 18 种形式。国外有关统计资料表明：压力管道的破坏性事故中，腐蚀破坏约占 28.1%；疲劳破坏约占 29.1%；蠕变破坏约占 28.8%。可见腐蚀、疲劳、蠕变破坏是引起管道破坏的三大主要原因。

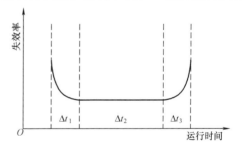

图 9-12 浴盆曲线

主蒸汽管道失效符合典型机械的失效率曲线，其理论依据是如图 9-12 所示的威布尔曲线，即所谓的"浴盆曲线"（bathtub curve）。图 9-12 中横坐标代表运行时间，纵坐标代表失效率。图中该曲线由三段组成：早期失效区 Δt_1，表明主蒸汽管道投入运行后失效概率较高，主要是设计不良、安装有缺欠，调试操作不当等原因引起的失效较多；偶发失效区 Δt_2，表明主蒸汽管道启动后，经过一段时间磨合处于稳定状态，这段时间失效概率恒定不变（随机失效），此其间发生失效的原因均是由于错误操作或者一些外界偶发原因造成的；最后一段是损耗失效区 Δt_3，它表明主蒸汽管道经过长时间运行，材料高温老化、疲劳、蠕变损伤，使失效概率明显增加。根据浴盆曲线，传统的观点认为失效具有固定间隔，在损耗失效区之前进行大修，就可以防止失效的发生，定期大修的维修周期就是根据这个道理确定的，即维修周期等于 Δt_1 ＋Δt_2。

这一曲线的失效规律适用范围很广，对于主蒸汽管道而言，在于怎样应用这一规律，找出主蒸汽管道的个性失效形式并掌握其失效实质，以达到预防失效的目的。

失效模式主要包括失效因素、失效机理、失效发展过程、失效临界条件、失效后果等几个方面，在许多的失效分析工作中，主要是确认失效模式。蒸汽管道失效可分为 5 种形式，即韧性失效、脆性失效、高温失效、疲劳失效、蠕变失效。

一、韧性失效

1. 韧性失效的过程

韧性失效是蒸汽管道在压力的作用下管壁上产生的应力达到材料的强度极限，从而发生断裂的一种失效形式。发生韧性失效的管道，其材料本身的韧性一般是较好的，失效往往是由于超过强度极限引起的。蒸汽管道的韧性断裂是裂纹的发生和扩展的过程。在蒸汽管道在制造过程中可能在金属材料晶体中留下显微裂纹，在金属的塑性变形中这些裂纹将得到扩展，当材料发生大量塑性变形时，材料内部夹杂物中或夹杂物与基体界面上会形成显微空洞，随着塑性变形的增加，显微空洞长大并聚合，其边缘上的应力达到材料的极限强度，金属即发生断裂。蒸汽管道在屈服后的升压过程中卸压，会留下较大残余变形。

2. 韧性失效的特征

蒸汽管道当不是由于存在明显的缺陷或者材料也没有明显脆化，而是由于超压导致破坏时，都属于韧性破坏。从蒸汽管道破坏后的变形程度、断口破断情况及破坏时的压力可发现韧性破坏具有如下一些特征：

（1）发生明显变形。金属的韧性破坏是在大量的塑性变形后发生的，塑性变形使金属破坏后在应力方向上留存较大的残余伸长，表现在管道上则是直径增大（或局部鼓胀）和管壁的减薄，周长的伸长率可达 8％～18％。具有明显的形状改变是韧性破坏的主要特征。

（2）通常不产生碎片。发生韧性破坏的管道由于材料韧性较好，通常不产生碎片，只是裂开一个口子，从而把介质储藏的能量释放出来。因为屈服变形是由于剪应力造成滑移引起的，所以裂口在薄弱部位出现时，并与最大主应力垂直，最终则转向同最大剪应力方向一致，一般裂口成"＞＜"形。蒸汽管道因破坏时释放能量较大，使裂口又长又大，甚至产生很大的撕裂变形。

（3）断口的宏观形貌。韧性破坏基本上是滑移、位错堆积和微孔聚合机制，断口呈纤维状，无金属光泽，色泽灰暗不平，断面有剪切唇。断口一般可区分为两部分：一部分是起爆部分，另一部分是快速撕裂部分。起爆点所占面积不大，但完全具备一般韧性断口的灰暗纤维状特点。由于这种断裂是材料在最大剪应力作用下充分滑移而断开的，断面易在与最大应力平行的方向发生，其方向往往与最大拉应力方向大致成 45°夹角，其形状如图 9-13 所示。材料的韧性越好，或者壁厚越薄，起爆点的纤维区深度与壁厚的比值越高，一般 5～6mm 壁厚以下的低碳钢管道的起爆点从内壁面到外壁面都会是纤维区。

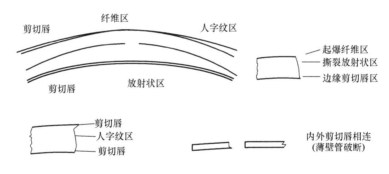

图 9-13　韧性破坏断口的宏观形貌

（4）断口纤维区以外均为撕裂部分。材料形成纤维区断裂之后几乎以声速扩展撕裂。该部分呈放射形花纹和人字形花纹，并具有指向起爆点的特点。人字纹和放射纹区一般与最大主应力方向垂直，而不是成 45°交角。接近壁面的断口边缘区一般有 45°夹角方向的平齐光滑的剪切唇，这是由于壁面附近一般处于平面剪应力状态，易发生滑移剪切变形而形成剪切唇。如果管壁较薄，内外剪切唇可以相接，这时快速撕裂区不再出现放射纹和人字纹，全为 45°夹角的剪断断口。

（5）断口的微观形貌为韧窝花样。韧窝的实质就是一些大小不等的圆形、椭圆形凹坑，是材料微区塑性变形后在异相质点外形成空洞、长大聚集、互相连接并最后导致断裂的痕迹。宏观纤维状形貌是显微窝坑的概貌。

韧窝几乎都为金相中的二次相界面、非金属夹杂物、位错堆积区或晶界处等，因此非金属夹杂物愈多，愈易形成显微空洞和韧窝。

例如：2006 年 12 月 12 日，某电厂 1 号机组（500MW）机组满负荷运行中主蒸汽管道爆破。主蒸汽管道压力为 17.46MPa，温度为 540℃。机组累计运行 96 282h，启停 472 次。

管道材料为捷克生产的 CSN 417134（相当于 X20CrMoV121 即 F12），规格为 $\phi420\times40$mm。爆口位于机房标高 6.8m 东侧高压旁路由北向南数第一道焊口和第二道焊口之间的主蒸汽管道直管下方，管道胀粗明显（见图 9-14）。

微观分析表明：爆口处管段材料的金相组织为粒状珠光体＋铁素体＋碳化物。

图 9-14　管道爆破断口宏观形貌

爆口处材料的硬度为 HB142～HB207，爆口临近区域为 HB148～HB207，爆口对侧为 HB159～HB179，严重低于捷克 CSN417134 技术条件的要求值（HB205～HB245）。爆破管段材料的室温、540℃ 下的屈服强度仅为 CSN417134 对新钢管规定最低值的 53.6％和 51.4％。

根据试验分析结果判断，主汽管爆破的主要原因是钢管的供货状态为退火状态，而非 CSN417134 规定的正火＋回火处理。材料的硬度、强度严重低于 CSN417134 规定的最低值，属于钢管制造质量问题。

对取样材料进行的模拟热处理（不完全退火工艺）得到的金相组织为粒状珠光体＋铁素体＋碳化物，与爆破管段的金相组织类型相同。模拟热处理后的硬度为 HB168～HB176；经 760℃×10h 回火后，其硬度为 HB163～HB166，也与爆破管段母材硬度相同。进一步证明钢管的供货为退火状态。

二、脆性失效

1. 脆性失效的过程

蒸汽管道脆性是指管道破坏时没有发生宏观变形，破坏时的管壁应力也远未达到材料的强度极限，有的甚至还低于屈服极限。脆性破坏往往在一瞬间发生，并以极快的速度扩展。这种破坏现象和脆性材料的破坏很相似，故称为脆性破坏。又因为它是在较低的应力状态下发生的，故又称为低应力破坏。脆性破坏的基本原因是材料的脆性和严重缺陷。前者可因焊接和热处理工艺不当而引起，后者包括安装时焊缝中遗留的缺陷和使用中产生的缺陷。此外，加载的速度、残余应力、结构的应力集中等都会加速脆断破坏的发生。蒸汽管道的脆性破坏的主要原因是材料的缺陷，特别是以裂纹性缺陷引起的事故所占比例最高。

管道在焊接时不可避免地带来许多缺陷，如夹渣、气孔、未焊透及裂纹等。裂纹是一种最危险的缺陷，由于它是一种平面型缺陷，在裂纹的尖端存在着严重的应力集中，且往往与最大主应力相垂直，因此最容易引起低应力脆性破坏。

2. 脆性失效的特征

蒸汽管道发生脆性破坏时，在破坏的形状、断口形貌等方面都具有一些与韧性破裂正好相反的特征。

（1）无明显的塑性变形。脆断后没有明显的塑性变形，表现出宏观的脆性形态。除非因设计或选材的错误，一般由于材料冷脆引起蒸汽管道脆断的例子并不多见。大部分脆断事故是由以下原因造成的：严重的超标缺陷，特别是裂纹性缺陷；焊接造成焊缝或热影响区晶粒粗大、偏析而脆化；焊接材料含碳量过高，加上焊接参数不当引起淬硬；焊条潮湿导致焊缝含氢，又未适当热处理加以除氢。这些都会造成焊缝或热影响区材料韧性的脆化。如果集严重超标缺陷、材料脆化、温度偏低于一身，就容易引起低应力脆断。

（2）材料脆化。材料变脆形成的破坏断口，宏观上的特点是断口平齐，呈现金属光泽的结晶状态，断口与最大主应力垂直，这与韧性断裂的纤维状斜面向剪断、塑性变形大有极为明显的区别。

从断裂机制上来看，该断裂往往为解理断裂，由于多晶体的不同晶粒的结晶取向不同，它们穿过晶界时的解理面取向也就各有所异，这就是宏观上形成金属闪光的原因。

材料的一个晶粒内，不只有一个解理面，当解理受到某种阻碍（如杂物、晶界等）会在不同层次的解理面解理，并形成台阶。解理台阶在电镜中呈河流状花样。

（3）缺陷引发断裂。因缺陷造成的脆性破坏尽管在宏观上与低温脆化很相似，但在断口上有显著的不同，大多数中低强度钢管因焊缝中的缺陷引发的破坏的断口不呈结晶状，而是具有如下 4 个区域：原始缺陷区、稳定扩展的纤维区、快速扩展的放射纹区及人字纹区、内外表面边缘的剪切唇区。如图 9-15 所示，一般用肉眼便可清楚地观察到这四个区域。

原始缺陷如果是表面裂纹，则会因大气或管道内外环境因素的腐蚀作用，宏观上呈深色的锈蚀状态。如果是内部缺陷，如气孔、夹渣、未焊透等，也会在断口上明显地显露出来。纤维区是原始缺陷随着载荷增加而逐步发生并稳定扩展时留下的痕迹。从断裂机制来说仍是微孔聚合型，电镜中将呈现出韧窝花样。放射及人字区是发生快速断裂的区域，是一种既有解理台阶、又有韧窝与撕裂棱线的混合机制的断裂，在电镜中表现为具有明显的撕裂棱线与局部的韧窝，或者有粗而短的河流状花样。

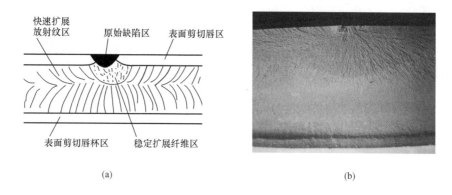

(a)   (b)

图 9-15   原始缺陷低应力脆断断口

(a) 断口分区示意图；(b) 实际断口形貌图

（4）低应力。因缺陷特别是裂纹引起的脆断管道，断裂时的薄膜应力都较低，一般不超过屈服强度，因此不会造成明显的塑性变形。同时，正因为如此，这种破坏可以在正常的操作压力或水压试验的压力下发生。

此外，脆性破坏常见于用高强度钢轧制的管道。中、低强度钢管一般都发生在厚壁管上。这是因为管壁较薄时，可以认为在厚度方向上不存在应力。当管壁较厚时，厚度方向的变形受到约束，接近所谓的平面应变状态，于是裂纹尖端附近形成了三向拉应力，材料的断裂韧性随之降低，产生"厚度效应"，所以同样材料，厚壁管要比薄壁管更容易脆断。

3. 事故案例

例如：某电厂 2 号炉 400t/h 的自然循环汽包炉。该机组于 1973 投产，至 1998 年 6 月事故发生日累计运行 1.584×10^5 h。由于当时 $\phi 273 \times 25$mm 管缺，安装时主汽管流量孔板前后 4 根直管用 $\phi 273 \times 20$mm 替代，材质为 F11（X20CrMoWV121）。为此，1986 年起，该厂将主蒸汽运行温度由 555℃ 降至 540℃，压力保持 13.7MPa 不变。

管道在 555℃ 下运行 79 203h，在 540℃ 下运行 79 197h。根据拉森—米勒公式，将在 555℃ 下运行的时间等效为 540℃ 下运行时间，近似地认为该管道在 540℃ 下运行了 31 万 h。

1998 年 6 月 11 日，除氧器平台上 2 号机组甲侧主蒸汽管道上部管段（16.5 标高）$\phi273\times20$mm 薄壁管部位突然爆破，机组被迫停运。

爆破管段为 $\phi273\times20$mm 薄壁管，且其内表面有缺陷，故构成薄弱点，并产生应力集中，长期在高温高压下运行导致强度不足爆管。管材在长期运行后金相组织发生变化，性能也随之下降，且对于运行时间大于 10^5h 的主蒸汽管道未能及时普查，尤其对薄弱环节未能进行跟踪监督检查。薄壁管内壁缺陷在长期运行后形成蠕变裂源，并向外壁扩展，导致失效爆管。

例如：某电厂有 220t/h 的自然循环汽包炉。机组于 1986 年 10 月投产，至 2000 年事故发生日累计运行 8×10^4h。2000 年 8 月 18 日 20 时，主汽管爆裂。主蒸汽管道开裂位置在汽 12-9 阀和三通之间的不等边连接焊缝处，开裂缝靠阀门一侧，已有约 4/5 圆周开裂，见图 9-16。阀门材料为 15Cr1Mo1V，规格为 $\phi273\times28$mm；三通材料为 12Cr1MoV，规格为 $\phi323.9\times50$mm。

金相组织分析表明，焊缝靠阀门一侧的熔合线和热影响区金相组织异常，反映在该区域显微硬度偏高，说明焊接后的回火热处理工艺措施不完善。另外，在管内壁焊缝根部也发现裂纹。布氏硬度试验表明，焊缝阀门侧熔合线和热影响区硬度较高，与本次试验中金相组织分析及显微硬度试验结果是一致的。即该部位有较大的脆性，易导致早期脆性开裂。

阀门焊口的开裂为脆性开裂，而焊接时的焊后热处理工艺执行不当则是导致此次阀门焊口早期脆性开裂的主要原因。

例如：某发电有限公司 2 号机组主蒸汽管道爆裂事故。2 号机组（300MW）在调试阶段，于 2006 年 10 月 31 日进行锅炉严密性试验及安全门整定时，主蒸汽管道（材料 P91）爆裂，爆裂口位于约 17m 标高汽机房内立管上，裂口沿立管纵向分布，长约 900mm，呈脆断特征（见图 9-17），裂口端部距最近焊口约 2m。爆裂造成 2 死 1 伤。爆裂时主蒸汽参数为 13.36MPa、483℃，为 2 号炉 2006 年 10 月 17 日首次点火后最高参数。

调研和试验分析表明：该段管道为国内某企业制造，但又冒充进口管道，该批管道的质保文件有明显伪造嫌疑。

主汽管爆裂始于钢管内壁，裂纹首先沿着钢管内壁侧纵向扩展，机组最后一次启动前，主汽管内壁侧已经存在着较长且较深的宏观裂纹；钢管内壁处存在着小裂纹和裹有夹渣缺陷，在内压力作用下，形成较大的应力集中，二者共同作用的结果，导致宏观裂纹萌生，成为爆裂源。

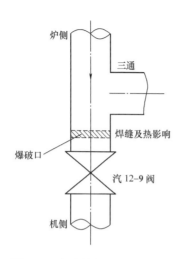
图 9-16　主汽管爆裂位置示意图

图 9-17　管道脆性断裂断口

爆管的化学成分、硬度、金相组织和晶粒度均符合美国标准 ASTM A335/335M—2006《高温用无缝铁素体合金钢管》或 2 号机组设计对 ASTM A335/335M—2006 P91 无缝铁素体合金钢管的要求。但爆管某些部位的拉伸性能不合格。材质不合格是导致管段开裂的主要原因。

例如：某热电厂的 9、10 号 142MW 双抽供热汽轮发电机组系俄罗斯制造，分别于 1998 年 10 月和 1999 年 10 月投入运行。两台机组主蒸汽管道的设计压力为 13.72MPa，设计温度为 565℃。主蒸汽管道采用法国瓦卢瑞克公司的 P91 钢管，规格为 $\phi323.9 \times 28.6$mm。焊缝打底采用氩弧焊，焊丝选用日本产的 TGS-9cb，焊条选法国产的 SAF-CDV95，焊丝、焊条与母材为等强匹配。

2004 年 9、10 号机组检修期间，发现主蒸汽母管联络管（三通两侧）R125 焊缝旁约 50mm 处，母管表面上有断续的整圈环向裂纹（见图 9-18），周长约 330mm，随后对裂纹管段进行了割除更换。自投运到发现裂纹，机组累计运行 31 691h。

图 9-18　母管表面的断续的整圈环向裂纹

管段解剖后的裂纹的宏观示意图如图 9-19 所示。在裂纹部位制备金相试样，在光学金相显微镜下观察裂纹的形貌，在裂纹开裂处管子近表面有明显的较浅的角焊缝，焊缝深度距管段表面约 6mm，裂纹沿着焊缝热影响区的粗晶区开裂并倾斜向内壁发展（见图 9-20 和图 9-21）。1、2 号试样裂纹的长度分别为 7.28mm

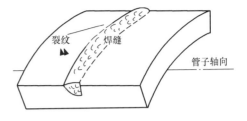

图 9-19　管段解剖后焊缝处裂纹示意图

和 8.32mm，深度分别为 3.36mm 和 3.44mm。相对于焊缝和熔合区，热影响区的粗晶区硬度最高（平均约为 HV330）。

图 9-20　裂纹沿着焊缝热影响区开裂
并扩展（2 号样）12.5 倍

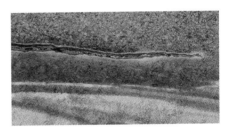

图 9-21　裂纹沿着焊缝热影响区开裂
并扩展（1 号样）100 倍

分析表明：管段的开裂由表面焊缝所致，高的硬度导致了材料脆性大、韧性差，在焊接热应力和拘束应力的作用下极易产生裂纹。微观金相组织观察表明裂纹尖端比较圆钝，在管道运行中裂纹无扩展迹象。

主蒸汽母管表面的非正常焊缝可能是管道安装完毕后进行吹管在表面加装套管形成的焊缝，微观金相观察焊缝为较浅的角焊缝形式。由于不是对接焊缝，可能在施焊过程中未能严格执行焊接工艺，致使焊缝处应力过大，硬度过高，材料脆性增大，引起开裂。

三、疲劳失效

蒸汽管道的疲劳失效是指管道长期受到反复加压和卸压的交变载荷作用出现金属材料的疲劳产生的一种破坏形式。疲劳破坏时一般没有明显的塑性变形。从形式上来讲与脆性破坏很相似，但其原因和发展过程却不同。

1. 疲劳失效的过程

金属在大小和方向都随时间发生周期性变化的交变载荷的作用时，尽管载荷所产生的应力不大，而且往往低于材料的屈服极限，但如果长期受这种载荷的作用，则也会发生断裂。疲劳极限与抗拉强度有一定的比例关系。在拉伸—压缩对称的应力循环中，疲劳极限约为抗拉强度的 40%。

裂纹通常从金属表面上的滑移带或非金属夹杂物等处开始，沿最大切应力方向（和主应力方向近似成 45°夹角）晶面向内扩展，这阶段扩展速度较慢。由于各晶粒的位向不同及晶界的阻碍作用，裂纹的方向逐渐转向与主应力垂直，这时的途径是穿晶的，其扩展速度也较快。每一个应力循环扩展量达微米数量级，在电镜下可观察到每次扩展留下痕迹形成的疲劳辉纹。

裂纹扩展后，管壁的断面大为减小，裂纹尖端应力集中的程度随裂纹扩展而愈趋严重。当裂纹达到临界尺寸时，材料便发生突然失稳断裂。韧性愈好的材料最终断裂时的疲劳裂纹尺寸愈大，反之则愈小。焊接缺陷的存在，使材料无需有成核过程而在交变载荷作用下直接进入疲劳裂纹扩展阶段。韧性好的材料有可能由裂纹扩展到穿透管壁而泄漏失效，不会发生失稳断裂阶段。

2. 蒸汽管道的疲劳破坏

（1）低周疲劳。低周疲劳是指那些应力较高（一般都接近或超过材料的屈服极限）而应力交变频率较低的疲劳。主蒸汽管道的疲劳破坏绝大部分都属于低周疲劳。低碳钢的低周疲劳抗力比高强度的高合金钢的疲劳抗力强。

（2）应力集中。管道几何不连续部位、焊缝附近、材料存在缺陷地方都有不同程度的应力集中。有些地方的集中应力往往要比设计应力高出几倍，完全有可能达到甚至超过材料的屈服极限。反复的加载和卸载，将会使受力最大的晶粒产生塑性变形并逐渐发展成微小裂纹。随着应力的周期性变化，裂纹逐步扩展，最后导致破裂。

（3）载荷的反复作用。管道上反复作用的载荷主要由运行中压力的波动、温度的变化、强迫振动和周期性的外载荷所引起。交变的压力载荷对疲劳的影响最大。实际检验和事故分析表明，承受交变压力载荷的管道，在几何不连续部位、冶金缺陷和焊接缺陷处，通常会形成疲劳破坏的发生点。交变压力载荷对疲劳的影响，还与管道安装时强行组对、组对超差、焊接残余应力与变形、使用中支吊架滑移或脱落有关。

管道在受热或冷却过程中，被约束和固定而不能自由地膨胀和收缩使管道承受载荷，相连管道因材料不同（如不锈钢与碳钢管相连）、材料的膨胀系数不同而产生的载荷，以及管道温度急剧变化（如升温速度太快）或温度分布不均匀（如局部结垢、堵塞）而在管壁中产生的温差应力载荷等，都直接影响到管道的抗疲劳性能。

转动设备因本身结构、安装、磨损、损伤等造成动力学不平衡引起的机械振动，往往会传递给与之相连接的配管系统。如果配管系统无法将其吸收转移，就会在连接部位产生较大的振动而产生疲劳。设备接管的法兰焊缝及附近管段受影响最大。管道中压力和流速的变化增大到一定程度时也会引起管道的振动。

3. 疲劳失效的特征

疲劳破坏最易在两处发生：一是结构的几何不连续处，即管道的应力集中部位；二是存在裂纹类原始缺陷的焊缝部位，即使在交变的膜应力下也会发生疲劳裂纹的扩展而破坏。如果两种情况同存于一处，就极易产生疲劳破坏。

疲劳破坏主要为爆破和泄漏两种：如果材料强度高而韧性差，疲劳裂纹产生并扩展到临界裂纹尺寸时，就会突然以极快的速度扩展而爆破；如果材料的强度较低而韧性较好，疲劳裂纹扩展到相当尺寸后，即使穿透了管壁仍未达到临界裂纹尺寸，此时管道只发生介质泄漏而不爆破，这种破坏称为"先漏后破"。

由于疲劳破坏的管道所受的膜应力并不高，一般都在设计的许用应力范围之内，即使应力集中部位应力很高，也不会引起管道总体显著变形，因此，疲劳破坏决非因载荷过大所致，而是因疲劳裂纹扩展到临界尺寸或穿透管壁发生泄漏或破坏，因此整体上无塑性变形、无直径增大或壁厚减薄，所以疲劳破坏仍为脆性性态的破坏。

疲劳断裂时，疲劳断口的宏观形貌为无塑性变形，属于脆性断裂性态，断口上有明显的裂纹产生区、扩展区和最终断裂区。管道的名义应力较小又没有大的应力集中，则疲劳裂纹产生和扩展区所占的面积较大，反之则较小。

疲劳断口上突出的特点是在扩展区宏观上具有贝壳状的树纹，并且断口平齐、光亮、基本上与最大主应力相垂直（指拉伸或弯曲疲劳断裂的情况）。断口的最终断裂区一般有放射状的花纹或人字纹。

电镜下观察疲劳断口的裂纹扩展区时，可见到一种独特的疲劳辉纹。疲劳辉纹与宏观的贝壳纹十分相似，但含义不同。辉纹是在恒幅交变载荷作用下每一次循环所留下的印记，其间距反映该阶段的扩展速度，而贝壳纹是交变载荷应力幅度变动时留下的痕迹。

例如：某电厂130t/h锅炉小修时发现主蒸汽管弯头外弧侧泄漏，有一个长80mm的环向裂纹。过热器出口温度为420℃，压力为3.33MPa。1956年投运，至弯头外弧侧泄漏机组累计运行 19.9 万 h，启停 2456 次。主蒸汽管道材料为 20A，规格为 φ325×10mm。失效分析表明：由于停炉保护不当，在弯头处由凝结水造成腐蚀；支吊架失效引起弯头处应力增大；启停炉频繁造成的交变应力。在上述作用下导致了弯头的腐蚀疲劳破坏。

例如：2000 年 8 月底，某电厂 5、6 号机（50MW）主蒸汽母管联络门阀体靠 6 号锅炉管道焊缝的热影响区一侧发生爆裂（见图 9-22）。主蒸汽管道材料为 12Cr1MoV，规格为 φ273×25mm；主蒸汽联络门阀体材料为 ZG20CrMoV。主汽管运行温度为 540℃，压力为 9.8MPa。运行 12 6691h，启停 738 次。

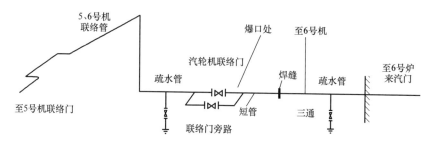

图 9-22　爆裂位置示意图

由爆裂部位的宏观形貌可见：在爆裂阀体靠 6 号锅炉侧和主蒸汽短管内壁存在着大量的热疲劳裂纹（见图 9-23），疲劳裂纹的扩展是主蒸汽管道爆裂的直接原因。

断裂处焊缝厚 20mm，主蒸汽管道壁厚 25mm，阀体和主蒸汽管道内壁均有 5mm 削薄量，且阀体侧的壁厚削薄角度大于 15°，使焊缝区域的应力集中增加。

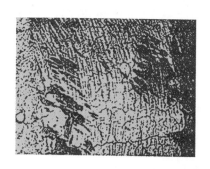

图 9-23　管道和阀体内壁的龟裂形貌

四、蠕变失效

在一定的高温环境下，即使钢所受到的拉应力低于该温度下的屈服强度，也会随时间的延长而发生缓慢持续的伸长，即发生钢的蠕变现象。各种材料产生蠕变的温度界限各不相同，碳钢和低合金钢超过 300～400℃，即应考虑蠕变破坏问题。Cr-Ni 合金钢则具有较好的抗高温蠕变性能。

通常材料的使用温度不高于它的熔化温度的 25%～35%，可不考虑蠕变的影响；材料发生蠕变破坏时具有明显的塑性变形，变形量的大小视材料的塑性而定。

1. 蠕变失效的过程

材料发生蠕变时一般分三个阶段：减速阶段、恒速阶段及加速阶段。恒速阶段是控制材料高温使用寿命的阶段，在某温度条件下，只要应力小到一定程度，只发生第一、第二阶段蠕变，即使经过若干时间后仍不会产生断裂。

材料抗高温蠕变断裂的强度指标有两项：蠕变极限和持久极限。蠕变极限是材料在高温长期载荷作用下对塑性变形抗力的指标，而持久极限表示金属在高温长期载荷作用下对断裂的抗力，两者皆为应力极限值。

蠕变过程的变形和最终断裂均与沿晶界的滑动和晶粒内的滑移有关。晶粒内的滑移在一般塑性变形过程上极为普遍，而沿晶界滑动是蠕变的显著特征。晶界滑动是晶界滑移及迁移两个相伴过程的总和。滑动使晶界产生空洞，经聚集积累造成沿晶界的蠕变裂缝，最后导致沿晶蠕变断裂。

蠕变裂纹的形成由三个阶段构成：裂纹形核、稳定扩展、失稳扩展。由于蠕变条件不同，断裂有沿晶和穿晶；高温蒸汽管道部件如处于承受应力较低、运行时间长的情况下，以沿晶断裂为主。而沿晶开裂又分为楔型裂纹蠕变断裂（W 型蠕变断裂）和孔洞型蠕变裂纹（R 型蠕变断裂）。

（1）楔型裂纹蠕变断裂。高温下晶界是黏滞性的，在较大外力作用下，晶界将产生滑动，在晶粒的交界处产生应力集中。如果晶粒的形变不能使应力集中得到松弛，且应力集中达到晶界开裂的程度时，则在晶粒的交界处产生楔型裂纹，其组织形态见图 9-24。

（2）孔洞型蠕变裂纹。在形变速率小、温度较高的低应力蠕变中，首先在晶界上形成孔洞，然后孔洞在应力作用下继续增多、长大、聚合，连接成微裂纹，微裂纹连通形成宏观裂纹，直至断裂，其组织形态见图 9-25。

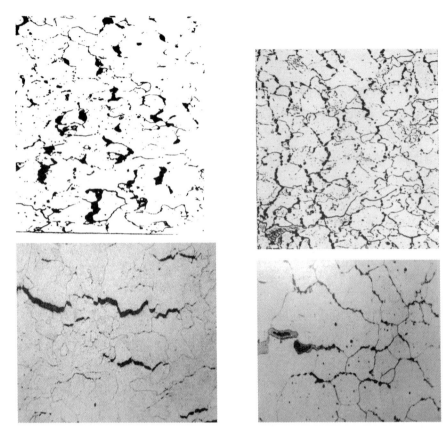

图 9-24　W 型蠕变裂纹　　　　　　图 9-25　R 型孔洞

晶界上形成孔洞的原因是：晶界滑动时，在晶界弯曲和硬质点分布处形成孔洞；滑移带和滑动晶界的交割形成孔洞；空位由压应力区扩散和沉淀；晶界上的夹杂或第二相质点与母体分离。

孔洞型蠕变断裂形貌特点是：属于沿晶断裂，断口处无明显塑性变形，垂直于拉应力轴的晶界上孔洞成核较多。

2. 蠕变失效的特征

蠕变断裂是一种沿晶断裂，其宏观断口呈粗糙的颗粒状，无金属光泽。断口可能因长期在高温下被氧化或腐蚀，表面被氧化层或其他腐蚀物覆盖，即使用电镜也难以看清断口真正形貌。宏观上还有一个重要特征，即因长期蠕变，致使管道在直径方向有明显的变形，并伴有许多沿径线方向的小蠕变裂纹，甚至出现表面龟裂，或穿透壁厚而泄漏，或引起破裂事故。常见的管道蠕变断裂形貌包括：蒸汽管道焊缝熔合线处蠕变开裂，如图 9-26 和图 9-27 所示；运行中蒸汽管道沿轴向开裂，如图 9-28 所示；三通焊缝部位蠕变失效的宏观形貌，如图 9-29 所示。

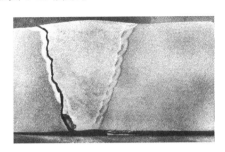

图 9-26　蒸汽管道焊缝熔合线蠕变开裂

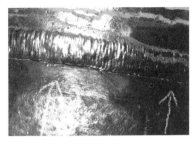

图 9-27　蒸汽管道焊缝蠕变裂纹

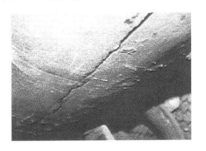

图 9-28　蒸汽管道轴向蠕变开裂

图 9-29　三通焊缝部位蠕变失效的宏观形貌

蠕变过程虽伴有许多塑性变形，但断口没有明显减薄，边缘没有剪切唇，断口与壁面垂直，并具有脆性断口的某些特征。

钢在高温下长期工作会脆化，其塑性显著降低。这是由于钢材内碳素体中碳元素石墨化变化，增加了许多分散的脆性相，使钢材脆化。从断裂的性态来看，这种断裂实际是高温下的脆性断裂。

高温工况下同时伴有交变载荷，包括压力交变或温度交变，称为蠕变疲劳作用，这是一种更为复杂的破坏问题。

根据失效机理、应力类型、环境因素来确定失效类型，对于判断管道的断裂性质、影响因素和制订预防措施至关重要。

例如：1992 年，某热电厂主蒸汽管道（12Cr1MoV）的 6 个 90°弯头发生爆裂，管道运行 2.8×10^5 h；1995 年 8 月 31 日，某发电厂的一条主蒸汽管道运行 2.41×10^5 h 后爆裂；1996 年 9 月，某发电厂 9 号炉主蒸汽管道（12Cr1MoV）爆裂，运行 2.8×10^5 h。

对这几个破裂的主蒸汽管道进行了失效分析，表明均为典型的蠕变破坏。

进行组织检查表明：材料中的珠光体已完全分散，未见蠕变孔洞。在碳化物边缘产生微裂纹，扩展、断裂。

第五节　管　道　监　督

前面章节分析了管道的结构因素、运行工况、受力形式和失效原因，应该说管道失效的原因是复杂的，因此，金属监督成了避免管道事故的主要手段。

一、管道钢材的检验项目及相关标准

管道从坯料到产品经过一系列的检验和试验，国产低、中压锅炉用无缝钢管的技术要求及质量检验应符合 GB 3087—2008 的规定，国产高压锅炉用无缝钢管的技术要求及质量检验应符合 GB 5310—2008 的规定，进口锅炉钢管的技术要求及质量检验应符合供货国标准或订货合同要求。制造锅炉用管材或在役机组更换管材时，必须按 JB/T 3375—2002 的要求对入厂原材料进行抽检。这些标准对钢管的检验项目、取样数量、试验方法和取样部位都作了规定。具体要求如表 9-7 所示。

表 9-7　　　　　　　　　　管道钢管的材质检验

项 目 名 称	试 样 数 量	试 验 方 法	试 验 项 目		
			GB 5310—2008	GB 3087—2008	JB 3375—2002
表面质量及尺寸公差	每批抽查不少于 2 根	宏观和量具	逐根进行	逐根进行	√
化学成分分析	每炉、罐1 个试样	GB/T 222—2006GB/T 223	√	√	√
拉伸试验	每批在两根钢管上各取 1 个试样	GB/T 228—2002	√	√	√
冲击试验	每批在两根钢管上各取 3 个试样	GB/T 229—2007	√		
水压试验	逐根	GB/T 241—2007	√	√	
高温力学性能试验	每批在两根钢管上各取 1 个试样	GB/T 4338—2006			
洛氏硬度试验		GB/T 230			
弯曲试验		GB/T 244—2008	√	√	√

续表

项目名称	试样数量	试验方法	试验项目		
			GB 5310—2008	GB 3087—2008	JB 3375—2002
压扁试验	每批在两根钢管上各取1个试样	GB/T 246—2007	√	√	√
扩口试验		GB/T 242—2007	√	√	√
晶粒度检验		GB/T 6394—2002	√		√
非金属夹杂物检验		GB/T 10561—2005	√		
显微组织检验		GB/T 13298—1991	√		√
低倍检验		GB 226—1991 GB/T 1979—2001	√		
脱碳层检验		GB/T 224—2008	√		√
超声波探伤	逐根	GB/T 5777—2008	√	按协议	√
涡流检验		GB/T 7735—2004	√		
光谱检验	合金钢管外径≤159mm时，每批抽检不少于5%，且不少于4根；外径>159mm时，逐根检验	用光谱仪		当炉（罐、批）号混淆不清时进行	

理论上讲，管道的材料质量是经过严格检验的，但是取样是以抽检的形式进行的，难免会有意外情况出现。尤其管道投入使用以后，工况是很复杂的，仍会出现各种各样的失效现象。

二、管道的监督

机组大修中，按 10% 对管道直管段和焊缝进行外观质量、硬度、金相组织、壁厚检查和无损探伤。具体要求为：

（1）机组每次大修，应对以下管段和焊缝进行硬度和金相组织检查，硬度和金相检查点应在前次检查点处或附近区域。

1）监督段直管。

2）安装前硬度、金相组织异常的直段和焊缝。

3）无论复型或非复型金相检查，金相照片应注明分辨率（标尺）。

（2）管道的外观检查和焊缝的无损探伤应注意以下原则：

1）管道直段、焊缝外观不允许存在裂纹和严重划痕、拉痕、麻坑、重皮及腐蚀等缺陷。

2）焊缝的无损探伤抽查依据安装焊缝的检验记录选取，对于缺陷较严重的焊缝，每次检修必须进行无损探伤复查。焊缝表面探伤按 JB/T 4730—2005《承压设备无损检测》执行，超声波探伤按 DL/T 820—2002《管道焊接接头超声波检验技术规程》规定执行。

（3）与主蒸汽管道相连的小管，应采取如下监督检查措施：

1）主蒸汽管道可能有积水或凝结水的部位（压力表管、疏水管附近、喷水减温器下部、较长的盲管及不经常使用的联络管），应重点检查其与母管相连的角焊缝；运行 10^5 h 后，宜结合检修全部更换。

2）对联络管、防腐管等小管道的管段、管件和阀壳，运行 10^5 h 以后，根据实际情况，尽可能全部更换。

（4）工作温度大于或等于 450℃、运行时间较长和受力复杂的碳钢、钼钢蒸汽母管，重点检查石墨化和珠光体球化；碳钢的石墨化和珠光体球化评级按 DL/T 786—2001 和 DL/T 674—1999 执行。钼钢的石墨化和珠光体球化评级可予以参考。

（5）300MW 及以上机组低温再热蒸汽管道（冷段）投运后，应作如下检查：

1）第 1 次大修抽取 10% 的焊缝（含纵、环焊缝）进行超声波探伤；以后的检查逐步增加抽查比例，至 10^5 h 完成 100% 检查。

2）对于缺陷较严重的焊缝每次大修，必须进行无损探伤复查。

（6）对运行时间达到或超过 $2×10^5$ h、工作温度高于 450℃ 的主蒸汽管道、高温再热蒸汽管道，应割管进行材质鉴定；当割管试验表明材质损伤严重时，应进行寿命评估；管道寿命评估按照 DL/T 940—2005《火力发电厂蒸汽管道寿命评估技术导则》执行。

（7）主蒸汽管道材质损伤，经检查发现下列情况之一时，须及时处理或更换：

1）自机组投运以后，一直提供蠕变测量数据，其蠕变应变达 1.5%。

2）一个或多个晶粒长的蠕变微裂纹。

（8）工作温度高于 450℃ 的锅炉出口、汽轮机进口的导汽管，根据不同的机组型号在运行 $5×10^4 \sim 10^5$ h 时间范围内，进行外观和无损检查，以后检查周期约 $5×10^4$ h。对启停次数较多、原始不圆度较大和运行后有明显复圆的弯管，应特别注意，发现裂纹时，应及时更换。

此外，机组如果出现异常工况，如超温、超压、机组频繁启动和停机或启停过快等，都应结合管道失效形式有针对性地对管道进行重点检查。

三、9%～12%Cr 系列钢制管道的检验监督

（1）9%～12%Cr 系列钢包括 P91、P92、P122、X20CrMoWV121、X20CrMoWV121、CSN417134 等。此类钢直管段母材的硬度应均匀，且控制在 HBW180～HBW250，钢管上任意两点间的硬度差不应大于 ΔHBW30；安装前检验母材硬度小于 HBW160 时，应取样进行拉伸试验；金相组织中的 δ-铁素体含量不超过 8%。

（2）此类钢的热推、热压和锻造管件的硬度应均匀，且控制在 HBW175～HBW250，管件上任两点之间的硬度差不应大于 ΔHBW50；金相组织中的 δ-铁素体含量不超过 8%。

（3）对于公称直径大于 150mm 或壁厚大于 20mm 的管道，100%进行焊缝的硬度检查；其余规格管道的焊接接头按 5%抽检；焊后热处理记录显示异常的焊接接头必须进行硬度检查；焊缝硬度应控制在 HBW180～HBW270。

（4）硬度检查的打磨深度通常为 0.5～1.0mm，并以 120 号或更细的砂轮、砂纸精磨。表面粗糙度 R_a＜1.6μm；硬度检查部位包括焊缝和近缝区的母材，同一部位至少测量 3 点。

（5）对于公称直径大于 150mm 或壁厚大于 20mm 的管道，10%进行焊缝的金相组织检查，硬度超标或焊后热处理记录显示异常的焊接接头必须进行金相组织检查。

（6）机组每两个大修期间，在主蒸汽管道监督段割管一次进行以下试验检查：

1）硬度检查，并与在线检测的硬度值进行比较。

2）拉伸性能（室温、服役温度）。

3）冲击性能（室温、服役温度）。

4）微观组织的光学金相、透射电镜检查与硬度测试。

5）依据试验结果，对管道的材质状态作出评估，由金属专责工程师确定下次割管时间。

6）第 2 次割管除进行 1）～2）项试验外，还应进行持久断裂试验。

7）第 2 次割管试验后，依据试验结果，对管道的材质状态和剩余寿命作出评估。

四、超（超）临界管道的监督

超（超）临界管道可选择 9%～12%Cr 系列钢包括 P91、P92、P122、E911 等，但由于目前国内外机组的运行时间均较短，存在许多亟待解决的问题，包括如何进行金属监督。

1. 许用应力

P92、P122 目前的试验时间还没有达到 10^5h，ASME 规范中现在的数据是日本新日铁公司和住友金属株式会社分别根据各自短时间的蠕变断裂数据外推出来的，分别为 132MPa 和 128MPa，P91 在 600℃工作温度下 10^5h 的持久强度为 94MPa，E911 为 115MPa，照此计算 1000MW 超超临界主蒸汽管道单位长度重量比约为 P91∶E911∶P92∶P122＝100∶92∶61∶66。另外，考虑更高设计温度下各材料强度的变化趋势，在强度上 P92 和 P122 有较大的优势。然而，欧洲对日本采用 P92 和 P122 的数据外推的方法质疑，按照欧洲的外推，P92 在 600℃下 10^5h 的持久强度为 113MPa，因此，这两种钢与 E911 比强度上仅仅略占优势，而且根据他们对 P92 较长时间的研究结果，P92、P122 在长时间的运行中，强度降低幅度比 E911 大。如何根据各种材料尚不够丰富的应用而作出抉择，将是目前正在进行中的工程无法绕过的一个难题。

2. 焊接问题

降低焊缝的脆性是个重要的技术问题，需要从焊材和工艺方面进行解决。W 含量有一定影响，P92 和 P122 比 P91 和 E911 需要更长的焊后热处理时间来保证焊缝韧性。焊接冷裂纹敏感性 P92 与 E911 接近，但作为 12Cr 钢的 P122 在焊接上会有较大的难度。焊缝的强度在短时间内与母材相当，但在长时间的运行中，在热影响区存在Ⅳ型裂纹倾向，强度降低 30%，因此采用这四种钢在管道的长期安全运行上都存在一定的风险。

3. 组织稳定性

9%～12%Cr 铁素体耐热钢，供货状态为回火，在高温运行过程中的主要组织结构的变化主要包括位错密度的降低、固溶 W 析出形成 Laves 相等，前者降低高温强度，固溶 W 的减少也降低高温强度，但析出的 Laves 相可适当弥补 W 的变化带来的强度影响，然而 Laves 相的析出会导致脆性的增加。在三种含 W 的耐热钢中，因为 P122 含有 1.0%的 Cu，会促进 Laves 相的析出和长大，在运行中的组织稳定性最差，E911 和 P92 接近；现有的研究数据表明，运行 10^4h 后，P122 的冲击韧性降低最明显，P92 与 E911 也明显下降，P91 冲击韧性变化最小。但缺乏更长时间的运行试验数据说明进一步的发展趋势。这需要发电厂在运行中加强金属监督。

4. 高温蒸汽氧化与腐蚀性能

耐热钢的抗蒸汽氧化性能主要取决于 Cr 和 Si 的含量，P91、P92 和 E911 含 Cr 都是 9%，其氧化与腐蚀性能相近，P122 含 Cr 量为 12%，抗氧化腐蚀性能有所提高。在超超临界机组中，由于蒸汽温度的提高，蒸汽侧氧化和氧化层的剥落问题要比亚临界和超临界机组严重。对于 600℃ 下运行的主蒸汽管道和再热蒸汽热段管道，由于金属壁温的波动不频繁，氧化层剥落的可能性较小，运行一段时间后，氧化速率逐渐下降达到平衡，因此该类钢估计可以满足抗蒸汽氧化的性能要求。

参　考　文　献

[1]　康大韬，叶国斌. 大型锻件材料及热处理. 北京：龙门书局，1998.

[2]　汪玉林. 汽轮机设备运行及事故处理. 北京：化学工业出版社，2006.

[3]　中国动力工程学会. 火力发电设备技术手册：第二卷汽轮机. 北京：机械工业出版社，2002.

[4]　中国动力工程学会. 火力发电设备技术手册：第一卷锅炉. 北京：机械工业出版社，2001.

[5]　代云修，张灿勇. 汽轮机设备及系统. 北京：中国电力出版社，2006.

[6]　王立峰，王梅英，张远. 实心转子锻件的安全性研究. 汽轮机技术，2004，46(1)：71-74.

[7]　饶苏波，何健康. 韶关发电厂6号机转子裂纹原因分析及处理对策. 汽轮机技术，1996，38(3)：181-185.

[8]　张建奎. 汽轮机转子失效原因分析及改进措施. 齐鲁石油化工，2000，28(3)：219-220.

[9]　史进渊，袁伯英，程道来，等. 汽轮机17CrMo1V材料焊接低压转子脆性断裂的研究. 中国电机工程学报，2000，20(6)：61-64.

[10]　蔡文河. 托克托电厂1号机高压转子闷缸后安全性分析. 华北电力技术，2003(11)：48-49，54.

[11]　夏友才，于滨，蔡文河，等. 下花园电厂1号机转子中心孔缺陷分析和处理对策. 华北电力技术，2005(1)：36-38.

[12]　韩永辉. 汽轮机发电机护环的应力腐蚀. 现代零部件，2005(2～3)：148-150.

[13]　严苏星，王嗣慧，郭其鹏. 30万kW锅炉奥氏体钢过热器失效分析. 电力技术，1992.2：33-38.

[14]　杨富，章应霖，任永宁，等. 新型耐热钢焊接. 北京：中国电力出版社，2006.

[15]　何方. 600MW火电机组培训教材：锅炉分册. 北京：中国电力出版社，2006.

[16]　郭延秋. 大型火电机组检修实用技术丛书：锅炉分册. 北京：中国电力出版社，2003.

[17]　刘武成. 现代电站锅炉技术及其改造. 北京：中国电力出版社，2006.

[18]　蔡文河，赵卫东，杨富，等. TP347H与12Cr1MoV焊接接头早期失效研究. 中国电力，2009(4)：22-24.

[19]　蔡文河，赵卫东，周江涛，等. 锅炉受热面管定位连接件焊缝开裂原因初探. 华北电力技术，2006(7)：1-4.

[20]　赵永宁，任玉堂. 火力发电厂金属监督. 北京：中国电力出版社，2007.

[21]　蔡文河，赵卫东，曹铭珂，等. 新形势下的金属技术监督. 华北电力技术，2008 (7)：44-47.

[22]　严苏星. 在役压力容器安全评价及工程应用. 西北电力技术，2004(3)：1-5.

[23]　湖南省电机工程学会. 火力发电厂锅炉受热面失效分析与防护. 北京：中国电力出版社，2004.

[24]　周江涛，蔡文河. 余热锅炉过热器泄漏原因分析. 华北电力技术，2006(7)：21-24.

[25]　王国凡，赵中魁，周琦，等. 材料成形与失效. 北京：化学工业出版社，2002.

[26]　孟祥泽，韩建慧. 电站锅炉压力容器事故案例分析与预防. 北京：中国水利水电出版社，2007.

[27]　袁裕祥. 火力发电厂维护消缺技术问答丛书：汽轮机分册. 北京：中国电力出版社，2004.

[28]　何业东，齐慧滨. 材料腐蚀与防护概论. 北京：机械工业出版社，2005.

[29]　孙智，江利，应鹏展. 失效分析——基础与应用. 北京：机械工业出版社，2005.

[30]　刘崇和，张勇. 大型发电设备检修工艺立法和质量标准丛书：汽轮发电机组检修. 北京：中国电力出版社，2004.

[31]　廖景娱. 金属构件失效分析. 北京：化学工业出版社，2003.

[32]　张克舫，沈惠坊. 汽轮机技术问答. 北京：中国石化出版社，2006.

[33]　王广生. 金属热处理缺陷分析及案例. 北京：机械工业出版社，1997.

[34]　中国机械工业学会材料学会. 机械产品失效分析丛书：脆性失效分析. 北京：机械工业出版社，1993.

[35]　窦照英. 承压设备失效分析与处理. 北京：化学工业出版社，2002.

[36]　王荣. 金属材料的腐蚀疲劳. 西安：西北工业大学出版社，2001.

[37]　柯伟，杨武. 腐蚀科学技术的应用和失效案例. 北京：化学工业出版社，2006.

[38]　张远声. 腐蚀破坏100例. 北京：化学工业出版社，2000.

[39]　太田定雄. 铁素体耐热钢. 北京：冶金工业出版社，2003.

[40]　赵素芬. 汽轮机设备. 北京：中国电力出版社，2002.

[41]　孙奉仲. 大型汽轮机运行. 北京：中国电力出版社，2005.

[42]　杨德钧，沈卓身. 金属腐蚀学. 2版. 北京：冶金工业出版社，1999.

[43]　曾荣昌，韩恩厚. 材料腐蚀与防护概论. 北京：化学工业出版社，2006.

[44]　严苏星. 亚临界机组高温螺栓的选材研究. 西北电力技术，2005(1)1-4.

[45]　郗常骥. 汽轮发电机大修难点分析与实例. 北京：中国电力出版社，2006.

[46]　杨国辉. 锅炉低温受热面管道腐蚀与防护. 管道技术与设备，2004(2)：40-42.

[47] 原素芳，王志武，杨长勇，等. 火电机组锅炉受热面管爆漏情况分析及对策. 华中电力，2004(1)：36-38.

[48] 屈兴胜，林成，刘志才. 奥氏体不锈钢晶间腐蚀. 辽宁工学院学报，2007(2)：44-46.

[49] 罗宏，龚敏. 奥氏体不锈钢的晶间腐蚀. 腐蚀科学与防护技术，2006(9)：357-360.

[50] 严苏星. 奥氏体不锈钢显微组织状况对使用性能的影响. 陕西电力，2007(11)：23-26.

[51] 陆燕荪. 从超临界机组的发展透视研发新材料的紧迫性. 发电设备，2006(3)：149-151.

[52] 陈听宽. 超临界与超超临界锅炉技术的发展与研究. 科技前沿与学术评论，2005，27(6)：42-48.

[53] 杨自新. 固熔处理对 TP347H 钢性能的影响. 锅炉制造，1995(4)：23-28.

[54] 胡平. 超超临界火电机组锅炉材料的发展. 电力建设，2005(6)：26-29.

[55] 章海源. 奥氏体不锈钢热裂缝产生的机理和防止方法. 焊接研究与生产，1997(12)：2-5.

[56] 钟群鹏，赵子华，张峥. 断口学的发展及微观断裂机理研究. 机械强度，2005，27(3)：358-370.

[57] 钟群鹏. 失效分析与安全. 理化检验：物理分册. 2005，41(5)：217-221.

[58] 张显. 超超临界锅炉选材用材. 发电设备，2004(5)：307-312.

[59] 方旭东，徐鸿麟. 太钢 1Cr19Ni11Nb 不锈钢无缝管的研制. 轧钢，2006(6)：22-25.

[60] 孙秋霞. 材料腐蚀与防护. 北京：冶金工业出版社，2001.

[61] 黄永昌. 金属腐蚀与防护原理. 上海：上海交通大学出版社，1989.

[62] 陆世英. 不锈钢. 北京：原子能出版社，1995.

[63] 肖纪美，曹楚南. 材料腐蚀学原理. 北京：化学工业出版社，2002.

[64] 姜锡瑞，罗兆红. 锅炉管腐蚀泄漏原因分析. 哈尔滨工程大学学报，2001(4)：63-67.

[65] 刘建忠. 不锈钢管道的应力腐蚀开裂及对策. 腐蚀与防护，2002(2)：76-78.

[66] 王勇. 奥氏体不锈钢热裂纹敏感性研究. 石油大学学报，1998(6)：79-82.

[67] 岳增武，胡新芳，王光东，等. TP304H 钢鳍片再热器焊接裂纹分析. 华北电力技术，2004(6)：40-42.

[68] 黄颖. 大力发展超临界用国产奥氏体不锈钢钢管. 冶金标准化与质量，2004(2)：33-36.

[69] 匡震邦，顾海澄，李中华. 材料的力学行为. 北京：高等教育出版社，1998.

[70] 蔡文河，周江涛，吴丽娟，等. 托电 3 号机低压 A 缸叶片断裂失效分析. 华北电力技术，2006(7)：25-28.

[71] 崔昆. 钢铁材料及有色金属材料. 北京：机械工业出版社，1981.

[72] 王萍，郭雁行. 金属试样厚度对布氏硬度值的影响. 物理测试，2000(2)：30-33.

[73] 梁昌乾. 高温紧固螺栓的剩余寿命评估. 热力发电，2004(3)：61-63.

[74] 本手册编委会. 火力发电厂金属材料手册. 北京：中国电力出版社，2000.

[75] 能源部西安热工所. 热工技术手册：(6)电厂金属. 北京：水利电力出版社，1989.

[76] 陶增毅. 电厂金属材料. 北京：电力工业出版社，1986.

[77] 蒋玉琴. 电厂金属实用技术问答. 北京：中国水利水电出版社，2000.

[78] 国家电力公司热工研究院. 失效分析及全过程寿命管理. 北京：中国电力出版社，2000.

[79] 张玉家，朱岳良. 600MW 锅炉水冷壁泄漏失效原因初探. 中国电力，1998(5)：3-6.

[80] 冯新德. 黄台电厂300MW 机组锅炉水冷壁高温腐蚀原因分析及预防措施. 发电设备，1999(3)：1-5.

[81] 康达，姜森，辛曲珍，等. 浅析 300MW 电站锅炉水冷壁高温腐蚀原因. 黑龙江电力技术，1999(4)：29-33.

[82] 陈听宽，陈宣政，赵家梁. 亚临界压力自然循环锅炉水冷壁光管和内螺纹管两相阻力特性的试验研究. 动力工程，1987(4)：9-15.

[83] 陈听宽，刘尧奇，陈学俊. 亚临界及近临界压力区竖直管内沸腾传热实验研究. 核动力工程，1992(6)：40-45.

[84] 杜社教，陈听宽. 垂直沸腾管下降流传热特性研究. 热力发电，1989(4)：9-17.

[85] 庞力平，杨昆，张福伟，等. 锅炉部件的可靠性预测模型的研究. 发电设备，2000(4)：1-5.

[86] 郑建学，陈听宽，罗毓珊，等. 内螺纹管高压汽水两相流摩擦阻力特性的研究. 西安交通大学学报，1994(5)：24-31.

[87] 郑建学，陈听宽，陈学俊，等. 600MW 变压运行直流锅炉水冷壁内螺纹管内壁换热特性的研究. 中国电机工程学报，1996(4)：16-27.

[88] 林宗虎，张永照. 锅炉手册. 北京：机械工业出版社，1994.

[89] 容銮恩. 300MW 火电发电机组丛书：第一分册燃煤锅炉机组. 北京：中国电力出版社，1998.

[90] 吕邦泰，沈月芬. 锅炉承压部件强度及寿命. 北京：水利电力出版社，1992.

[91] 丁有宇，周宏利，徐铸，等. 汽轮机强度计算. 北京：水利电力出版社，1985.

[92] 孙劲松，李长宝，李毅刚，等. 30Cr2MoV 转子钢高温低周疲劳性能研究. 汽轮机技术，1998(8)：245-250.

[93] 王金瑞，李益民. 30Cr2MoV 汽轮机转子钢的低循环疲劳特性. 机械工程材料，1987(5)：22-30.

［94］　李丽平，庞凯迈. 锅炉注包疲劳寿命估算. 华北水利水电学校，1999(2)：63-75.

［95］　梁艳明，沈月芬. 锅炉锅筒在实测边界条件下应力场三维有限无分析. 西安交通大学学报，1999(1)，76-79.

［96］　王洪纲. 热弹性力学概要. 北京：清华大学出版社，1989.

［97］　夏宝鸾，杜鲜明，郑德澍，等. 国外大型汽轮机事故的一些情况. 热力发电，1974(7)：88-131.

［98］　Sobral M D C，Mei P R，Kestenbach H J . Effect of carbonitride particles formed in austenite on the strength of micro alloyed steels. Materials Science and Engineering ，2004（A367 ）：317-321.

［99］　Yazawa Y，Furuhara T，Maki T. Effect of matrix recrystallization on morphology ，crystallography and coarsening behavior of vanadium carbide in austenite. Acta Material ，2004(52)：3727-3736.

［100］　McCloskey T H and Bellanca C. Minimizing Solid Particle Erosion in Power Turbines. Power Engineering，1989，93(819)：35-38.

［101］　国家电力公司热工研究院材料研究所. 火电厂关键部件失效分析及全过程寿命管理. 北京：中国电力出版社，2000.